彩图 1　海边的野鸽

彩图 2　养鸽场全貌

彩图 3　28 日龄乳鸽
（头顶有稀疏黄色绒毛）

彩图 5　鸽吻

彩图 6　石岐鸽

彩图 7　公斤鸽

彩图 8　白王鸽

彩图 9　鸾鸽

彩图 10　卡奴鸽

彩图 11　贺姆鸽

彩图 12　蒙丹鸽

彩图 13　拉合尔鸽

彩图 14　火麻仁

彩图 15　配制好的鸽饲料

彩图 16　配制保健砂

彩图 17　鸽正常孵化

彩图 18　亲鸽孵化

彩图 19　照蛋（受精蛋）

彩图 20　并蛋后亲鸽孵化 3 个鸽蛋

彩图 21　并窝后哺乳 3 只乳鸽

彩图 22　并成 4 枚蛋后已出壳 3 只

彩图 23　青年鸽笼养

彩图 24　种鸽笼

彩图 25　青年鸽群养笼

彩图 26　青年鸽网上群养

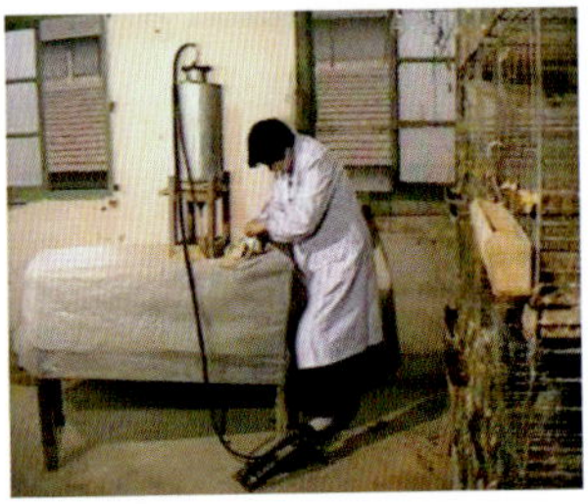

彩图 27　脚踏式灌喂器
进行乳鸽人工灌喂

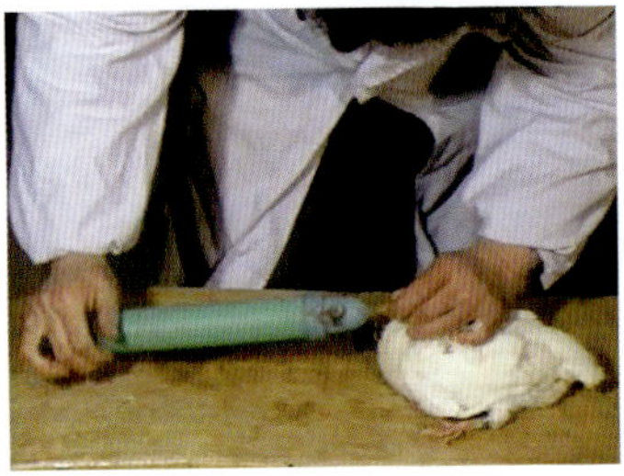

彩图 28　打气筒式灌喂器
进行乳鸽人工灌喂

彩图 29　高产鸽（哺喂乳鸽中途产蛋）

彩图 30　双列式鸽舍

彩图 31　鸽自动饮水器

彩图 32　饮水杯和保健砂杯

高效养殖致富直通车

高效养肉鸽

主　编　熊家军

副主编　李顺才　肖　峰

参　编　陈建国　李志华　郑心力　李志刚

机　械　工　业　出　版　社

本书通过对我国肉鸽生产现状的分析，结合我国肉鸽生产条件和优点，首先介绍了肉鸽的生物学特性，然后从肉鸽的生产角度详细介绍了肉鸽的品种，营养需要和饲料，繁育技术，饲养管理，鸽产品加工、储藏与运输，肉鸽场建设与环境控制，以及肉鸽的疾病防治等内容。

本书内容丰富，可操作性强，可供广大肉鸽养殖场（户）及相关专业技术人员使用，也可供相关专业院校的师生参考使用。

图书在版编目（CIP）数据

高效养肉鸽/熊家军主编. —北京：机械工业出版社，2014.4（2022.10 重印）
（高效养殖致富直通车）
ISBN 978-7-111-46026-8

Ⅰ.①高… Ⅱ.①熊… Ⅲ.①肉用型－鸽－饲养管理 Ⅳ.①S836.4

中国版本图书馆 CIP 数据核字（2014）第 039620 号

机械工业出版社（北京市百万庄大街 22 号　邮政编码 100037）
总 策 划：李俊玲　张敬柱
策划编辑：郎　峰　高　伟　责任编辑：郎　峰　高　伟　陈　洁
版式设计：霍永明　责任校对：张　力
责任印制：任维东
北京圣夫亚美印刷有限公司印刷
2022 年 10 月第 1 版第 7 次印刷
140mm×203mm · 7.875 印张 · 2 插页 · 220 千字
标准书号：ISBN 978-7-111-46026-8
定价：39.80 元

电话服务
客服电话：010-88361066
010-88379833
010-68326294

网络服务
机 工 官 网：www.cmpbook.com
机 工 官 博：weibo.com/cmp1952
金 书 网：www.golden-book.com
机工教育服务网：www.cmpedu.com

高效养殖致富直通车
编审委员会

序

改革开放以来，我国养殖业发展非常迅速，肉、蛋、奶、鱼等产品产量稳步增加，在提高人民生活水平方面发挥着越来越重要的作用。同时，从事各种养殖业也已成为农民脱贫致富的重要途径。近年来，我国经济的快速发展为养殖业提出了新要求，以市场为导向，从传统的养殖生产经营模式向现代高科技生产经营模式转变，安全、健康、优质、高效和环保已成为养殖业发展的既定方向。

针对我国养殖业发展的迫切需要，机械工业出版社坚持高起点、高质量、高标准的原则，组织全国20多家科研院所的理论水平高、实践经验丰富的专家学者、科研人员及一线技术人员编写了这套“高效养殖致富直通车”丛书，范围涵盖了畜牧、水产及特种经济动物的养殖技术和疾病防治技术等。

丛书应用了大量生产现场图片，形象直观，语言精练、简洁，深入浅出，重点突出，篇幅适中，并面向产业发展需求，密切联系生产实际，吸纳了最新科研成果，使读者能科学、快速地解决养殖过程中遇到的各种难题。丛书表现形式新颖，大部分图书采用双色印刷，设有“提示”“注意”等小栏目，配有一些成功养殖的典型案例，突出实用性、可操作性和指导性。

丛书针对性强，性价比高，易学易用，是广大养殖户和相关技术人员、管理人员不可多得的好参谋、好帮手。

祝大家学用相长，读书愉快！

赵广永

中国农业大学动物科技学院

2014年1月

前言

随着我国农业经济结构调整的进一步深入，人民生活水平不断提高，膳食结构逐渐改变，特别是对肉食种类及质量的要求已开始由过去的温饱型转向集营养、口味和保健于一身。肉鸽作为一种特种经济动物，其营养价值很高，具有高蛋白、低脂肪的特点，各种维生素、矿物质的含量也非常丰富，比其他肉类更适合人体的需要。鸽肉既是名贵佳肴，又是高级滋补品，素有“一鸽胜九鸡”之说。从肉鸽养殖特点来看，它投资小，占地少，对养殖条件的要求不高，饲料和鸽种容易购得。因此，肉鸽养殖备受广大养殖户的青睐，目前已成为广大农村调整产业结构和农民脱贫致富的好项目。

就目前我国肉鸽养殖业生产状况来看，虽然有少数投资者在国内投资建设了一些规模化肉鸽养殖场，硬件设施上去了，但普遍缺乏技术熟练的人员，生产模式依然陈旧，饲养管理跟不上，好的设施起不到应有的作用，经济效益不理想。另外，我国大多数养鸽场（户）规模化程度较低，生产操作尚不规范，管理粗放，加工体系不完善，科学养鸽知识相对匮乏，生产大起大落。本书以我国目前肉鸽养殖现状为背景，以健康饲养为基本出发点，考虑到广大饲养者的技术需要，吸收了畜禽养殖健康饲养技术的一些新成果，融入了一些编者养鸽的经验，旨在让广大肉鸽养殖场（户）了解并掌握高效肉鸽养殖的新技术，提高我国肉鸽养殖的科学技术含量，提高养殖效益。本书的主要内容包括肉鸽的生物学特性，肉鸽品种、繁育技术，营养需要和饲料，饲养管理，鸽产品加工、储藏与运输，肉鸽场建设与环境控制，以及肉鸽疾病防治。本书内容丰富、技术实用、可操作性强，相信一定会给广大的肉鸽养殖场（户）带来帮助，同时也会为从事该行业的研究人员、专家提供必要的参考。

需要特别说明的是，本书所用药物及其使用剂量仅供读者参考，不可照搬。在生产实际中，所用药物学名、常用名和实际商品名称有差异，药物浓度也有所不同，建议读者在使用每一种药物之前，参阅厂家提供的产品说明以确认药物用量、用药方法、用药时间及禁忌等。购买兽药时，执业兽医有责任根据经验和对患病动物的了解决定用药量及选择最佳治疗方案。

本书在编写过程中得到许多同仁的关心和支持，并且在书中参考了一些专家学者的研究成果和相关书刊资料，在此一并表示感谢。由于编者的水平有限，书中错误与不足之处在所难免，诚请同行及广大读者予以批评指正。

编　者

目录

序

前言

第一章 认识肉鸽

第二章 肉鸽的生物学特性与生理特点

第三章　肉鸽品种

第四章　肉鸽的营养需要和饲料

第五章　肉鸽的繁育技术

第六章　肉鸽的饲养管理

第七章 鸽产品加工、储藏与运输

第八章 肉鸽场建设与环境控制

第九章 肉鸽疾病防治

附录 常见计量单位名称与符号对照表

参考文献

第一章

认识肉鸽

一 家鸽的起源与分类

家鸽在动物学中的分类系统中属于脊索动物门、鸟纲、鸽形目、鸠鸽科、鸽属。家鸽由野鸽经人类长期驯养而来（彩图 1）。鸽子的驯化起始于欧洲，至今已有 5 000 多年的历史，早在古希腊时代和古罗马时代，就已经有关于驯化和饲养鸽子的记载了。同时，还有很多关于家鸽重新野化的报道。世界不同地区的野鸽经过人们不断地驯化、选育形成了不同的家鸽品种，按用途可分肉鸽、竞翔鸽和玩赏鸽三大类。肉鸽体形大、肉质美、营养价值高、饲养方便、繁殖快，是供人佐餐的滋补食物。竞翔鸽有强烈的归巢欲和快速的飞翔力，是人们组织体育竞赛的“运动员”。玩赏鸽以奇丽的羽装、羽色和各种表演技巧见长，是供人娱乐的宠物。

二 肉鸽的营养与经济价值

1. 食用价值

在我国，鸽肉一直作为人们珍贵的滋补食品，在民间素有“一鸽当九鸡”之说。研究表明，肉鸽屠宰率一般为 70% ~80%，鸽肉为高蛋白、低脂肪食品，其蛋白质含量在 24.4% 左右，超过兔、牛、猪、羊、鸡、鸭、鹅和狗等畜禽肉类；鸽肉的脂肪含量仅为 0.73%，低于其他肉类，其消化吸收率达 95% 以上；鸽肉中含人体所需 21 种氨基酸中的 16 种，主要氨基酸含量累积达 16.91%，赖氨酸、蛋氨酸等 8 种人体必需氨基酸含量大于 8.43%，是人类理想的食品。鸽肉还含有丰富的维生素和矿物质，与鸡肉、鱼肉、牛肉、羊肉相比，鸽肉所含的维生素 A、维生素 B_1、维生素 B_2、维生素 E 及造血用的微量元素均遥遥领先。鸽肉比其他肉类更适合人体的需要，尤其是老年人，常吃低脂肪的鸽肉，对预防高血压、防止血管硬化很有好处。肉鸽不仅肉质细嫩，味道鲜美，而且营养价值高，适合人体的营养需要。鸽肉鲜美可口，色、香、味俱佳，适合各种烹饪方法，很易烹饪出滋味醇美的菜肴，如油淋鸽、红烧乳鸽、气锅鸽、香酥鸽、脆皮乳鸽、奶油鸽肉等，都是筵席上的上品菜。

2. 保健价值

鸽肉不但营养丰富，而且还有一定的保健功效，能防治多种疾病。我国自古以来把鸽当做补品，鸽肉用以食疗最早载于唐代的《食疗本草》。《本草纲目》中记载“鸽羽色众多，唯白色入药”。在 400 多年前，用白鸽的骨与肉制成的名贵中成药“乌鸡白凤丸”中的白凤即指白鸽。我国传统医学认为，鸽肉味咸性平、无毒，有滋阴壮阳、补肝肾、益气血、祛风解毒之功，主治虚羸、消渴、妇女血虚经闭等症。现代医学认为，鸽肉壮体补肾、生机活力、健脑补神、提高记忆力、降低血压、调整人体血糖、养颜美容、洁肤美白、延年益寿。研究检测表明，鸽肉中含有丰富的维生素 B_5，对早期毛发脱落、中年早秃、头发变白、未老先衰、贫血等多种病症有一定疗效。乳鸽含有较多的支链氨基酸和精氨酸，可促进体内蛋白质的合成，加快创伤愈合。用肉鸽、当归、党参、枸杞等中药炖或蒸吃，具有调心、养血、固本、扶正的功效，能促使机体恢复健康。鸽肝中含有最佳的胆素，可帮助人体很好地利用胆固醇，防治动脉硬化。另外，乳鸽的骨内含有丰富的软骨素，可与鹿茸中的软骨素相媲美，经常食用，具有改善皮肤细胞活力，增强皮肤弹性，改善血液循环，促进面色红润等功效。

3. 经济价值

肉鸽体形大，生长快，饲料报酬高，生产周期短，经济价值高，是畜牧业中投入少、产出高的理想产品。乳鸽一般在 25 ~ 30 日龄，体重达 500 ~ 750g 后即可上市，而一只肉用仔鸡需 50 ~ 60 天才能上市，在这期间一对种鸽可生产出两对乳鸽。从饲料转化率来看，乳鸽增重饲料转化率为2:1，与肉用仔鸡增重饲料转化率差不多。但是肉用仔鸡需要动物性蛋白饲料，而肉鸽只需要植物性蛋白饲料。育肥猪的增重饲料转化率为4:1，是乳鸽的2倍。由此可以看出，饲养肉鸽的饲料费用要比肉鸡的低一些，明显低于猪。种鸽可以多层笼养，占地少，鸽舍建筑及养鸽用具要求比较简单，其饲养技术易掌握，操作省时、省力；而现代化养猪和养鸡场地设施要求高，设备费用开支大，投资成本高。相对比较，养肉鸽所需成本要少得多，并且鸽肉价格明显高于鸡肉、猪肉价格，其经济价值远超过鸡和猪。如果能作为良种鸽出售，其获利就更为可观了。

三 国内外肉鸽业发展现状

据考证，古埃及人和古希腊人早在5 000年前已将原鸽驯养为家鸽。而且古埃及人早将鸽肉作为佳肴。公元前300年，罗马人已精于饲养肉鸽。有计划且大规模地进行肉鸽良种选育、开发利用是近百年的事。20世纪初，人们对肉食品种和品质的要求越来越高，依据人们的需求选育出体形适中、生长快、肉嫩味鲜、营养价值高的乳鸽，从而促进了肉鸽选育工作的开展，近年来，随着国际市场对肉鸽需求量的不断增加，一些国家和地区的肉鸽饲养业脱颖而出，蓬勃发展，如美国、加拿大、法国、德国、意大利、匈牙利、捷克斯洛伐克等国家都将肉鸽生产作为优质肉食的来源之一来发展，肉鸽饲养业迅速成为一项新兴的养禽业。在国外，饲养2万~3万只的种鸽场已很普遍，如美国的棕榈和白尾鸽场已拥有肉鸽25万~30万对，每年向国内外提供大量的种鸽和乳鸽。

在我国，养鸽业的发展也较早，据史料查证至少已有3 000年的历史。相传，西汉张骞出使西域各国时，就曾利用鸽子作为通信联络工具。唐朝已有人将营养丰富的乳鸽编入菜谱。明末清初人士张万钟编写了我国最早研究鸽的一部专著《鸽经》。在清代，广州就有不少人饲养一种“地白”鸽，很像现在的肉用鸽，这说明，肉鸽饲养在我国清代就已开始，但尚未形成规模生产。新中国成立前，我国广东中山市已培养出我国第一个肉鸽品种“石岐鸽”；新中国成立后，广东中山市成功地培育了我国第2个品种“公斤鸽”。随着我国改革开放政策的实施，20世纪80年代肉鸽饲养业在我国迅速兴起，并已发展成为畜牧业中的“热门”，不仅满足香港和澳门的需要，内地市场也日渐拓宽。目前，我国的肉鸽饲养已遍布城乡，多数省份都建有大中型或中小型肉鸽饲养场（彩图2），发展了数以万计的肉鸽饲养专业户。肉鸽饲养已由早期的品种推广，发展为现在的规模化、商品化生产，并成为我国畜牧业中相对独立的产业。我国香港和台湾的养鸽业发展也很快，1974～1975年有种鸽和乳鸽7万余对，到1985年种鸽已发展到40万余对，相比增加6倍左右。目前，我国香港的大小鸽场有5 000余个，年生产乳鸽240万余只，但远远不能满足人们对乳鸽日益增长的需求。

四 肉鸽养殖业发展前景

肉鸽的经济食用日龄为25～28天，此年龄阶段的鸽称乳鸽，乳鸽饲料报酬高，产肉量大，具有极高的经济价值。但乳鸽的最佳食用日龄为13～15天，此时的乳鸽称为妙龄鸽，比大一些的乳鸽肉质更嫩，味道更佳。近几年，国内兴起食用妙龄鸽的热潮，人们食用乳鸽已逐步形成风气，在北京、上海、广州、深圳等经济发达的地区，食用乳鸽的专业酒楼日益增多。肉鸽市场的迅速开拓提高了乳鸽的消费量和养鸽户的养殖积极性，从而使养鸽业得以持续稳定发展。目前，肉鸽市场需求迅速增加，产品供不应求，资源紧缺，市场缺口很大。我国的肉鸽养殖业虽然已有一定的基础，但作为商品的肉鸽养殖业还刚刚开始，发展潜力很大。相信随着我国人民生活水平的提高，随着市场对肉鸽需求的增加，肉鸽养殖业必将脱颖而出，成为发展经济、解决城镇下岗职工再就业和利用农村剩余劳动力及社会闲散资金的新兴特禽养殖业，其发展必将带来良好的经济效益和社会效益。

【特别提示】 充分了解周边的肉鸽市场，是决定开办养鸽场的首要条件；掌握养鸽技术是开办较大规模养鸽场的必要条件；由小而大，稳步发展是降低风险的成功经验。

第二章 肉鸽的生物学特性与生理特点

肉鸽品种较多，在生产中，饲养人员必须要了解和掌握肉鸽的身体结构、生理特征和行为习性，这样才能进行科学的饲养管理、品种选育和疾病防治。

第一节 外部形态与羽毛特征

一 外部形态

1. 肉鸽的体形

鸽子的体形呈流线型，它的羽毛都向后延伸，这与适应野外飞翔和减少阻力有关。肉鸽由于长期家养，经过人工选育，飞翔能力大大下降，体形也发生了相应变化，与信鸽的体形有明显不同。信鸽的体形呈纺锤形，标准体形是：站立时，或尾羽翘起与地面平行，或尾羽下垂与地面成45°，但不擦地面。而肉鸽的明显特征是体重增加、体形较短，较其他类型鸽子显得短横粗壮，胸宽而肌肉发达，颈粗背宽，体形较大。成年肉鸽体重可达700~900g，个别达1 000g以上。从肉鸽品种类型来看，可分为短体形和长体形，短体形肉鸽体长（龙骨前缘至尾羽末端）是胸宽的1倍左右，体形显得短粗，如蒙丹鸽、美国王鸽等；长体形肉鸽体长是胸宽的1~2倍，如石岐鸽、鸾鸽等（图2-1）。

2. 肉鸽的外貌

肉鸽身体可分为头部、颈部、背部、胸部、翼部、腰部、腹部、腿部和尾部九大部分（图 2-2）。

图 2-1　信鸽与肉鸽的体形比较

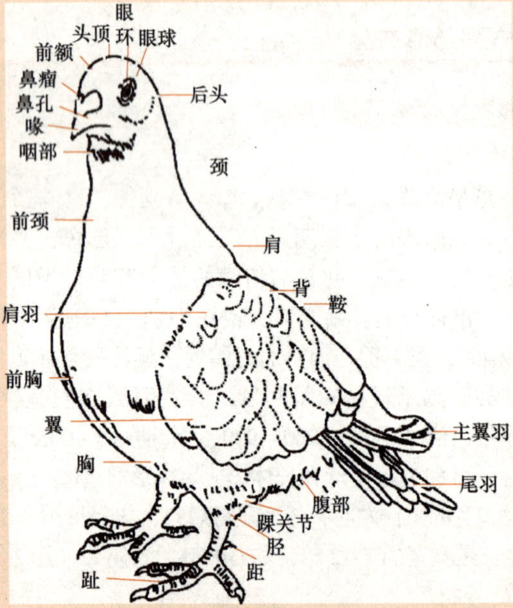

图 2-2　肉鸽外形及各部名称

（1）头部 鸽的头部由喙、眼、鼻孔、鼻瘤、前额、头顶、耳、后头、面颊等组成。鸽头圆额宽，最前端是喙。鸽喙粗短、略弯。嘴角上方的白色肉体形如腊膜，为鼻瘤。鼻瘤随年龄的增长而增大。鸽脸清秀，眼睛位于脸部中央，围绕着眼睛的皮肤为眼睑，眼睑的上面没有羽毛的部分为眼环。耳孔位于眼睛的后下方，有羽毛遮盖。不同品种的肉鸽，往往在其头部有特定的结构特点，尤其是鸽的喙、鼻瘤、眼睛和头部羽毛等部位都有所差异。鸽眼的优劣，对于培育和挑选信鸽良种是十分重要的，并且对于鉴别肉鸽的健康水平，以及鸽种品质、疾病等也具有一定的价值。良种肉鸽的眼应是有神、敏锐、温和、清晰和秀丽的，对外界动态的感受，要求反应极其敏锐，尤其在飞行中，对空中和地面的异常情况要能迅速、准确地做出判断。

【提示】 眼砂是虹膜颜色的俗称，可作为品种特征之一（图2-3）。看上去虹膜呈现黑色的称牛眼，黄色的称黄砂，橙色的称橙砂，灰白色的称珍珠砂，鲜红、暗红的称红砂，另外还有云砂、桃红砂、紫砂等。研究眼砂的遗传规律，有助于育种工作的进行。

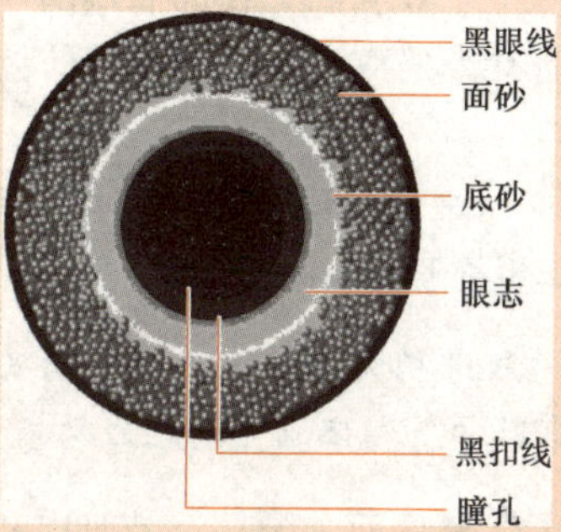

图2-3　鸽眼砂

【小经验】>>>>

鸽的上、下喙交合处的嘴角有结痂，嘴角结茧越厚，说明鸽龄越大；幼鸽的鼻瘤呈白色，正在哺育乳鸽的雌鸽鼻瘤呈暗红色，鼻瘤越大，鸽子的年龄越大。

（2）颈部 肉鸽的颈部上连头部，下连胸部和背部，长短适中，粗壮，强健有力，灵活自如，便于鸽用喙啄食，对付外来之敌，清除体表异物，修羽毛和哺喂乳鸽等生理活动。幼年时颈部羽毛与其他部位羽毛颜色无大差异，2~3月龄换羽后，颈部羽毛颜色加深（白色除外），光泽增加，变得绚丽多彩。鸽子的颈椎特别发达，由14根颈椎组成。鸽颈椎有特殊功能，每块颈椎相互间分得很清，故颈椎特别灵活，可使头部自由转动180°，有利于观察四方和觅食。肉鸽颈粗表现了其体形大、胸宽体壮。

（3）胸部 鸽的胸部位于颈部下端，与颈部相连处为前胸（上肋），与腹部相连处为后胸，后胸两侧为肋，后胸中有坚固强壮的龙骨（胸骨）、龙骨突。胸肌着生在龙骨上，胸肌腱与肱骨相连。鸽体上最大的两块肌肉在胸部，胸大肌与胸小肌可占其体重的22%左右，胸肌收缩牵引双翼，有力地振荡空气而飞行。肉鸽要求胸肌发达有弹性，胸骨不弯曲。

（4）背部 鸽背位于双翼间，背部前端两侧与翅相连。背部前端的两侧长着强大而有力的双翼。肉用鸽比信鸽背长而阔，表现了更大的肉用特征。

（5）腹部 鸽腹位于腰部之下，在胸部后端至耻骨之间一带，容纳着消化器官和生殖器官。

【提示】 雌鸽腹部稍大而软，与产卵有关，胸腹末端孔道为泄殖腔，两侧有耻骨，雌鸽耻骨间距为两指，有利于产卵。

（6）腰部 鸽子背部后面为腰部，是肌肉和骨头的联合处，飞行时腰部有推动作用。肉鸽体大，腰部发达，肌肉也发达。腰的末端有尾脂腺，鸽常用喙将尾脂腺分泌出来的尾脂涂在全身羽毛上，以保护羽毛，并防雨水。

（7）翼部 鸽的前肢转化为翼，以适应飞翔。翼的形状、大小与飞翔能力的强弱密切相关。翼部由主翼羽、副主翼羽、覆羽、肩羽和小翼羽等组成（图2-4）。主翼羽一般有10根，为两翼外侧的长硬羽毛，其作用是飞翔时鼓风前进。其中第8、9、10根主翼羽是鸽飞翔的主要羽毛，故称“将军条”。副主翼羽有12根，在飞翔时起支撑鸽体悬浮于空中的作用。覆盖在副主翼羽基部的是覆副主翼羽，它们具有保护和加强主翼羽和副主翼羽力量的作用。胛羽长在两翼内侧，有防止飞翔时空气向上泄漏的作用。小翼羽有3根，位于覆主翼羽的上边，有帮助鸽作上下运动、回旋运动和降落运动的作用。两翼背侧基部的羽毛为肩羽，有防御雨水的作用。翼的前缘厚，后缘薄，构成一个曲面而产生飞翔升力，同时也是防卫的工具。

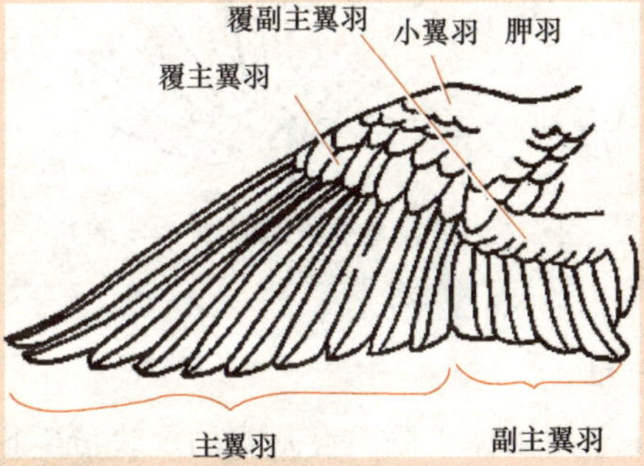

图2-4　鸽羽毛

鸽每年有规律地脱掉旧羽，重生新羽的现象叫换羽。换羽一般从春天开始，到秋季结束。多半从头部开始，渐渐换到身体后部。换大羽的时间多在夏末秋初，为期1～2个月。大羽的脱落与重生有一定顺序，如主翼羽从里向外脱去，每年全部脱换1次。副主翼羽则是从外向里脱去，大羽每年只换其中1根，所以又叫压年羽。整个换羽过程是掉一根生一根，新羽不长到一定程度，下一根老羽不掉，所以看不到裸体鸽和完全不会飞翔的鸽。

（8）腿部　肉鸽腿部分胫、趾、爪。胫上有鳞片，为皮肤衍生物。胫的下部长有四趾，有些品种有趾羽。趾端的角质物为爪，鸽爪锐利而微弯。

【小经验】>>>>

肉鸽胫和趾表面均着生有角质化的鳞片，这种鳞片会随着年龄增长而变硬变粗糙，可作为年龄鉴别依据之一。

(9) 尾部 肉鸽的尾部不发达，缩短成小肉块突起，在突起上着生有 12 根宽大的尾羽。尾羽张开时呈扇形，飞翔时起转换方向和平衡身体作用。每根尾羽的排列序号通常由中央向外计算（图 2-5）。

图 2-5 肉鸽尾部及其尾羽排列顺序

二 羽毛特征

羽毛是着生于肉鸽体皮肤毛囊基部的皮肤衍生物，由角蛋白等组成，被覆体表，具有调节体温、保护皮肤及飞行、防水等功能。

1. 羽毛类型

羽毛依据其结构和作用分为正羽、绒羽、丝羽等（图 2-6）。

(1) 正羽 正羽是着生在鸽体表的大片羽毛，由中央中空的羽轴和两侧扁平扩展的羽片组成，羽轴下段深入皮肤毛囊中的为羽根。根据着生部位不同，正羽可分为飞翔羽和体羽，着生于翼部的为翼羽，着生于尾部的为尾羽，覆于背、腹的为覆羽，遮于耳孔的为耳覆羽。两翼有主翼羽、副主翼羽、覆主翼羽、覆副主翼羽、胛羽、小翼羽和肩羽等。

(2) 绒羽 在正羽下方、鸽体两侧，绒羽特别多，呈棉花状，构成松软的保温层。绒羽的结构特点是羽轴纤细，羽小枝上的羽小钩不发达，从而不能形成坚实的羽片。乳鸽的绒羽不具羽小枝。绒羽含有大量蜡粉，使羽毛不易湿水，利于身体保温。

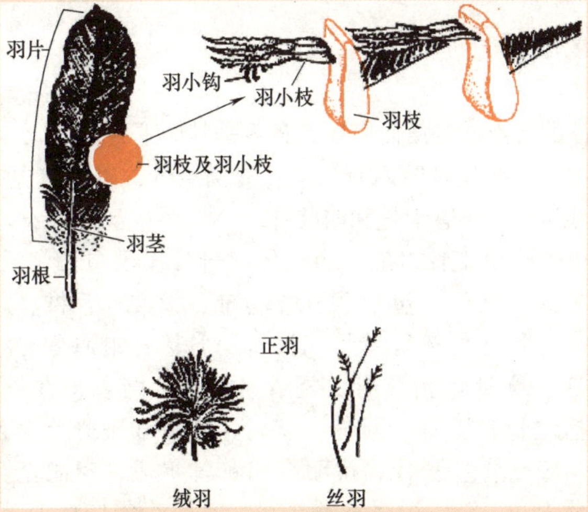

图 2-6　正羽、绒羽及丝羽

【小经验】>>>>

5 日龄内的初生乳鸽的羽毛如头发，柔软呈黄色。羽毛随着乳鸽长大而逐渐脱落，3～4 周龄时，仍可在头、颈部见到少数黄色绒毛（彩图 3）。如果黄色绒毛已经消失，说明已超过 1 月龄不属于乳鸽了。

（3）丝羽　丝羽又叫纤羽，外形如毛发，杂生在正羽和绒羽之中。不同品种肉鸽的丝羽数量和长度都是不一样的。

2. 羽色

鸽的羽色多种多样，肉鸽的羽色以白色为主，故有些地方俗称鸽为“白鸽”；其次为银灰色、黑色、红绛色等。

【提示】 肉鸽羽色应富有金属光泽，暗淡分明。健康的鸽，羽毛应紧裹体躯，不应蓬松杂乱，羽色应光亮，富有“脂粉”。

第二节　解剖特征

一　运动系统

1. 骨骼

鸽骨骼的特点是轻便而坚固，骨重是其体重的4.4%，有许多骨块愈合在一起，在长骨腔内有气囊，充满空气，以适应飞行。鸽全身骨骼可分为头骨、躯干骨和四肢骨。

头骨由若干块小骨组成，至成体时骨片多已愈合，没有骨缝，颌骨延长为喙。躯干骨包括颈椎、胸椎、腰椎、荐椎、尾椎及肋骨和胸骨。前肢骨包括肩带骨和翼骨。肩带骨由肩胛骨、乌喙骨和锁骨组成。翼骨包括肱骨、桡骨、尺骨、腕骨、掌骨和指骨。后肢骨包括髋骨和腿骨。髋骨由髂骨、坐骨和耻骨愈合而成。腿骨由股骨、胫跗骨、腓骨、跗跖骨和趾骨组成。肉鸽全身骨骼借助纤维、软骨和关节三种骨连接形成骨架，决定鸽体的外部形态，保护内部器官。

2. 肌肉

鸽全身肌肉可分为头颈部的咀嚼肌和颈肌，躯干部的胸壁肌群、腹壁肌群、脊柱肌群、泄殖腔周围肌群，用于飞行的肩带及前肢肌肉，后肢部的肌肉。肉鸽肌肉的最大特点是呈红色，煮后称为“深色肉”，不同于鸡或其他鸟类那样，肌肉是浅色的，称为“白肉”。肉鸽肌肉的第二个特点是胸肌（包括胸大肌和胸小肌）特别发达，优良品种的胸肌占体重的28%以上，这是其他鸽类所没有的。

二　被皮系统

肉鸽的被皮系统由皮肤及其衍生物，包括羽毛、脚鳞、角质喙、爪及尾脂腺等，被覆体表，有保护机体内部器官、调节体温、排除废物及感觉外界刺激等功能。肉鸽皮肤具有薄、松、软、干的特点，以便于飞行时羽毛和肌肉剧烈运动。肉鸽皮肤上没有汗腺和油脂腺，没有调节体温的功能。但鸽的皮肤表面有一层蜡质粉层，具有相当强的防水作用。胫部和趾上的鳞片随年龄的增长逐渐变硬而粗糙。年幼的肉鸽趾端的角质爪软而尖，年老肉鸽的硬而钝。

三 消化系统

鸽的消化系统由消化管和消化腺两部分组成，主要功能是采食、消化食物、吸收营养物质和排出废物。鸽的消化能力很强，消化过程十分迅速，以适应飞翔生活而维持代谢水平高和能量消耗大的需要。

1. 消化管

消化管包括口腔、咽、食管、胃、小肠、大肠和泄殖腔（图2-7）。

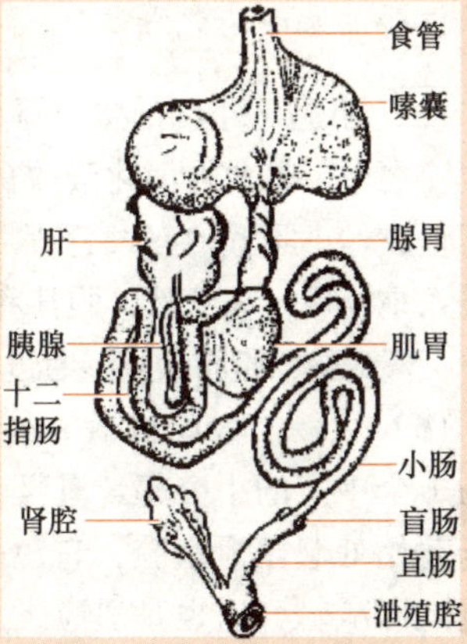

图2-7 鸽的消化系统

（1）口腔 肉鸽口腔没有牙齿、嘴唇与软腭。上、下颌特化为角质喙，口腔内具有唾液腺。肉鸽的舌长且呈三角形，舌尖呈软角质化，舌黏膜上缺味觉乳头，仅分布数量少、结构简单的味蕾，故味觉不敏感。

（2）咽 咽位于口腔之后，与口无明显界线。顶壁有鼻后孔裂、耳咽鼓管孔2个开口，分别与鼻腔、中耳相通。底壁有喉口、食管口分别与气管、食管相通。

（3）食管与嗉囊 食管是连于咽与胃之间的管道，较长且有很大的扩张能力。食管在颈的基部膨大成囊状的嗉囊。嗉囊壁内含黏液腺，能分泌黏液，但不含消化酶，除临时储存食物外，还对饲料进行润湿和软化。嗉囊内的温度、湿度和pH（6.0~7.0）很适宜植物性饲料内的酶，有利于微生物的栖居和活动，所以嗉囊内可进行饲料中的糖类发酵分解，部分营养物质经囊壁吸收。在育雏期，嗉囊受脑垂体激素的作用，能分泌出多种营养成分的乳状物即鸽乳以喂养雏鸽。

（4）胃 胃由腺胃和肌胃组成。腺胃又称前胃，呈纺锤形，位于食管胸段与肌胃之间，略偏于体中线左腹侧，壁薄，含有丰富的腺体，能分泌大量消化液（胃液）。胃液内含有分解蛋白质的胃蛋白酶和盐酸。腺胃容积很小，食物在腺胃内停留时间较短，经部分消化的食物随即进入肌胃。胃液的消化作用主要在肌胃和十二指肠内进行。肌胃又称砂囊、肫，呈圆形或椭圆形，质坚实而呈红色，位于腹腔左侧，在肝的两叶之间。肌胃内壁由黄绿色软角质膜组成，对蛋白酶、稀酸、稀碱有抗性，有保护胃壁的作用。

【提示】 鸽没有牙齿，鸽的机械性消化主要依靠肌胃强大的肌肉层，产生有节律性收缩来研磨食物。平时喂鸽时应注意保健砂的配制与饲喂。

（5）小肠 小肠前接肌胃，后连大肠，平均长度约为95cm，盘曲于腹腔之中，是食物消化吸收的主要场所。小肠由十二指肠、空肠和回肠组成。小肠壁内有发育程度不同的肠腺，能分泌小肠液。胃内食糜进入小肠后，在胰液、胆汁和小肠液的作用下，被分解为可吸收的葡萄糖、氨基酸、脂肪酸等，通过小肠壁被吸收入血液中，供机体利用。

（6）大肠 大肠包括1对盲肠和1条直肠。肉鸽的盲肠不发达，仅为1个中空的小突起，有吸收水分的作用。直肠短（3～5cm），从盲肠起始处起至泄殖腔，它短而不能储存粪便，有粪便就排出体外，体重随即减轻，这也是适应飞翔的结果。

（7）泄殖腔 肉鸽直肠末端的膨大部为泄殖腔。它是消化、泌尿和生殖三系统后端的共同通道，略呈球形，向后以泄殖孔（即肛门）开口于外界。它以发育程度不同的黏膜褶分为三部分。前部为粪道，是直肠的延续；中部为泄殖道，最短，输尿管和输精管或输卵管开口于此；后部为肛道，背侧有腔上囊（又称法氏囊）的开口（图2-8）。腔上囊有生成淋巴细胞和消灭细菌的功能。法氏囊随着肉鸽年龄的增大而慢慢萎缩，到成年鸽只留有痕迹。泄殖腔的出口是肛门，肛门的上下缘形成背、腹、侧肛唇。15日龄以前的乳鸽可清楚地看出肛唇的形态，根据雌雄乳鸽的肛唇形态，可早

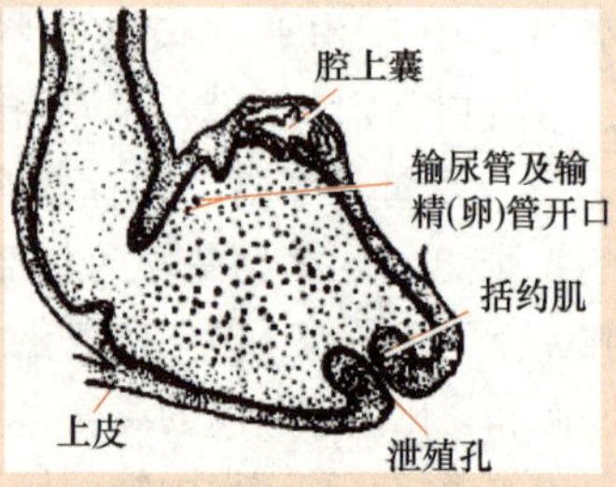

图2-8 肉鸽泄殖腔纵切模式

期区分性别。

2. 消化腺

消化腺包括位于消化管内的壁内腺（如胃腺、肠腺）和位于消化管外的壁外腺（如肝脏、胰脏）。

（1）肝脏 肉鸽肝脏是全身最大腺体，占体重的5%左右，呈红褐色，分左右两叶，左叶小，右叶大。肝脏是鸽体内的重要器官，具有复杂的生理功能：改造并储存营养物质，在机体需要时供给机体细胞使用；有解毒功能；能合成血浆中的蛋白，合成和储存维生素及排泄废物（胆色素和尿素）；连续不断地分泌胆汁，经肝管通入十二指肠，激活胰脂酶，使脂肪乳化，促进脂肪的消化吸收和脂溶性维生素的吸收，刺激小肠运动。鸽无胆囊，肝脏分泌的胆汁直接进入十二指肠发挥消化脂肪的作用。

（2）胰脏 肉鸽胰脏着生于十二指肠“U”形弯内，呈浅黄或浅红色，是一个比较狭长的腺体，分背叶、腹叶和脾叶三部分，包括外分泌部和内分泌部。外分泌部属消化腺，腺细胞分泌的胰液含有胰蛋白酶、胰脂酶、胰淀粉酶等。胰液通过输出管流入十二指肠，与肠液共同消化淀粉、脂肪、蛋白等食物。内分泌部所分泌的胰岛素和胰高血糖素，具有调节体内糖合成、分解与血糖升降的功能。

四 呼吸系统

肉鸽的呼吸系统包括鼻腔、咽、喉、气管、鸣管、气囊和肺，主要机能是完成机体与外界之间的气体交换，此过程称为呼吸。

（1）鼻腔 肉鸽鼻腔是空气入肺的起始部位，可以使吸入的空气温暖、湿润和除尘，减少对肺部的刺激。鼻腔内盖有黏膜，含有假复层纤毛上皮和嗅上皮，有嗅神经分布，是产生嗅觉的部位。

（2）咽 咽位于头、颈交界处，是消化管和呼吸道的共同通道。

（3）喉 肉鸽的喉头位于咽的后部，与气管相接，喉与气管以声门为界，分前后两喉，其状如纵沟裂，在固有肌作用下起张、闭作用，吞咽时也由此肌肉作用而闭合。周围黏膜上布满乳头，可防止水或食物误入气管。喉腔无声带，不能发声。

（4）气管 气管为一长约12cm的圆柱形长管，在皮肤下随食管向下行，偏于颈的右侧，入胸腔后转至食管胸段腹侧，至心肌上方分为左、右支气管分别进入左、右肺。它不仅是气体的通道，又是通过蒸发散热调节体温的重要部位。

（5）鸣管 鸣管又称后喉，是鸽的发声器官，位于胸腔入口后方，在气管分为支气管的分叉处（图 2-9）。由气管末端和两支气管起始部的内、外鸣膜及左、右支气管分叉处上方的半月膜形成，相当于声带，受空气振动而发声。在鸣管外侧附有特殊的鸣肌，其收缩可调节鸣膜的紧张程度，使鸣声发生变化。

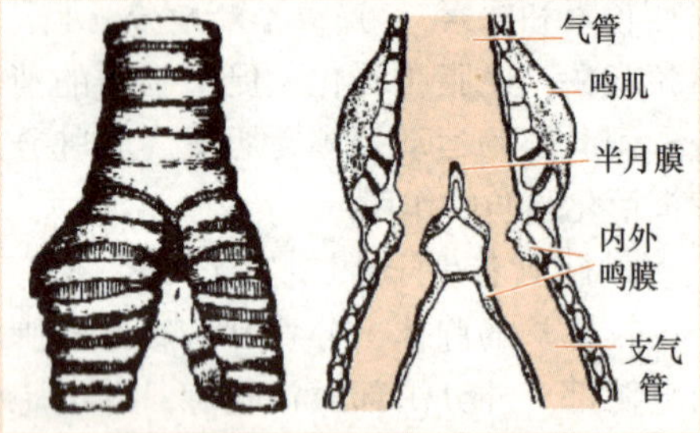

图 2-9 鸽的鸣管

（6）肺 肉鸽的肺呈粉红色，分左右两肺，上连支气管，并有开口通到各气囊。肺的背壁紧贴于体腔背部的肋骨之间，腹面盖有一层肺胸膜。肺脏侧面平坦，前端有肺门。支气管经肺门入肺后，向后纵贯全肺并逐渐变细，称为初级支气管，后端出肺而连接于腹气囊。从初级支气管分出若干次级支气管（或侧支气管）和三级支气管（或副支气管）。三级支气管再呈辐射状分出无数的细支气管，后者相互吻合形成一个毛细管状的气体通路。在这些通路的管壁上有许多呈辐射状排列的肺房。肺房为不规则的球形腔，从房底壁形成小隐窝，即漏斗导入直径为 7 ~ 12μm 的分支吻合的呼吸毛细管网。呼吸毛细管相当于哺乳动物的肺泡，周围分布着毛细血管，在此进行气体交换。

（7）气囊 气囊是由支气管的分支出肺后形成的薄囊。肉鸽的气囊共有 9 个，其中颈气囊、前胸气囊、后胸气囊、腹气囊左右成对，锁骨间气囊为单个（图 2-10）。气囊壁是一层薄的纤维弹性结缔组织膜，壁上分布的毛细血管很少。气囊广泛分布于内脏器官之间，其本身没有气体交换作用，主要功能是储存气体以加强肺的气体交换，减小身体比重，平衡体位，减少内脏器官的摩擦；发散体热，调节体温，以弥补无汗腺之缺。经试验，鸽在飞行中吸入的空气，有2/3是用于冷却，并因腹气囊紧靠睾丸，使睾丸维持较低温度，保证精子正常生成。

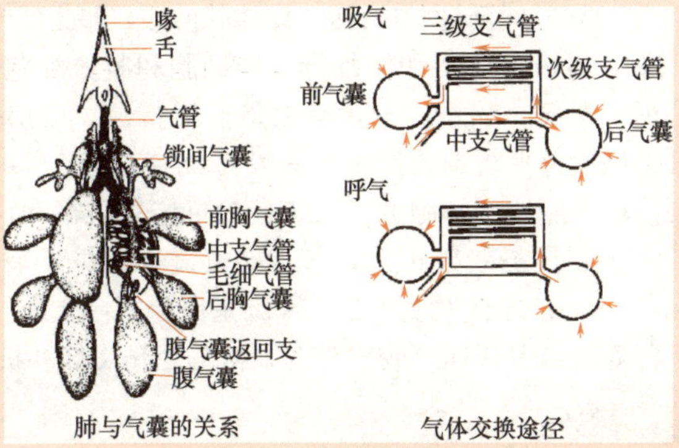

图 2-10　鸽肺与气囊

【小知识】>>>>

肉鸽子呼吸系统最大的特点是发达的气囊系统与肺气管直通，在吸气和呼气时，肺内均进行气体交换，使它具有特别的双重呼吸方式，以适应鸽体强烈的新陈代谢需要。鸽的呼吸频率为26次/min。

五　循环系统

肉鸽的循环系统是由心脏和血管（包括动脉、毛细血管和静脉）组成的闭锁系统，内含血液。其主要功能是输送氧气，把从消化系统吸收来的营养物质输送到全身。同时，把组织细胞代谢产生的二氧化碳和废物送到肺、肾等排出体外。

（1）心脏　鸽的心脏较大，约为体重的1.7%。位于胸部的后下方，至胸骨，呈圆形，夹在肝的两叶之间。心脏有四室：上部为左心房和右心房，下部为左心室和右心室。肉鸽心脏容量大，心跳快（100~400次/min），血压高（105~135mmHg），血液循环迅速，血液中红细胞多且有核，输氧量大，保证了鸽具有旺盛的新陈代谢和高而恒定的体温（约42℃）。

（2）血管与血液循环途径 血管由动脉、静脉和毛细血管三部分组成。动脉血自左心室输出，经主动脉及其分支送至身体各部，经毛细血管交换后，转变为静脉血，再经腔静脉回右心房，即为体循环。静脉血由右心房注入右心室，经肺动脉运至肺，在肺内进行气体交换转变为动脉血，再经肺静脉回左心房，即为肺循环。如此循环反复。

（3）血液 血液由血浆和红细胞、白细胞和凝血细胞组成。红细胞呈卵圆形，有核，数量少；含有大量血红蛋白，可携带氧和二氧化碳。红细胞生存期短，更换快，一般为35~45天，以满足代谢旺盛的需要。白细胞比红细胞大，有核，对机体有防御和保护作用。凝血细胞的大小和形态差异较大，参与凝血过程。血浆呈黄色，占血液容积的51.3%，含有大量水分、纤维蛋白原、白蛋白、球蛋白、酶、激素、营养物质及代谢产物，参与血液的运输功能和机体免疫。

六 泌尿系统

肉鸽泌尿系统由肾脏和输尿管组成，是机体重要的排泄系统（图2-11）。

（1）肾脏 肉鸽的肾脏较大，为长方形扁平体，占体重的1%~2.6%，质软而脆，分左右两肾，位于腰荐骨两旁和髂骨的肾面内。每个肾脏分前、中、后三叶，没有肾门，血管和输尿管直接从表面进出。整个肾由无数的排泄单位——肾小体构成，肾小体由肾小球和细尿管两部分组成。细尿管的一端扩大，凹陷成双层囊，内有由微血管盘绕成球状的肾小球。细尿管把肾小球收集的尿液汇集到较大的收集管中，许多收集管形成一个椎体形的髓部，再汇合成肾盂通入输尿管。

（2）输尿管 输尿管是成对白色细管，从肾中部腹面发出，沿肾的腹侧面向后延伸，开口于泄腔顶壁两侧。由肾脏排出的尿液，经输尿管排入泄殖腔，与粪便一同排出体外。

七 生殖系统

1. 雄性生殖系统

雄鸽生殖系统由睾丸、附睾、输精管和贮精囊等组成（图2-11），主要机能是产生精子、分泌雄性激素和引起性行为。

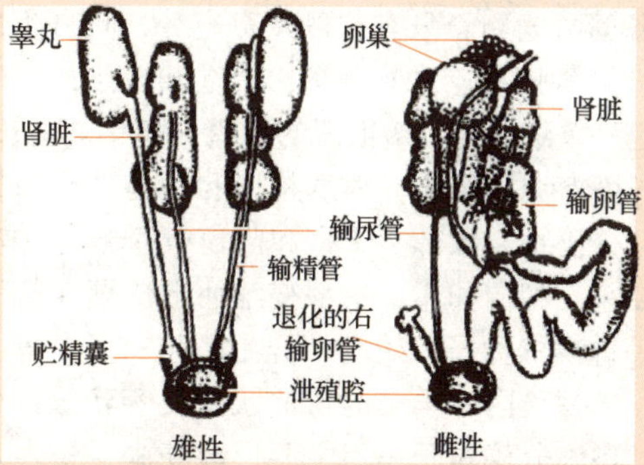

图 2-11　肉鸽的排泄与生殖系统

(1) 睾丸　睾丸为一对，呈白色的卵圆形，以睾丸系膜连接在肾脏前下方，周围与腹气囊接触。睾丸的大小因年龄和性活动的周期变化而有很大差别，平时较小，不易见到；生殖时期膨大，并且左侧比右侧大。睾丸内有大量的精细管，精子即在此产生。精细管之间有成群的间质细胞，能产生雄性激素，促进雄鸽的发育和增强其生殖能力。

(2) 附睾　附睾较小，呈长纺锤形，是一条弯曲的长管，位于睾丸的背内侧缘。管内衬有分泌功能的假复层柱状上皮。精子在此进一步发育成熟。

(3) 输精管　输精管是一对弯曲的细管，前接附睾，沿输尿管的外侧向后行走，在通入泄殖腔前膨大成贮精囊，贮有精液，呈乳白色，末端呈乳头状开口于泄殖腔。雄鸽无交配器和副性腺。交配时靠雌、雄鸽泄殖腔孔的互相接触而进行体内受精。

2. 雌性生殖系统

雌鸽生殖系统包括卵巢和输卵管，输卵管仅左侧充分发育而具有功能，右侧在发育过程中退化为遗迹（图 2-11）。

(1) 卵巢　卵巢呈黄色，以短的卵巢系膜附着于左肾前部及肾上腺腹侧。未成熟雌鸽的卵巢很小，呈扁平椭圆形，性成熟后因卵泡突出卵巢表面而呈一串葡萄状，卵泡内储存大量卵黄。卵巢除产生卵子外还可分泌雌性激素。

（2）输卵管 输卵管只有左侧发育充分，具有生理功能。输卵管前端以喇叭状薄膜开口对着卵巢，后端开口于泄殖腔。刚孵出幼鸽的输卵管呈一条细而直、壁很薄的管道，随年龄增长而逐渐增厚、加粗，成为长而弯曲的管道。根据构造和功能，输卵管依次可分为漏斗部、蛋白分泌部、峡部、子宫和阴道五个部分。输卵管漏斗部前部形成漏斗伞，朝向卵巢，后部变细而形成漏斗管。漏斗部的功能是获取卵巢排出的卵子、受精和分泌系带。蛋白分泌部最长，弯曲多，壁较厚，黏膜内有丰富的弯曲状分支管状腺，分泌物形成蛋白。峡部短，黏膜分泌角蛋白，主要形成壳膜。子宫是输卵管的扩大部分，黏膜内具有较狭小的子宫腺，在此形成蛋壳。阴道弯成"S"形，黏膜白色，开口于泄殖腔的左侧。

第三节 行为特点与生活习性

一 行为特点

1. 采食行为

肉鸽用喙啄食谷物籽实，不能一次直接吞咽，必需"倒口"。如果饲料颗粒过大，倒口时常使食物掉出槽外，造成饲料浪费（图2-12）。所以，为便于肉鸽采食和减少饲料损失，肉鸽饲料宜选用扁圆形小颗粒籽实。成年肉鸽每只每天需采食50～60g饲料，通常情况下成鸽采食集中于饲喂之后，每次采食8～12min。肉鸽采食时喜欢挑选食物，当采用饲料原粮加保健砂的传统方法饲喂繁殖生产鸽时，一般非带仔生产鸽喜食禾本科作物籽实（如玉米），而带仔生产鸽喜豆

图2-12 鸽采食

科作物籽实（如豌豆）。此外，繁殖生产鸽保健砂的采食量差异比较大，带仔生产鸽日采食保健砂的量约是非带仔生产鸽的 2 倍，这表明肉鸽具有根据自身需要辨别并选择饲料的能力。

【小经验】>>>>

由于肉鸽的喙较长，不宜采食破碎和粉状饲料。如将其压制成全价颗粒饲料，则饲喂效果优于饲料原粮。

2. 饮水行为

健康鸽每天饮水量在 60～130mL，随气温变化而异。肉鸽饮水不同于鸡，它是把喙深入到水杯的水中向上吸饮，一般吸饮 1～2 次即可完成饮水。鸽常常在采食之后饮水，哺喂乳鸽的亲鸽必定在饮水之后，才能吐得出鸽乳哺喂乳鸽。出壳至 25 日龄的乳鸽没有采食及饮水能力，由亲鸽哺喂完成。

【提示】 要保证肉鸽饮水杯或水槽的水位保持在淹没喙长的深度。

3. 睡眠与休息

肉鸽和鸡、鸭等家禽一样，多数是白天活跃，晚上休息。但肉鸽喜欢在高而安静处休息，休息时多采用蹲伏或单腿站立，缩颈闭眼入睡。鸽子睡眠很轻，稍有动静，即刻惊醒。

4. 洗浴行为

肉鸽素有水浴和沙浴的习惯，散养形式下，即使寒冷的冬天，它都会定期水浴、沙浴（彩图 4）。因此，散养鸽群有条件的应设立水浴池和沙浴池，以利鸽群健康。

【小经验】>>>>

养殖中可将洗浴时间安排在晴天的 10：00～15：00。视鸽群数量的多少，将若干水盘（水深 6～7cm）放置在舍内或运动场上，让肉鸽自由洗浴。洗浴完后，将盘中污水及时倒掉。

5. 争斗行为

肉鸽常因争配偶、争食、争巢、争地盘等而争斗，包括攻击、斗架、躲避、逃跑、顺从等行为。群居的肉鸽，特别是进入繁殖期后，雌、雄鸽均有强烈的领域行为，在自己的巢窝周围不允许其他鸽子靠近，一旦有外来者，雌、雄鸽都会不客气地将其赶走。肉鸽一旦配对成功，雌、雄鸽就会共同营造自己的“小家庭”。“小家庭”建立后一是不允许外来者侵入，二是严禁“第三者”插足，一旦发生此种情况，雌、雄鸽都会拼死相斗。鸽对自己的巢有强烈的占有欲，因而常发生因争巢求偶而引起暂时性斗殴或驱逐对方的行为。

6. 性行为

肉鸽的性行为包括求偶行为、交配行为和繁殖行为。

（1）求偶与交配行为 性成熟后的雄鸽一旦选中雌鸽，雄鸽会向雌鸽鼓大嗉囊、羽毛竖立，不断地围着雌鸽啼鸣、单腿踱舞，不一会儿，雌鸽会停住不动，双眼闪闪发光，颈部嗉囊鼓起，尾羽和主翼羽展开竖起，将喙伸入雄鸽喙中（彩图 5），稍后即蹲下，雄鸽立即交尾。一般在交配 2～3 次后，雌鸽于 7～8 天内就会产蛋。

（2）繁殖行为 繁殖行为一般是指肉鸽孵育后代的表现与行为，包括营巢、产蛋、孵化与育雏。

7. 飞翔与归巢行为

肉鸽经过人工长期选育饲养，飞翔能力较信鸽相差甚远，高不过 10m、远不过 100m。肉鸽的辨巢和归巢性不及信鸽，但仍然存在。一般情况下，偶然逃笼或脱棚的肉鸽，均在其笼舍或散养棚乃至鸽场附近，即使飞出去也会自动归来，大可不必为其脱笼逃走而犯愁。

8. 异常行为

异常行为是对鸽精神与身体有害，非正常生理活动所必需的行为，这种行为的发生与鸽的禁闭饲养、过多的刺激、强度生产及不适宜的环境条件有关。最常见的异常行为为啄癖。这种恶癖在任何年龄中均可发生。其他如来回踱步、狂暴理羽等，多发生于争斗或打败后，精神异常所致。

二 行为表现

鸽常会因养鸽者平时施加给鸽的经常性动作而形成一些独特的行为表现。养鸽者必须在日常饲养管理中根据鸽的各种表现，了解肉鸽的欲望和要求，从而改进和完善饲养管理。

1. 饥饿

肉鸽头、眼动作敏捷，四处觅食，啄食泥砂、杂物充饥，不顾一切地飞到饲养者身上索食。

2. 吃饱

鸽缩头收颈静卧，用喙啄理全身羽毛，两眼显疲乏，翼、尾收缩。

3. 想洗澡

鸽在饮水器或水坑周围不断用喙啄水梳理、湿润羽毛。下雨时展开全身羽毛，任凭雨淋并频频抖动身体，作洗澡状。

4. 愉快

鸽昂首、挺胸，展翅、伸腿，两眼有神，用嘴理毛，阔步行走，互相戏闹。

5. 发情

雄鸽追雌鸽，时时点头，颈羽蓬松，尾羽和翼羽擦地行走，鼓起颈部不断从喉部发出“咕咕”求爱声，在雌鸽周围转来转去。雌鸽会在雄鸽求爱时反复低头、抬头，表示同意雄鸽的求偶，并有展翼拖尾等动作，从开始避让到半推半就，最后蹲下接受雄鸽交配。

6. 不愉快

鸽不愉快时，缩颈垂头，精神委顿，频频发出哀鸣声，睡眼惺忪，羽毛蓬松零乱，常在僻静角落蹲伏，站立时瑟瑟发抖，这些表现常多源自丧偶和幼雏。

7. 疑惑

鸽感到疑惑时，会突然伸颈抬头不断东张西望，带有紧张情绪。

8. 恐怖

因突然受惊等原因，鸽发出急促的“咕咕”声，作出飞逃准备或展翅急飞。

9. 有病

有些表情与悲哀相似，不思饮食，步履缓慢，垂翼，食欲缺乏。

三 生活习性

家鸽是由野鸽在进化过程中经过自然选择和人工选择而逐渐形成的。许多鸽有它固定的习性和特征。只有充分了解、熟悉鸽的生活习性才能养好鸽。

1. 群居性

肉鸽喜欢群居生活，肉鸽虽然是舍饲，但也表现出群居性，群养时，吃食、饮水一般不会相互争斗，也很少发生争巢现象。肉鸽对自己的巢有强烈的占有欲，视一定区域为自己的“领地”，同时也极为尊重别的肉鸽的“领地”。肉鸽在散养情况下具有良好的合群性，喜欢群居、群飞、集体觅食，舍养时数十对至上百对一起吃食、饮水、休息，不会相互打斗，平安无事。个别鸽子走散后也会尽快加入新的群体。

2. 以素食为主

鸽无胆囊，一般情况下以植物性饲料为主，喜食粒料、豆类，如绿豆、小豆、玉米、小麦、高粱、稻谷等。鸽没有吃熟食的习惯，但熟食也会适应。鸽在自由采食情况下很少采食动物性饲料和粉料，对青绿饲料和沙粒也比较喜爱。用豆粕、棉粕及鱼粉等制成的颗粒饲料饲喂肉鸽能获得非常好的饲喂效果。在条件许可下，可按营养比例，配合成全价配合饲料，制成直径3～5mm的颗粒饲料，鸽子能适应并较好地利用这种饲料。

3. 固定单配偶行为

肉鸽是单配偶生活的鸟类，而且是固定单配偶（一只雄鸽配一只雌鸽）。肉鸽孵出后，经4～6个月的生长发育，便进入性成熟阶段，开始配偶、繁殖。配对后，定下终身，感情专一，营“一夫一妻”共同生活，平时雌雄不离，飞鸣相依，可以几年如一，“白头到老”。当配对鸽重新结合时，最好单独隔离1周后再在新窝重组配对。如果一方死亡，最好将此肉鸽移至新窝另觅鸽配对，否则在原窝，存鸽会较长时间怀念亡鸽，影响配种、产卵，这是鸽子特具的恋巢、恋偶特性。

【提示】 鸽子在生活中具有明显的“嫉妒”行为，通常在群养情况下，当雌、雄鸽交配时，其他雄鸽往往会一冲而上，把站在雌鸽背上的雄鸽赶下去，使交配失败，影响种蛋受精率，故饲养肉鸽以笼养为好。

4. 嗜盐性强

野生原鸽生活在海边，常饮海水，形成嗜盐的习性。经过长期驯养的肉鸽，仍保留这种习性。饲养时，可在保健砂或水中加入适量的食盐，以满足其需要。每只成鸽每天食盐需要量约为0.2g，盐分过多，会引起食盐中毒。

【提示】缺盐会影响家鸽繁殖等正常生理活动，故而在家养时应保证盐的供应，但又要防止食盐中毒。据测定，致死量为3.3g/kg体重。

5. 耐寒抗热

鸽子长期群居在天气温度变化极大的海边，这使它拥有较高体温。体表上羽毛结构使它能抵御严寒，在-30℃也不需要保温设备；而天热时，它松开羽毛，自我调节体温，哪怕是高温40℃，鸽子也不需要降温，这是鸽子特具的抗寒耐热性。相比较而言，肉鸽对寒冷的抵抗力比对高温抵抗力强。虽然鸽能在±40℃气温下生存，但冷热产生的效果大不相同。鸽散热性能较差，高温环境会使其呼吸喘促、羽毛脱落、食欲缺乏，持续时间过长则会引起绝食，最终因营养供给不足、抗病力下降而造成死亡。在寒冷的环境条件下，虽然因维持正常机体体温的热消耗增加，但鸽可以通过增厚保温层减少热量损失，并通过增加摄食量来补充机体的热消耗。虽然低温也引起鸽子的生产性能下降，但仍能繁衍后代，死亡的可能性和速度比高温要小得多。

6. 记忆力强

鸽的记忆力很强，包括对鸽舍、巢窝的记忆，对配偶的记忆，对颜色的识别与记忆，对饲养员的记忆，对呼叫信号的记忆等。饲养管理中利用鸽记忆力强的特性，建立良好的采食条件反射，便于集中投饲、集中管理、简化操作、节省人力。

7. 警觉性高

肉鸽有较高的警觉性，对异常的情况十分敏感，笼养种鸽应特别注意笼舍环境的安静和安全。在家养条件下，如果鸽的巢箱设置不当，经常受到鼠、猫等的侵扰，鸽便不再回巢，宁愿夜间栖于屋檐或外栖架上。如果经常引起鸽群惊慌骚乱，鸽就显得不安。尤其夜间若有点响声，鸽就会警觉惊慌。

⚠【注意】在饲养管理中要注意把鸽放养在安静、安全、固定的环境里，一般不让生人进场。在进行必要的操作时，如并蛋孵化、并雏哺喂等，应由熟悉的饲养员操作完成。

8. 适应性强

鸽的适应性很强，包括对地域、气温、湿度、海拔、饲料种类、饲养方式等各方面都超过一般动物。但环境发生变化时，应遵照循序渐进的原则，最后使其达到完全适应。

9. 爱清洁，喜干燥

肉鸽喜欢清洁、干燥的环境，不喜欢接触粪便和污土，就是乳鸽也绝不将粪便拉在巢内。如果它所处场所不整洁干净，食槽、饮水杯、巢窝等用具不干净，轻则引起鸽群不安，重则影响生产鸽繁殖及乳鸽生长发育。鸽不怕高温与低温，最怕潮湿闷热不洁的环境。工厂化笼养亲鸽，应保持笼舍清洁干燥，通风良好，减少疾病，加强管理，促进其生产潜能的发挥。

10. 喜静怕惊

肉鸽是一种灵敏性较高的动物，对周围环境的改变比较敏感，要求比较安静、舒适的环境，鸽场内建筑物一般不宜经常变动，应相对稳定。肉鸽对周围环境的色调要求清淡，以白色、乳黄、浅绿为好，对红、黑、蓝色特别厌恶，易处于恐惧状态，对肉鸽的生产极为不利。

⚠【注意】鸽场内禁止穿大红、乌黑及颜色鲜艳的人或物进入。

11. 雌、雄鸽有同心协力精神

肉鸽在筑巢、孵化、育雏上都能表现出同心协力精神。鸽一经配对后，临近产蛋时，就会找一个幽静偏僻的暗处筑巢，雄鸽到处寻找筑巢材料，供雌鸽编织巢窝。等蛋产出后，由雌、雄鸽轮孵，这一点与其他家禽不同。鸽的孵化期为 18 天左右，超过这个时间不出幼雏，它们就放弃旧巢，另寻新巢产蛋再孵。故而在人工养殖时，超过规定孵化期后应及时拿出不会出雏的蛋，以便让鸽及时产蛋。刚出壳的乳鸽不能行走觅食，由雌、雄鸽共同产生鸽乳，用嘴对嘴的方法哺育乳鸽。到目前为止，养鸽宜采用自然孵化和自然育雏方法。

12. 感情丰富

肉鸽是一种感情丰富的动物，高兴时会在地上快速拍动双翼，腾空起舞；发怒时常弓背竖羽，用嘴或翅膀攻击对方；悲伤时常栖于一隅，厌食怕动。配对鸽常会选择僻静处相互梳理羽毛，表达爱抚之情。雌、雄鸽交配前都要反复“亲嘴”，交配后雌、雄鸽昂首挺胸，迈着轻盈步伐，以非常愉快的姿势走几圈。

第四节　生理特点

一　诱导排卵

肉鸽不同于其他家禽，雌鸽性成熟后并不会立即产蛋，必须雌雄配对，经过多次交配诱导才会产蛋。一般情况下，交配后 5 ~ 10 天雌鸽才会产蛋。产蛋前 10 天左右，雌、雄鸽开始共同筑巢、暖窝，准备产蛋。通常 1 只雌鸽在 1 个繁殖周期产蛋 2 枚，2 枚蛋间隔 1 ~ 2 天，第 2 枚蛋产下后进入孵化阶段。

二　晚熟鸟类型

禽（鸟）类在幼龄阶段分为早熟鸟和晚熟鸟两种类型。鸽属晚熟鸟类型。初生乳鸽重 20g 左右，软弱无力，头也抬不起来，眼睛不能睁开，站立不稳，体表微见稀绒毛，自己不能行走和采食，缺乏体温调节能力，必须在亲鸽的抱孵和哺喂下才能生存。通常 1 周龄前，亲鸽用嗉乳哺喂，1 周龄后，逐步变为半消化食物哺喂，2 周后逐步变为浸胀的食物哺喂。通常情况下，4 日龄后乳鸽睁眼，2 周龄后逐步生长羽毛，内部器官的发育渐渐完善，外部羽毛越来越丰满，幼乳鸽的产热、中枢神经调节机能也渐完备，乳鸽逐步转化为恒温。3 周龄后开始学习觅食，4 周龄后才能脱离亲鸽哺育，独立生活或以商品乳鸽上市。

三 双重呼吸

肉鸽与众不同的是它具有与肺气管相通的气囊系统。当吸气时，吸入的新鲜空气大部分经过收缩着的肺进入后气囊，少部分进入副支气管和细支气管，直接与血液进行气体交换；同时前部气囊扩张，接受来自肺的空气（上次呼吸时吸入的）。呼的空气流入肺内，到达呼吸毛细管进行气体交换；前部气囊的空气进入支气管排出体外。这种一次吸入气体经 2 个呼吸周期排出体外的现象称为双重呼吸。这就保证了鸽子的耗氧量在最低的限度，使鸽子具有很强的高空适应性。即使用飞机把它带到 16 000m 以上的高空放飞，它也不会发生缺氧现象而窒息死亡。

四 有繁殖周期

肉鸽从交配、产蛋、孵蛋出雏至乳鸽的成长，这一段时期称为 1 个繁殖周期。1 个周期大约 45 天，对初产鸽来说，可分为配合期、交配期、孵化期、育雏期 4 个阶段（图 2-13）。配合期只适于初产鸽，对已经配对成功或已繁殖后代的亲鸽来说，不再有配合期，分为交配期、孵化期、育雏期 3 个阶段（图 2-14）。

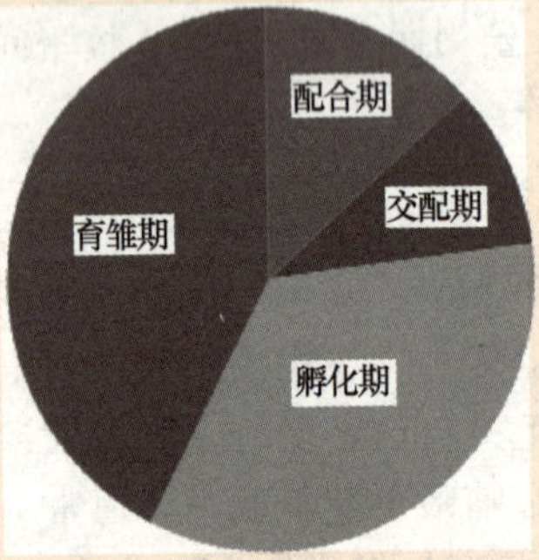

图 2-13 初产鸽繁殖周期

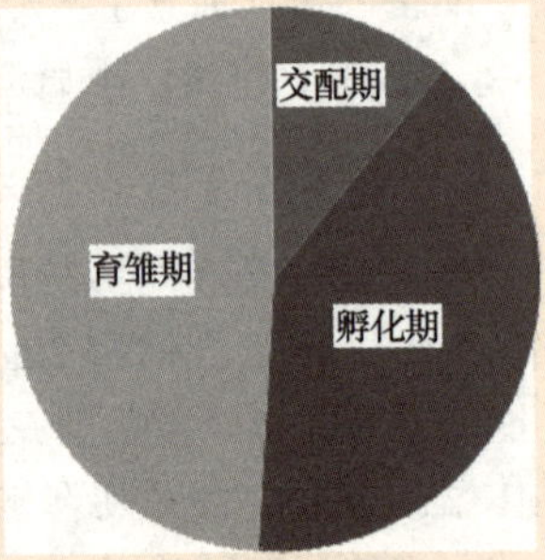

图 2-14 经产鸽繁殖周期

1. 配合期

已经成熟的肉鸽按照饲养者的目的，将雄雌配成 1 对，关在 1 个鸽笼中，使它们产生感情以至交配产蛋，这一时期为配合期。这个阶段有 10 ~ 12 天。

2. 交配期

亲鸽配对成功或孵出乳鸽至 18 ~ 20 天时，亲鸽就会交配，从而产下 1 ~ 2 枚受精蛋，此时期有 4 ~ 5 天。

3. 孵化期

亲鸽产下受精蛋后，轮流孵化种蛋直至乳鸽出壳，这个阶段有 17 ~ 18 天。

4. 育雏期

乳鸽出生后，亲鸽随之产生鸽乳，共同照料乳鸽，轮流饲喂，至幼鸽能独立生活的阶段为育雏期。在这期间，亲鸽又开始交配，在乳鸽 2 ~ 3 周龄后，又产下 1 窝蛋，这阶段需要 20 ~ 30 天。

五 有规律地换羽

肉鸽初生时只长有少量绒毛，1 周龄后翼羽和尾羽萌发，2 周龄后体羽开始萌发，绒毛开始脱落，4 周龄羽毛基本形成，6 周龄开始脱换幼鸽期生长的羽毛，6 月龄前后第 1 次换羽结束，标志着肉鸽进入成年。28 日龄乳鸽羽毛基本长齐时，羽毛很快更换，一般乳鸽在 1.5 ~ 2 月龄时，开始由里向外更换主翼羽，每隔 15 天左右两翅各换 1 根主翼羽，换到 8 ~ 9 根主翼羽时，乳鸽可达到性成熟阶段，此时乳鸽一般为 5 ~ 6 月龄。所以，主翼羽的换羽情况可作为判别乳鸽月龄的参考（表 2-1）。副翼羽一般在主翼羽换至 6 ~ 7 根时开始由里向外更换，当主翼羽换到 7 ~ 8 根时尾羽也开始更换。

肉鸽鸽体羽毛中除绒毛是幼鸽特有外，其他羽毛混生于鸽体表面，这些羽毛会随年龄及季节定期更新。肉鸽每年有规律地脱掉旧羽，重生新羽的现象叫换羽。换羽一般从春季开始，到秋季结束。多半从头部开始，渐渐换到身体后部。换大羽的时间多在夏末秋初，为期 1 ~ 2 个月。大羽的脱落与重生有一定顺序，如主翼羽是从靠近体躯的第 1 根开始向外脱换，大约每半个月脱掉 1 根，左右两侧的同一处羽毛几乎是同一天脱掉，同时生长。尾羽脱换同主翼羽一样，具有很强的规律性，最先脱落的是第 2 根尾羽（由两边向里数），其

表 2-1 换羽与日龄

羽序	日龄/天		羽序	日龄/天	
	左	右		左	右
10	169	169	1	112	113
9	146	147	2	219	220
8	132	132	3	228	230
7	117	117	4	220	220
6	104	104	5	184	184
5	89	90	6	215	215
4	87	87	7	211	210
3	72	72	8	158	158
2	66	66	9	129	130
1	45	45	10	93	93

次是第 1 根尾羽，有的是第 2 根和第 1 根尾羽同时脱落。此后为第 6 根尾羽，第 6 根尾羽之后是第 3 根尾羽，最后是第 5 根尾羽，左右两侧尾羽脱落时间基本一致（图 2-15）。副主翼羽脱换是从靠近主翼羽的第 1 根向内脱换，脱换的时间性和规律性不强。通常第 5 根主翼羽脱落时，覆在身体上的小羽片才开始更换，第 6 根主翼羽脱换时，副主翼羽和覆羽更新。第 8 根主翼羽脱换时，全身其他羽毛基本更换结束。整个换羽过程是掉一根生一根，新羽不长到一定程度，下一根老羽不掉，所以看不到裸体鸽和完全不会飞翔的鸽。

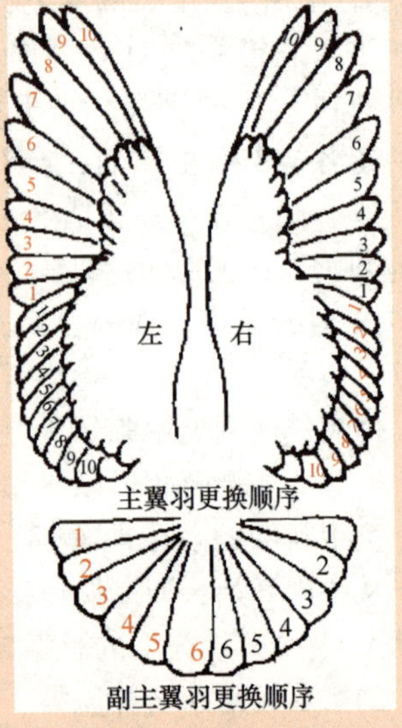

图 2-15 鸽的翼羽更换

第三章
肉鸽品种

目前，规模化养殖肉鸽的关键是要进行快速的乳鸽生产，提高鸽场经济效益，因此饲养优良肉鸽种是首要条件。近百年来，世界各地的养鸽工作者或养鸽爱好者，通过各种杂交育种方法或定向选育方法，培育出了40多个优良肉鸽品种。在生产中，应根据自己的饲养条件和生产目的选择适合自己饲养的品种。

第一节 国内主要优良肉鸽品种

一 石岐鸽

1. 产地分布

石岐鸽是我国较大型的肉鸽品种之一，原多养于我国广东中山市石岐镇一带，故命名为石岐鸽。石岐鸽适应性强，耐粗饲，就巢、受精、孵化、育雏等生产性能良好。

【提示】 目前由于人们长期不重视系统的育种工作，大多已混杂，本地石岐鸽出现了退化的现象，体形变小，失去了原来的优良性状，较为正宗的石岐鸽在产地中山现也很少见。饲养石岐鸽时一定要进行提纯复壮，其生产性能才能充分表现。

2. 外形特征

石岐鸽的体形与王鸽相似，但躯体比王鸽长。其标准外形为体长、翼长和尾长，形似芭蕉的花蕾。头平、鼻长、眼细、胸圆、胫光。石岐鸽羽色较多，有红色、白色、浅黄色及其他杂色。成年雄鸽头较圆，额稍凸出，颈较粗，鼻瘤较大，其粉白色基部具有皱纹，喙较宽；成年雌鸽头较细长，额不凸出，颈较细，鼻瘤较小（彩图6）。

3. 生产性能

成年雄鸽平均体重为750g左右，雌鸽为650g左右，4周龄乳鸽体重达500～600g，年产7～8对乳鸽，其乳鸽具有皮色好、骨软、肉嫩、味美，类似丁香花味特点。但其卵壳较薄，孵化时易被踩破，在繁殖期间应加强管理。

⚠【注意】石岐鸽所产蛋蛋壳较薄，孵化时易被踩破，在繁殖期间应加强管理。

二 佛山鸽

1. 产地分布

佛山鸽是1910年广东省佛山养鸽人用本地鸽与鸾鸽杂交育成的品种，是我国著名的肉鸽品种。该种鸽目前市场上很少见。

2. 外形特征

佛山鸽平头，光腿，羽毛紧，目光锐利，颈部粗胖，与石岐鸽较为相似。所不同的是佛山鸽的体长较石岐鸽稍短，脚较石岐鸽稍短，尾羽平直，羽色多为灰二线、红条二线、白色。佛山鸽的羽色多为蓝色，而且多是牛眼（珠色眼），带有红色、蓝色色彩。

3. 生产性能

佛山鸽生长快，繁殖率高，成年鸽体重700～800g，有的可达900g。种鸽每年可产乳鸽6～7对，1月龄乳鸽体重可达500～650g。加工成食品的乳鸽色、香、味与石岐乳鸽很难分辨。

三 杂交王鸽

1. 产地分布

杂交王鸽又称东南亚王鸽，或香港杂交王鸽，该品种主要是香港和台湾养鸽者利用王鸽与石岐鸽杂交选育出来的后代。它虽未形成固定品种，个体差异也比较大，但它的体形与体重介于王鸽与石岐鸽之间，具有良好的繁殖性能，深受养鸽者的欢迎。目前我国香港、台湾及内地大部分地区饲养的肉鸽多为此种鸽，近来广东、广西、上海等地也有大量饲养。

2. 外形特征

杂交王鸽体形较王鸽稍小，但又大于石岐鸽，介于两者之间。杂交王鸽的羽毛颜色多种多样，有白色、灰色、红色、黑色、蓝色、棕色、花色和杂色等。我国香港地区大多饲养这种杂交鸽。

3. 生产性能

成年鸽体重：雄鸽为650～800g，雌鸽为550～700g，4～6月龄的留种鸽平均体重为650g。杂交王鸽繁殖性能较好，每对杂交王鸽可年产乳鸽6～7对。乳鸽生长较快，2周龄乳鸽毛重400～450g，3周龄以上乳鸽毛重550～650g。

⚠【注意】 由于杂交王鸽遗传性能不稳定，体形与毛色各异，在生产过程中容易发生品种退化，故必须不断进行选育，方能留作生产鸽。

四 公斤鸽

1. 产地分布

公斤鸽又称昆明公斤鸽，产于昆明，是我国著名养鸽专家陈文广同志培育成功的又一新品种。

2. 外形特征

该鸽体形偏长，以瓦灰色最多，也有雨点和其他毛色的。公斤鸽是肉鸽中飞翔力较强的品种之一，因成鸽体重达1 000g而得名（彩图7）。

3. 生产性能

体重1 000g左右，适应性和抗逆性强。幼鸽前期生长快、早熟、易肥、省饲料，经济效益高。

五 太湖肉鸽

1. 产地分布

太湖肉鸽是2001年由江苏省苏州市吴江一养鸽公司利用美国王

鸽的优势性状，育成的一个新品系肉鸽，因其地处太湖流域，故取名为太湖肉鸽。现已经推向全国。

2. 外形特征

太湖肉鸽羽色纯白、有光泽，体形大、形态美，在保留美国王鸽特征的基础上，又具有自身的新特点。成年种鸽的体貌也较美国白羽王鸽发生变化，胸宽、体高、体长。

3. 生产性能

成年体重可达900～950g，每对亲鸽年产乳鸽8～9对，4周龄乳鸽的体重达到600～650g。

⚠【注意】 由于该品种刚刚培育而成，其生产性能等各方面的稳定性还需进一步研究和观察。

第二节 国外主要优良肉鸽品种

一 王鸽

王鸽原名皇鸽，也称“K”鸽，是当前世界上最著名的肉用鸽品种，尤其是白羽王鸽，在质量上和产量上均名列前茅。该鸽按其培育用途不同，有观赏型和肉用型之分；按羽色分为白色、银色、灰色、红色、黄色、绛色和黑色等品种。我国于1977年从国外引进观赏型白王鸽和银王鸽，1983年引入商品型，建立肉用王鸽场，并于1988年建立了王鸽高产品系繁育基地。

1. 白王鸽

（1）产地分布 白王鸽又称白羽王鸽，原产于美国新泽西州，于1890年利用羽色全白的公爵、贺姆、马耳他及鸾鸽品种，采用四元杂交育成。现代的白羽王鸽在美国是最受欢迎的鸽种。由于在开始培育过程中单纯追求外貌体态的优美，而忽视了生产性能的提高，因此形成了生产率低的观赏型王鸽。后为改正这一缺点，选育着重点放在生产性能上，又育成了生产型的王鸽。

（2）外形特征 白王鸽的培育最初是为了生产商品乳用鸽，后来又培育作展览用。现在白王鸽有观赏型和商品型两个类型。观赏型又称展览型，体重800～1 000g，全身羽毛纯白，头圆，前额凸出，嘴细，鼻瘤较小，胸阔圆，背宽粗，尾短而翘，不善飞翔，体态多姿。其繁殖性能较差，每对种鸽年产乳鸽5对左右，现今我国不少鸽场喜欢把它作为肉鸽饲养。商品型白王鸽也称商品肉用型白王鸽，成年体重700～850g，近年来可达800～1 020g，其全身羽毛为白色，身体较长，尾平，羽毛结实，尾羽略向上翘，体态丰满结实，体躯宽阔而不短，两腿直立而阔（彩图8）。

（3）生产性能 年平均产6对乳鸽以上，28日龄乳鸽平均体重可达500g，乳鸽的屠宰率较高，每只净膛重400～450g，胴体色白，深受广大消费者喜爱。

2. 银王鸽

（1）产地分布 银王鸽又称银羽王鸽，是美国于1909年在加利福尼亚州育成的，有两个来源：一个是用银色蒙丹鸽、银色鸾鸽、银色贺姆鸽和银色马耳他鸽四元杂交育成的；另一个是用银色鸾鸽和银色马耳他鸽二元杂交育成的。银王鸽有两个类型，观赏型和生产型。

（2）外形特征 银王鸽羽色并非银色而呈灰壳羽，其头颈、肩部的颜色较深，翼羽上有2条具有青铜色光泽的深色羽纹。银王鸽比白王鸽体形长，成年鸽体重为900～1 000g，按其用途也分为展览型和商品型。展览型银王鸽与同型的白王鸽体形相似，表现为体大、身短、尾翘；商品型银王鸽与同型的白王鸽体形相似，体型较观赏型王鸽小，身体较长，尾部较平。

（3）生产性能 银王鸽生产性能、繁殖力较白王鸽高，并且性情温顺，易于养殖。观赏型银王鸽每对种鸽年产乳鸽6对，商品型银王鸽每对种鸽年产乳鸽6～8对。

二 鸾鸽

1. 产地分布

鸾鸽又称伦替鸽、伦脱鸽、罗马鸽，原产于西班牙和意大利，是最古老的品种之一。鸾鸽的祖先是蓝色大石鸽，体形健壮，德国人称它为罗马鸽，是鸽中之王。许多国家都引进此鸽进行杂交改良和选育，美国大型鸾鸽就是例子。

2. 外形特征

鸾鸽是目前肉鸽中体形最大、体重最重的鸽种。其特征是平头大脚，胸部凸出，体形短，肌肉丰满，性情温顺，不善飞翔。喙长而稍弯曲，眼睛明亮，眼环为红色，颈粗而长，胸宽而充实，背长而宽阔。尾宽长而末端钝圆，大腿丰满而粗壮，胫呈红色。羽色有黑色、白色、银灰色、棕色等。美国大型鸾鸽的标准体重：成年雄鸽1 400g，成年雌鸽1 250g；青年雄鸽1 200g，青年雌鸽1 150g。体长（喙到尾端）53.34～55.88cm，胸围38.1～40.64cm（彩图9）。

3. 生产性能

鸾鸽体大像来航鸡，性情温驯，不善飞行，抗病力较强，适宜笼养，易管理。鸾鸽繁殖力很强，年产仔8～10对。由于体形较大，孵化时常压迫蛋，因而繁殖率受到一定影响。28天的乳鸽体重可达750～900g。鸾鸽利用其优良基因与其他种鸽配种，在杂交中一般作为父系，其他鸽作母系，这样所产生的杂交一代，在国际乳鸽市场竞争能力很强，非常受欢迎。该鸽的不足之处是体形过大，孵化时易压破蛋，通常只用作繁育的亲本。同时由于乳鸽生长较慢，要到童鸽期才迅速发育，故引种的量和饲养的量都不如王鸽。

三 卡奴鸽

卡奴鸽又称卡诺鸽，原产于法国北部和毗邻的比利时南部。它是一种自由飞翔于原野的鸽子。在王鸽尚未问世时，卡奴鸽曾是最好的肉鸽品种。其羽色可分为白色、红色、黄色、黑色与褐色。卡奴鸽主要分法国红色卡奴鸽和美国白色卡奴鸽两个品系。这两种鸽均为中等体形，比王鸽稍小，但生产性能较好，乳鸽的皮肤为粉红色，皮下脂肪少、肉质厚，肉味甚佳，颇受消费者的欢迎。体重方面，白色的卡奴鸽比红色卡奴鸽略重一些。20世纪80年代后期，我国上海曾有少量引进。广东与广西两省先后从澳大利亚引进。我国北方地区从荷兰也有引进，引入的鸽多为红色。现饲养量不多。

1. 法国红色卡奴鸽

（1）产地分布 原产在法国北部和比利时的南部，是欧洲著名的肉用鸽。

（2）外形特点 法国红色卡奴鸽因其羽毛多为红色故而也称为

赤鸽。成年雄鸽体重为 652 ~ 709g，雌鸽为 595 ~ 709g。红色卡奴鸽兼备肉用与观赏的优点，该鸽体形雄伟结实，昂首挺胸，粗颈短翼，胸宽脚矮，嘴尖头圆，眼睛较小，站立姿势挺直，羽毛紧密，下垂而不着地，尾羽斜向地面。此鸽标准羽色有 3 种：纯红色、纯白色和纯黄色，还有极少数为黑色和杂色（彩图 10）。

（3）生产性能 此鸽性情温驯、爱群居、善飞行，喜欢在地上觅食，每天仅需饱食一次即可。亲鸽就巢和产蛋性良好、繁殖能力强，种蛋受精力高，最突出的优点是多产及饲养管理容易，年产乳鸽在 10 对以上，有些甚至高达 12 ~ 14 对，乳鸽体重为 500g 左右。亲鸽哺育乳鸽性能好，有时可充做保姆鸽，一窝可抚育乳鸽 3 只。

2. 美国白色卡奴鸽

（1）产地分布 美国白色卡奴鸽是由美国育成的品种，该鸽利用法国和比利时红色带有较多白色羽毛的卡奴鸽，与白色贺姆鸽和白色鸾鸽等杂交并经过长期选育而育成的。

（2）外形特点 美国白色卡奴鸽体躯浑圆，体形比法国卡奴鸽大。白色卡奴鸽的成年雄鸽重 794 ~ 964g，雌鸽重 737 ~ 907g。此鸽年产仔鸽 10 对左右，乳鸽重量为 454 ~ 510g。其羽毛主要有 3 种颜色即大多数为白色，其次是纯红色和纯黄色，还有少量三色混合羽色及个别的纯黑色和褐色。

（3）生产性能 年产仔鸽 10 对左右，乳鸽重量为 454 ~ 510g。黑色和褐色乳鸽的屠体呈黑色，因此这两种乳鸽不受市场的欢迎。

四 大型贺姆鸽

1. 产地分布

贺姆鸽很早就驰誉世界养鸽业。原有食用贺姆鸽和纯种贺姆鸽两个品系。1920 年，美国食用贺姆鸽、王鸽、蒙丹鸽和卡奴鸽等经四元杂交育成第三个品系即现在的大型贺姆鸽。肉用贺姆鸽曾是美国肉鸽市场的主要品种，后由于卡奴鸽、王鸽、蒙丹鸽的问世，贺姆鸽就开始衰落下去，但仍是育种的重要基因库之一。

2. 外形特征

成年鸽标准体重：雄鸽 680 ~ 765g，重的可达 1 000g；雌鸽 624 ~ 701g。羽毛颜色很多，有蓝色、白色、红色、黄色、棕色和灰二线等（彩图 11）。

3. 生产性能

此鸽繁殖力强，育雏性能一般，年产乳鸽 8～10 对，成活 5 对或 6 对。4 月龄乳鸽约重 600g，肥美多肉，肉嫩，并带有玫瑰花香味，是美国市场的抢手好货。其种鸽是培育新品种或改良鸽种的好亲本。其主要缺点：繁殖性能较王鸽稍差；乳鸽生长速度快，但一过乳鸽期体重增加的速度便明显减慢；育雏期的亲鸽及乳鸽的食量均很大，因而，王鸽的饲养量后来居上。

五 蒙丹鸽

1. 产地分布

蒙丹鸽又译为蒙腾鸽，原产于法国和意大利。在法国非常普遍，因其不善飞翔，喜地上行走，行动缓慢，故又称地鸽或法国地鸽。

2. 外形特征

蒙丹鸽体形与王鸽相似，但不像王鸽那样翘尾。此鸽体形大，不喜飞翔，不愿高栖，喜欢在地上行走，故谓地鸽。羽色多样，有纯白色、纯黑色、黄色、灰二线等。这种鸽在欧洲南部分布较广，并且多与当地的原有鸽种杂交，形成了明显的地理差异。此鸽目前有四个类型：毛冠型、平头型、毛脚型、光脚型。现在世界许多国家都育成了自己的蒙丹种鸽，如法国蒙丹鸽、印度蒙丹鸽、美国蒙丹鸽、瑞士蒙丹鸽、意大利蒙丹鸽等（彩图 12）。

（1）法国蒙丹鸽　法国蒙丹鸽又名法国地鸽，于 1929 年之前在法国育成。我国的广东、上海、北京等地饲养有该种鸽，其体形与观赏型的白王鸽相似，呈方形，胸深而宽，体大笨重，龙骨较短，但尾短而圆且不上翘。羽毛颜色多样化，但以白色最普遍。成年鸽的体重：雄鸽 737～851g，重者可达 1 000g，雌鸽 680～794g。法国蒙丹鸽产卵、孵化、育雏性能良好，年产乳鸽 6～8 对，4 周龄乳鸽体重可达 750g，乳鸽全净膛重 450g 以上。

（2）瑞士蒙丹鸽　瑞士蒙丹鸽原产于瑞士。此鸽比白王鸽体形稍大，身体较大，体重也高，全身羽毛洁白，头形大小适中、较圆，喙中等大，鼻瘤小而光滑，两眼鼓圆明亮，眼环细窄且呈红珊瑚色，前额凸出，颈粗壮而浑圆，胸宽深，龙骨长短适中，背形圆，翼羽稍长而贴身，尾羽稍长而挺直，光腿。成年雄鸽重 794～907g，雌鸽重 737～851g。白羽瑞士蒙丹鸽性情温顺，保姆性好，育雏率高，年产乳鸽 7～8 对，3 周龄乳鸽体重可达 450～500g。屠宰后的光鸽酮体外观悦目。此鸽种尚未普遍饲养，但其良好的商品性能，将会被养殖者所关注。

（3）印度蒙丹鸽 该鸽利用印度哥拉鸽与法国地鸽和卡奴鸽等杂交育成。该鸽比美国王鸽稍长，比瑞士蒙丹鸽稍短，羽色有褐色、黄色、红色和黑白花色等。成年雄鸽重 780～850g，雌鸽 700～800g。

（4）美国蒙丹鸽 美国蒙丹鸽又称美国巨型毛冠鸽或美国巨头鸽，于 1940 年利用法国地鸽、鸾鸽、卡奴鸽等大型鸽杂交育成。除鸾鸽外，它是体形最大的鸽种。其形态为头上有毛冠，体形较大，羽毛紧密，体躯短而浑圆，背宽而直，与卡奴鸽相似。成年鸽重 800～900g，乳鸽体重可达 700g 左右，具有良好的商品鸽性能，但本品种尚未被普遍饲养。

（5）意大利蒙丹鸽 此鸽有两种形态：一种是平头，脚有毛；另一种是毛冠，但脚无毛。其羽色有黑色、白色、灰色、红色和黑色等。

六 拉合尔鸽

1. 产地分布

拉合尔鸽原产于波斯一个小城镇司拉斯，由于广泛分布于印度拉合尔城而得此名，1911 年引入德国后崭露头角。此鸽在印度、巴基斯坦、伊朗等国则被称为“夕拉滋”鸽。

2. 外形特征

拉合尔鸽体形较王鸽、卡奴鸽小，头圆、眼大，脚短而有羽毛，羽色鲜艳，胸腔、腿、尾为白色，头、颈、背面及背部、翼羽则为另一种颜色，就像一条白色跑道从脸部，经胸部、腹部，直至尾部，又像是穿了一件披肩。头背和双翼布满花纹，英国的养鸽人称它“裁缝师”，经世界各地改良后羽色有黑色、红色、黄色、褐色、蓝色及银灰二线等多种，是一种优良的肉鸽（彩图 13）。

3. 生产性能

拉合尔鸽繁殖力强，就巢、孵化、育雏性能良好，年产乳鸽可达10对以上，肉味甘美。但它的乳鸽太小，不利于市场竞争，有待于进一步改良。由于其羽毛美丽，体形优美，眼睛大而黑亮，腿部羽毛漂亮非凡，故可兼作观赏鸽。

以上6个肉鸽良种是当今世界上最优的品种，除此以外，还有一些肉鸽良种，如匈牙利鸽、马耳他鸽、摩登娜鸽、葡萄牙鸽、福来天鸽和波兰山猫鸽等，限于篇幅不再一一介绍。

第四章 肉鸽的营养需要和饲料

第一节 营养需要

鸽的活动量大，体温高，生长发育快，新陈代谢较旺盛，因而它比其他畜禽需要更多的营养物质，特别是能量和矿物质需要量较多，还有蛋白质、维生素、水等。要发挥肉鸽最大的生产潜力，首先应满足维持其健康和生命正常活动的营养需要，即维持需要；然后提供用于产蛋、长肉、长毛等生产产品的营养需要，即生产需要。

一 能量营养

能量是指饲料中有机物质完全氧化而释放出的热量。能量是肉鸽一切生理活动的物质基础。鸽的呼吸、循环、消化、吸收、排泄、体温调节、运动、生产产品等都需要能量。能量在各种营养成分中是最重要的，各种营养成分的需要量都以能量为基础。能量是肉鸽饲料营养成分中用量最多的营养成分，也是缺口最大的资源。

能量的主要来源是碳水化合物，鸽子所需能量的70%～80%来自于碳水化合物。脂肪的发热量为碳水化合物的2.25倍，但从价格上考虑，不宜作为饲料中能量的主要来源。蛋白质也可产生热能，但由于蛋白质的价格昂贵，并且从资源合理利用方面考虑，也不宜当做供给能量的营养物质。当肉鸽摄入的能源物质超过需要量时，肉鸽体将剩余的营养物质转为脂肪储存于皮下、肌肉、肠系膜间及肾脏周围等部位，以便在营养缺乏时分解产能，满足机体的需要。

【提示】 配制乳鸽日粮宜选用富含碳水化合物、纤维素含量较低的植物籽实作为能量饲料。

肉鸽能量的维持需要包括基础代谢、维持体温和非生产活动的能量需要。肉鸽采食的饲料能量约70%消耗在维持需要上。基础代谢能量的需要与肉鸽的体重有密切关系。肉鸽的体重越重，单位重量需要的维持热能就越小。非生产活动需要的能量与肉鸽的饲养方式、品种特征有关。在饲养方式方面，笼养鸽的非生产活动的能量需要比放养鸽少。环境温度与能量维持需要也有很大关系，低温比适温时维持需要的能量多。肉鸽能量的生产需要与其生产性能有密切关系。生长期的肉鸽，体重中沉积脂肪的比例越大，需要能量就越多。产蛋多或哺乳期的雌鸽，所需能量也多。肉鸽日粮中能量的适宜水平为青年鸽11.7MJ/kg，非育雏期种鸽12.5MJ/kg，育雏期种鸽12.8MJ/kg。

肉鸽能自动地调节采食量以满足其对能量的需要。但肉鸽消化道的容量是有一定限度的，其自动调节能力也是有限度的。当日粮能量水平过低时，虽然它能增加采食量，但仍不能满足其对能量的需要，则会导致肉鸽的健康恶化，能量利用率降低，体脂分解多而导致酮血症，体蛋白分解多而致毒血症；若日粮中能量过高，谷物饲料比例过大，则会出现大量易消化的碳水化合物由小肠进入大肠，从而增加大肠的负担，出现异常发酵，其结果轻则引起消化紊乱，重则发生消化道疾病。另外，如果日粮中能量水平偏高，肉鸽会因脂肪沉积过多而肥胖，对繁殖雌鸽来说，过高的体脂对雌性激素有较大的吸收作用，从而损害繁殖性能。因此，配合日粮时，应首先考虑适宜的能量，然后再确定蛋白质及其他营养物质的水平，使能量的水平与其他营养物质的比例合理，这样才利于保持肉鸽正常的生理活动和提高肉鸽的生产能力。

【提示】 配制鸽饲料时一定要注意能量饲料和蛋白饲料的比例，否则鸽不仅不能很好地利用饲料中的营养，反而可能对鸽健康生长发育有害。

二 蛋白质与氨基酸营养

蛋白质是构成鸽体各种组织，以及组成酶、激素的主要原料之一，关系到整个新陈代谢的正常进行，而且不能由其他营养物质代替。因此，蛋白质是其他养分不能代替的重要营养物质，对维持生命活动和生产产品均有重要价值。要让乳鸽生产快、羽毛光亮，青年鸽生长发育好，机体健壮，种鸽繁殖能力强，就一定要满足它们所需的蛋白质。

在肉鸽的日粮中，蛋白质水平随年龄和不同的生理时期有所变化。青年鸽和休产鸽以12%~15%为宜，繁殖时期的生产鸽以15%~18%为宜。在日粮配比上，为了达到这个标准，采用豆类20%~30%，能量饲料70%~80%的比例搭配。日粮蛋白质水平不能过低，也不能过高。日粮中蛋白质和氨基酸不足时，乳鸽生长缓慢，食欲减退，羽毛生长不良，成年鸽产蛋量少，蛋重减轻，性成熟晚，严重缺乏时，鸽停止采食，体重下降，卵巢萎缩。如果日粮中长期配合过多的蛋白质不仅造成浪费，而且会出现代谢性疾病，对肉鸽的生长、发育、繁殖甚至生命都有不良的影响。

蛋白质由氨基酸组成，肉鸽对蛋白质的需要实质上是对氨基酸的需要。鸽体内的蛋白质由23种氨基酸组成，这些氨基酸可分为必需氨基酸和非必需氨基酸。必需氨基酸是维持肉鸽机体正常生理机能，产肉、产蛋所必需的氨基酸。必需氨基酸在鸽体内不能合成，或合成的数量和速度不能满足正常的生长、生产的需要，只能由饲料提供。非必需氨基酸则是在鸽体内合成量多或需要量小，不经饲料供应也能满足正常需要的氨基酸。成年鸽需要8种必需氨基酸：赖氨酸、蛋氨酸、色氨酸、苏氨酸、亮氨酸、异亮氨酸、苯丙氨酸和缬氨酸。而生长阶段的乳鸽则除了上述8种必需氨基酸外，还需要组氨酸和精氨酸。对于生长快的幼鸽，这10种必需氨基酸都必须满足。任何一种必需氨基酸的缺乏都会影响鸽体蛋白质的合成，造成肉鸽生长发育不良。但过多的蛋白质和氨基酸不能被利用，合成尿素后排出体外。在养鸽生产中，由于鸽的日粮主要由禾本科籽实及油饼类配合而成，往往很容易造成蛋氨酸、赖氨酸、精氨酸、苏氨酸和异亮氨酸达不到鸽营养需要的标准数量，从而限制其他氨基酸合成蛋白质，使饲料蛋白质利用率降低。因此，这几种氨基酸又被称为“限制性氨基酸”。在鸽的日粮中适当补充人工合成的氨基酸（如赖氨酸、蛋氨酸）添加剂，使日粮中氨基酸平衡，从而满足鸽的营养需要。

实际饲养肉鸽时，单靠一种蛋白质饲料，是很难全面合理地提供所有的必需氨基酸，而几种不同的饲料按适当的比例配合在一起，各种饲料中的氨基酸便可以互相取长补短，从而达到氨基酸含量的平衡。要使鸽体每天能摄入足够数量的蛋白质和氨基酸，必须选择多种饲料原料，按科学的配方进行搭配。普通养鸽者一般采用2~4种谷实类籽实（约占日粮比例的70%~80%）和1~2种豆类籽实（约占日粮比例的20%~30%）进行配合，取得了较为理想的效果。必要时，补充一部分动物蛋白质饲料或添加人工合成的蛋氨酸和赖氨酸等以保证氨基酸的平衡，提高蛋白质利用效率。

三 碳水化合物营养

碳水化合物对肉鸽的主要作用是供给能量。鸽体代谢旺盛，需要能量较多，必须喂淀粉含量丰富的饲料。碳水化合物主要包括淀粉、糖类和纤维。饲料成分中淀粉作为鸽子的热能来源，其价格最为便宜。因此，在鸽的日粮中必须要喂给富含淀粉的饲料，如玉米、小麦等。纤维素主要存在于谷豆类籽实的皮壳中。日粮中纤维含量不宜过高，因为肉鸽对纤维的消化能力低，但日粮中纤维含量过低时会导致肠蠕动不充分。

四 脂肪营养

脂肪在营养中的作用主要有以下几个方面：一是构成肉鸽机体组织的重要组成成分之一，参与细胞构成和修复。二是肉鸽能量的重要来源，当摄入的能源物质超过需要量时，机体将剩余的营养物质转为体脂肪储存。三是可以提供必需脂肪酸，如亚油酸、亚麻酸和花生四烯酸。四是脂肪作为有机溶剂，直接影响脂溶性维生素的吸收。饲料中适量的脂肪进入小肠后可促进维生素A、维生素D和维生素K等脂溶性维生素的吸收。如果脂肪供应不足，则易发生脂溶性维生素缺乏症。五是肉鸽产品的组成成分。

五 矿物质

肉鸽体内的矿物质占鸽体重的3%～4%，主要存在于骨骼中，其次在组织与体液中。矿物质不仅是构成肉鸽骨骼、羽毛等体组织的主要成分，而且对调节肉鸽体内渗透压，维持酸碱平衡和神经肌肉机能、正常兴奋性都具有重要作用。同时，一些矿物元素还参与血红蛋白、甲状腺素等重要活性物质的形成，对维持正常代谢发挥着重要的作用。另外，矿物质也是蛋壳的重要原料。因此，矿物质是保证肉鸽生长发育和产蛋必不可少的营养物质。根据矿物质在肉鸽机体内的含量可分为常量元素和微量元素。含量在0.01%以上的称为常量元素，主要有钙、磷、钾、钠、氯、镁；含量在0.01%以下的称为微量元素，主要有锰、锌、铁、铜、钴、碘、硫、硒等。矿物元素对于采用集约化、工厂化的大规模笼养的肉鸽更为重要。

1. 钙、磷

钙和磷是肉鸽体内含量最多的矿物质，占体内矿物质总量的65%～70%，其中99%以上的钙存在于骨骼中，余下的钙存在于血液、淋巴液和其他组织中。骨骼中的磷占全身总磷的80%左右，其余的磷分布于各组织器官和体液中。

（1）钙 钙是构成鸽骨骼与蛋壳的重要元素，同时钙对于凝血及与钠、钾一起保持正常的心脏机能都是必需的，并有调节神经和肌肉功能的作用。缺钙时幼鸽易患软骨病，雌鸽所产的蛋蛋壳变薄，甚至产软壳蛋，产蛋减少；钙摄入量过高时，又影响乳鸽生长发育和对磷、锰、镁、锌等元素的吸收，鸽的采食减少。钙在一般谷物饲料中含量很少，必须另外补充。肉鸽日粮中钙的适宜水平为青年鸽1.0%、种鸽2.0%。常见的来源有贝壳粉、石粉、骨粉、磷酸氢钙等。

（2）磷 磷与钙一起以羟磷灰石结晶形式构成鸽的骨骼，鸽体组织和脏器中也含磷较多。磷在机体能量和营养物质代谢中起重要作用，是高能物质ATP的主要组成成分，并以磷酸盐的形式作为维持机体酸碱平衡的缓冲物质。缺磷的肉鸽食欲下降、生长缓慢，严重时骨脆易折、关节硬化。肉鸽日粮中磷的适宜水平为青年鸽

0.65%，种鸽0.85%。植物性饲料中的磷约2/3与植酸结合不能被鸽利用。因此在肉鸽的日粮中需要另外补充矿物质无机磷。磷的主要来源为骨粉、磷酸氢钙及麸糠等。

【提示】在钙和磷的供给时除注意满足钙和磷的需要外，还要注意钙、磷的正常比例，适当的钙、磷比例有助于钙、磷的正常利用，保持血液和其他体液为中性。一般情况下，钙、磷比例：童鸽和青年鸽为1.2∶1～1.5∶1，产鸽为2∶1～3∶1，为保证机体对钙、磷的吸收利用，应注意供给充足的维生素D。

2. 钠、钾和氯

钠、钾、氯3种元素具有维持鸽体内酸碱平衡和细胞正常渗透压的功能，氯还是胃酸的主要成分。肉鸽的饲料中钾通常不会缺乏，但钠在肉鸽体内储存能力较低，所以肉鸽日粮中必须补充足量的食盐。如果食盐不足，则表现消化不良，食欲减退，生长缓慢，产蛋量下降，并易伴发啄肛、食羽等恶癖。食盐还能改善饲料的适口性。

【提示】食盐补充量通常是饲料的0.3%～0.4%，或在保健砂中加4%～5%。但补充食盐也不宜过多，食盐过量会导致亲鸽产蛋量下降，乳鸽生长受阻，青年鸽易引起腹泻，严重者能中毒死亡。

3. 微量元素

肉鸽体内具有生理功能的必需矿物元素有22种，其中占肉鸽体重0.01%以下的元素称为微量元素。微量元素对肉鸽的健康和生长起着重要的作用（表4-1）。

六 维生素

维生素是一类具有生物活性的低分子有机物，是维持鸽正常生理活动和生长、产蛋、繁殖所必需的营养物质。绝大多数维生素在体内不能合成，必须由饲粮提供。肉鸽对维生素的需要量甚微，但其作用极大，起着调节和控制新陈代谢的作用，保证细胞结构和机能正常。目前认为，鸽必须从饲粮中摄取的维生素有14种，即维生素A、维生素D、维生素E、维生素K、维生素B_1（硫胺酸）、维生素B_2（核黄素）、维生素B_3（烟酸）、维生素B_5（泛酸）、维生素B_6（吡哆素）、维生素B_7（生物素）、叶酸、胆碱、维生素B_{12}和肌醇。其中最易缺乏而需要适当加以补充的维生素有维生素A、维生素B_2、维生素B_{12}、维生素E、维生素D_3及维生素K。维生素C在鸽体内能合成，一般不需要补充；维生素B_1和维生素B_6在饲料中含量丰富，无需特别补充。肉鸽需要的主要维生素功能与缺乏症见表4-2。

七 水

水是肉鸽机体及鸽产品的主要成分，也是鸽生理活动不可缺少的重要物质。乳鸽和蛋的含水量约70%，成年鸽含水约60%，老年鸽含水约50%，水是进入肉鸽体一切物质的溶剂，参与物质代谢，参加营养物质的运输，能缓冲体液的突然变化，协助调节体温。肉鸽在饲养中应充分供水，如饮水不足会影响饲料的消化吸收，阻碍分解产物的排出，导致血液浓稠，体温升高，生长和产蛋都会受到影响。当鸽体内损失1%～2%的水分时会引起食欲减退，损失10%水分会导致代谢紊乱，损失20%则发生死亡现象。炎热天气缺水比低温时危害大，易引起鸽中暑，可导致乳鸽大批死亡；同时进食饲料相对减少，产蛋量也稍减少，蛋的受精率下降，死胎蛋明显增多，使生产受损失。肉鸽体水分的来源主要有饮水、饲料含水和代谢水，其中饮用水是鸽获得水的主要来源，占机体需水量的80%以上。

肉鸽的饮水量一般每只每日为30～70mL，饮水量随环境气候条件及机体状态而变化，夏季及哺乳期饮水量相应增加，笼养鸽的饮水量比平养鸽多。环境因素中温度对饮水量影响最大，0～20℃鸽的饮水量变化不大，0℃以下饮水量减少，超过22℃饮水量增加，35℃是22℃时饮水量的1.5倍。高温时应注意供应充足的饮水。此外，鸽患病或处于逆境时采食量往往减少，为此饮水量应增加1～2倍。水的质量应符合生活饮用水水质标准，要确保每天有足够量的饮用水。

表 4-1 主要微量元素的功能缺乏症症状

元素名称	主要作用	缺乏症症状	日粮中适宜含量	主要来源
铁	组成血红素，主要与红细胞运氧、释氧，生物氧化供能等重要生命活动有关	食欲不振，营养不良，贫血，羽毛生长不良	肉鸽日粮中铁含量为80~100mg/kg，种鸽应达到80mg/kg	常用饲料如谷类、豆类、糠麸等中含量都较丰富，只少量补充就可以了。补充的来源一般采用硫酸亚铁
钴	维生素 B_{12} 的组成成分	贫血，骨粗短症，关节肿大，运动失调和生长停滞	0.025mg/(日·对)	肉鸽日粮中单纯补充钴不能被很好利用，可以补充维生素 B_{12}
锌	为骨和羽毛生长所需，促进蛋白质合成，影响生殖和免疫能力	丧失食欲，生长停滞，关节肿大，羽毛发育不良；雌肉鸽产软壳蛋，孵化率下降	肉鸽日粮中锌的含量为80~120mg/kg，种鸽应达到60~80mg/kg	动物性饲料鱼粉、肉骨粉是锌的较好来源。鸽的饲料中需要补充无机锌，一般以硫酸锌作为锌的来源
铜	有助于铁的利用，影响钙、磷在软骨基质上沉积，影响繁殖、神经系统的正常功能，甚至影响生长发育	贫血，骨质疏松，羽毛褪色	肉鸽日粮中铜含量为6~8mg/kg，种鸽应达到8mg/kg	一般饲料中铜的含量不多，需额外补充。补充的来源一般采用硫酸铜

（续）

元素名称	主要作用	缺乏症症状	日粮中适宜含量	主要来源
碘	以甲状腺素的形式发挥其生理作用，对细胞的生物氧化、生长、繁殖及神经系统的活动均有促进作用	生长受阻，繁殖力下降，甲状腺肿大	肉鸽日粮中碘的含量为0.35mg/kg，种鸽达到0.30mg/kg	补充来源可采用碘化钾
硒	为谷胱甘肽过氧化物酶成分，能防止细胞膜被代谢中生成的过氧化物破坏	脑软化病、白肌病及肝坏死	土壤缺硒的地区，在日粮中添加0.1mg/kg，在保健砂中添加1～2mg/kg。饲料中硒含量若超过5mg/kg时会使蛋的孵化率下降，胚胎发育异常，性成熟延缓	鸽补充硒可以用亚硒酸钠
锰	参与骨骼形成，影响蛋白质和脂肪代谢	骨短粗症，脱腱，蛋壳品质及孵化率下降	肉鸽日粮中锰的水平可为70mg/kg左右，种鸽应达到70～100mg/kg	用硫酸锰来补充

表 4-2 维生素的主要功能和缺乏症症状

维生素	主要来源	主要功能	缺乏症症状	需要量（日粮含量）
维生素 A	青绿多汁饲料	促进骨髓生长，保护呼吸、消化、泌尿生殖系统和皮肤的健康，维持正常视觉，保障眼睛视网膜中的杆状细胞和锥状细胞对光的敏感性	步态不稳，易患夜盲症、眼干燥症，甚至失明，鼻、眼出现干酪样物质，雌鸽产蛋量减少，孵化率下降，易患各种疾病	4 000 国际单位
维生素 D	鱼肝油、维生素 D 制剂	促进肠道中钙、磷的吸收，促进骨骼钙化和骨骼发育	乳鸽出现腿畸形、佝偻病，生长缓慢；种鸽蛋壳变薄、孵化率低	900 国际单位
维生素 E	小麦、苜蓿粉和维生素 E 制剂	在肉鸽体内起催化、氧化作用，维护生物膜的完整性，有保护生殖机能、提高机体免疫力和抗应激能力的作用，并与神经、肌肉组织代谢有关	繁殖功能紊乱，胚胎退化，脑软化，种蛋受精率及孵化率下降。乳鸽肌肉营养不良（白肌病），免疫功能及抗应激能力下降	20mg
维生素 K	青绿多汁饲料、鱼粉和维生素 K 制剂	催化肝脏中凝血酶原及凝血质的合成。通过凝血质的作用，使凝血酶原变为凝血酶，以达到维持正常的凝血时间	皮下或肌肉发生出血，小伤口不易止血，创面的愈合时间延长。种蛋孵化率和健雏率都低	1mg
维生素 B_1（硫胺素）	禾谷类加工副产品、谷类、青绿饲料和优质干草、维生素 B_1 制剂	参与碳水化合物的代谢，抑制胆碱酯酶活性，减少乙酰胆碱水解，具有促进胃肠蠕动和腺体分泌的功能	厌食，消化不良，体重减轻，多发性神经炎，角弓反张，强直和频繁痉挛，补充维生素 B_1 后迅速恢复	2mg

（续）

维生素	主要来源	主要功能	缺乏症症状	需要量（日粮含量）
维生素 B_2（核黄素）	干酵母、动物性蛋白质、核黄素制剂	参与碳水化合物、蛋白质和脂肪的代谢，具有促进生物氧化的作用	乳鸽生长缓慢，腿部瘫痪，鸽趾弯曲成拳状（卷曲爪），跗关节着地，用跗关节行走，皮肤干燥而粗糙，生长缓慢，腹泻，垂翅，产蛋率下降，种蛋孵化率降低	24mg
维生素 B_3（烟酸）	麦麸、青草、发酵产品和烟酸制剂	在能量利用及脂肪、碳水化合物和蛋白质代谢方面都有重要作用，具有保证皮肤黏膜正常机能、消化和神经系统功能正常	乳鸽食欲减退，生长迟缓，羽毛不丰满且蓬乱，口腔和食管上部易发生炎症，皮肤和脚偶尔有鳞状皮炎，骨粗短，关节肿大。成年鸽发生“黑舌病”，羽毛脱落，产蛋量、孵化率下降，生长不良	24mg
维生素 B_6（吡哆素）	干酵母、豆类、禾谷类籽实和维生素 B_6 制剂	参与蛋白质代谢，与红细胞生成和内分泌有关	生长缓慢和体重下降，羽毛生长不良，贫血，繁殖力下降，抽搐	2.4mg
维生素 B_5（泛酸）	动物性饲料、磨粉副产品、干草饲料、油饼和泛酸钙制剂	参与各种酶促反应，是体内能量代谢不可缺少的成分	乳鸽生长受阻，羽毛松乱，生长不良，进而表现为皮炎，眼睑出现颗粒状小结痂并粘连，皮肤和黏膜变厚和角质化。种鸽繁殖力下降，孵化过程中胚胎死亡率升高	7.2mg

（续）

维生素	主要来源	主要功能	缺乏症症状	需要量（日粮含量）
叶酸	动物性饲料、苜蓿粉、豆饼	参与蛋白质和核酸代谢，能促进红细胞和血红蛋白的形成	生长不良，羽毛褪色，出现血红细胞性贫血与白细胞减少，产蛋率、孵化率下降，胚胎死亡率高	0.28mg
生物素	青绿多汁饲料、谷物、豆饼、干酵母	是鸽体内许多羧化酶的辅酶，广泛参与体内脂肪、碳水化合物和蛋白质代谢	生长缓慢，喙、眼睑、泄殖腔周围及趾部裂口、发生皮炎，胫骨粗短是缺乏生物素的典型症状。孵化率降低，胚胎骨骼畸形，呈鹦鹉嘴症	0.04mg
胆碱	肝粉、鱼粉、酵母、豆饼及谷物籽实与胆碱制剂	参与脂肪代谢、神经传导、肾上腺合成，促进代谢，防治脂肪肝	胫骨粗短，关节变形出现滑腱症；生长迟缓，种鸽产蛋率下降，死亡率升高	900～1 300mg
维生素 B_{12}	肉骨粉、鱼粉、肝脏、肉粉等动物性饲料	参与核酸和蛋白质的生物合成，维持造血机能的正常运转，加速红细胞的生成、发育与成熟	生长停滞，羽毛粗乱，贫血，肌胃糜烂，饲料转化率低，骨粗短，种蛋孵化率降低，弱雏增多	4.8mg
维生素C（抗坏血酸）	青绿饲料	参与胶原的生物合成，影响骨齿和软组织的正常结构；具有解毒和抗氧化作用，能提高机体的免疫力和抗应激能力	鸽黏膜自发性出血，生长停滞，代谢紊乱，抗感染和抗应激能力降低，蛋壳变薄	14mg

第二节 饲料种类

一 能量饲料

在肉鸽日粮中，粗蛋白质含量低于20%、粗纤维低于18%的主要作为提供能量的原料称为能量饲料。用于养鸽的能量饲料有玉米、稻谷、大米、粟、小麦、高粱、大麦等。它们的主要成分是碳水化合物。这类饲料的无氮浸出物约占干物质的71.6%~80.3%，其中主要是淀粉，约占82%~90%，故其消化率很高。粗纤维含量低，一般在6%以下。粗蛋白质含量一般在10%左右，蛋白质品质不高，氨基酸组成不平衡，色氨酸、赖氨酸含量低，生物学价值低，一般为50%~70%。此类籽实含脂肪少，一般占2%~5%。无机盐中缺钙，低于0.1%，而磷的含量高于钙，约达0.31%~0.45%，有相当一部分属于不易吸收的植酸盐。含有丰富的维生素B族和维生素E，但缺乏维生素A、维生素D。这类饲料适口性好，主要用于补充肉鸽热能需要。

1. 谷实类饲料

谷实类饲料是禾本科植物籽实的统称，主要有玉米、高粱、小麦、稻谷等。其营养特点是能量高、有效能值高、粗纤维含量低、适口性好、易消化，但粗蛋白质含量低，品质也较差，赖氨酸、色氨酸和蛋氨酸缺乏；矿物质中钙少磷多，钙、磷比例不当，并且磷多以植酸磷形式存在，肉鸽利用率低。另外，此类饲料还缺少维生素D。因此，生产实际中应与蛋白质饲料、矿物质饲料和维生素饲料配合使用。

（1）玉米 玉米号称“饲料之王”，在谷实类饲料中含可利用能量最高，是配合饲料中的主要能量饲料，肉鸽喜食。玉米的营养特性表现为能量较高，淀粉含量约占全粒的70%~72%，玉米含代谢能约13.56MJ/kg，粗纤维少，适口性好，消化率高，是喂肉鸽的优质能量饲料。但玉米蛋白含量低，只有7.5%~8.7%，低于小麦、高于水稻，缺乏赖氨酸、蛋氨酸和色氨酸，应用时需要补充赖氨酸。玉米中矿物质和维生素也缺乏，含钙仅0.02%，含磷0.27%，并且其中半数为植酸磷，也需要补充钙、磷矿物质使饲料平衡。玉米的颜色有黄、白之分，黄色玉米含有丰富的玉米黄素，每千克达1mg，可增加肉鸽皮肤与腿部的黄色。玉米在肉鸽日粮中可大量应用，冬季用量可达40%～60%，夏季用量只需25%～35%。

【提示】玉米易发霉变质，要干燥保存，变质后的玉米发苦，口味较差，易造成肉鸽霉菌毒素中毒。对采购的玉米要求：感官上应籽粒饱满、整齐、均匀，色泽鲜亮，无发霉、变质、结块、异味及异臭，玉米胚芽部分无发黑霉变，含水量在14%以下。

（2）稻谷 稻谷是我国南方常用的饲料。稻谷代谢能低于玉米和小麦，为10.7MJ/kg，脂肪含量约1.5%，蛋白质约8.3%，粗纤维含量较高达8.5%。在日粮中稻谷用量为10%～20%。由于白米缺乏维生素B，即使价格再低，在肉鸽日粮中的用量比例也不宜超过10%。

（3）小麦 小麦与玉米相比，代谢能稍低一些，约12.72MJ/kg，粗纤维少，适口性好；粗蛋白质含量高，12%～15%，氨基酸比其他谷类完善，B族维生素含量较多，故小麦的营养价值相对较高，常作为肉鸽的主要饲料，在日粮中用量为10%～30%。小麦有轻泻作用，超过45%会出现拉稀现象。

【提示】小麦含有抗营养因子戊聚糖、植酸磷等，肉鸽不能消化吸收，大量利用时应添加戊聚糖酶、植酸酶，提高消化率，减少对环境的污染；另外，小麦易感染赤霉菌，使用时注意观察是否有霉变。

（4）高粱 高粱代谢能约为12.3MJ/kg，粗蛋白质含量8.7%，脂肪3%，纤维2.3%，无氮浸出物70.3%，无机盐1.7%。缺乏维生素A、维生素C、维生素D，纤维较少，钙与磷也较少。高粱籽粒较小，喂肉鸽比较适宜，尤其是在乳鸽7～10天时，喂高粱米非常好。但高粱含有较多的单宁，影响了饲料的适口性和养分的消化率。冬季用量宜在15%左右，而夏季用量可达35%～40%。高粱有红色和白色两种，两者营养价值基本相同。

【提示】 高粱含有单宁0.2%~2.0%，故味涩，单宁有降低饲料蛋白质利用率的不良作用。高粱不含叶黄素和维生素A，饲喂过多时，容易使肉鸽的皮肤和爪颜色变浅，饲喂时应注意补充维生素A。

（5）粟 粟的代谢能值较低，仅为玉米的70%左右，但粗蛋白质含量却比玉米高出约10%。粟的粗纤维含量较一般谷实高，故其有机物质的消化率较低。脱皮后的小米营养价值很高，适口性较好，肉鸽喜欢采食。小米的代谢能为14.05MJ/kg，含粗蛋白质8.9%，粗脂肪2.7%，粗纤维1.3%。小米含核黄素较多（1.8mg/kg）。粟的饲喂定额可占饲粮的10%~20%，小米则可占到20%~30%。

（6）大麦 大麦主要用于酿酒，有皮大麦与裸大麦之分，用作饲料的为皮大麦。大麦比玉米、小麦的能量低，其代谢能为11.34MJ/kg左右，营养价值相当于玉米的85%~90%。大麦中蛋白质含量较高，为11%~12%，并且含有较多的赖氨酸和色氨酸，可节省蛋白饲料的喂量。大麦外层包有坚硬的壳，故粗纤维含量较高（4.7%~6.9%）。大麦缺乏维生素A和维生素D，维生素B族中的核黄素含量也较低，维生素B_1和维生素B_3的含量甚高。大麦中含钙和有效磷甚少，应注意补充。大麦是肉鸽的优良饲料，其营养价值高。日粮中用量为10%~20%。

【提示】 皮大麦含粗纤维多，适口性差，应脱壳后喂鸽，但脱壳后的大麦易在储藏中受虫害，故不可久储。大麦易感染麦角、霉菌等微生物，导致肉鸽中毒，应避免使用发霉的大麦。另外，大麦含有葡聚糖，应添加葡聚糖酶。

2. 糠麸类饲料

糠麸类饲料是谷类籽实加工制米或制粉后的副产品，主要有小麦麸和大米糠。该类饲料营养特点是无氮浸出物较低，粗蛋白含量与品质介于豆科籽实与禾本科籽实之间，粗纤维与粗脂肪含量较高，因此消化能比谷类籽实低；矿物质含量丰富，但利用率低，尤其是钙少磷多，严重不平衡；维生素B族含量丰富，但胡萝卜素和维生素D、维生素K缺乏。糠麸类饲料一般植酸磷的含量较高，对环境的污染较严重，使用时应注意添加植酸酶，以减少磷对环境的污染。

二 蛋白质饲料

在肉鸽日粮中，蛋白质类饲料营养丰富，特别是蛋白质含量高，易于消化，能值高，含钙、磷多，维生素B族也丰富。蛋白质饲料是养鸽生产中的主要饲料之一，主要来源有植物性蛋白质饲料、动物性蛋白质饲料和单细胞蛋白质饲料三大类，下面主要介绍前两种饲料。

1. 植物性蛋白质饲料

植物性蛋白质饲料是肉鸽蛋白质饲料中使用最多的一类。肉鸽植物性蛋白质饲料主要是豆科植物的籽实，有豌豆、蚕豆、大豆、绿豆和黑豆等，可采用颗粒饲料还有饼（粕）类，如大豆粕、棉粕、菜粕、花生粕等。

【提示】 植物性蛋白质饲料的安全性强，一般都符合饲料卫生标准，采购时主要观察水分要低、应具有一定的新鲜度，具有该品种应有的色、嗅、味和组织形态特征，无发霉、变质、结块、异味及异臭。

豆科籽实饲料的共同特点是蛋白质含量丰富，占20%～40%，而且蛋白质的品质也较好。主要表现在植物蛋白质中缺乏的限制因子之一的赖氨酸含量高，占1.7%～3%；粗纤维含量一般较禾本科籽实高，占5.1%～8.7%；无氮浸出物较禾本科籽实低，只占28%～62%；在矿物质方面磷多于钙，并且缺乏胡萝卜素。

【注意】 对于蛋白质和脂肪含量很高的籽实类饲料，如黄豆、黑豆，分别含蛋白质37%和36.1%，含脂肪16.2%和14.5%，不宜过多喂肉鸽，以免引起消化不良和下痢。

饼（粕）类饲料是豆科籽实和油料籽实提取油后的副产品，其中压榨提油后块状副产品称作饼，浸提出油后的碎片状副产品称作粕。这类饲料粗蛋白质含量高，蛋白质中的必需氨基酸含量也较平衡，故蛋白质的利用率高于禾谷类饲料蛋白质的利用率；无氮浸出物含量低；粗脂肪含量因种类、加工工艺不同变化较大，一般情况下，饼类含油量高于粕类；粗纤维含量一般不高，但棉籽饼、葵籽饼、花生饼等粗纤维含量高；矿物质含量与谷类籽实相似，也是钙少磷多；维生素 B 族含量丰富，胡萝卜素含量较少。该类饲料如用量过大，适口性较差。这类饲料往往含有一些抗营养因子，若不脱毒就大量利用，易发生中毒。

（1）豌豆 对肉鸽来说，豌豆和玉米是组成日粮的两大支柱，常作为蛋白质饲料平衡日粮营养。豌豆的代谢能比禾本科籽实低，含代谢能 11.4MJ/kg；蛋白质含量较高，粗蛋白质占 22.6%；粗脂肪 1.5%；组纤维含量稍高于禾本科籽实，约占 5.9%；赖氨酸含量较高。豌豆中的胰蛋白酶抑制因子比黄豆含量少，对机体蛋白质代谢影响小，并且籽粒大小适中，可以直接饲喂。因为豌豆粗蛋白质含量是谷类籽实的 3 倍，鸽子多吃会使仔鸽粪便稀稠黏糊，再加上价格比谷类籽实贵许多，故一般在日粮中的比例不超过 20%。

> ⚠ **【注意】** 豌豆品种不同，其营养成分差异较大，通常宜选用低纤维、高淀粉的豌豆饲喂肉鸽。

（2）蚕豆 蚕豆含水 12.3%，代谢能 10.79MJ/kg，蛋白质 24.9%，脂肪 1.4%，粗纤维 8.2%，无氮浸出物 48.8%，矿物质 3.4%。蚕豆颗粒较大，用时应粉碎成玉米粒或绿豆粒大小的颗粒，以便于肉鸽采食。蚕豆中的胰蛋白酶抑制因子含量也较少，可以直接饲喂，用量为 10%～25%。

> **【提示】** 蚕豆的吸水膨胀性较大，吃多了如再饮水，鸽子有被胀死的危险，因此必须严格控制，绝不可大量使用。

（3）大豆 大豆按皮色可分为黄豆、黑豆和青豆。青豆含脂肪少而无氮浸出物多，最适合喂鸽；但价格较贵，货源少。因此，还是黄豆和黑豆用得较多。大豆是豆科籽实中蛋白质含量最高的蛋白原料，含蛋白质 36.9%，脂肪 17.2%，纤维 4.5%，无氮浸出物 26.5%，矿物质 5%～3%。缺乏维生素 A、维生素 C 和维生素 D。大豆含高蛋白和高脂肪，有素肉之称，用它们与谷类组成肉鸽日粮最为理想。一般不超过混合料的 10%，最好在 5% 左右。乳鸽食用量可增加到25%。

【提示】大豆适口性不如豌豆，用大豆喂成年鸽，粪便黏糊，喂后仔鸽也受影响。因此，用量不宜太多。另外，大豆含有抗胰蛋白酶，不经加热处理直接饲喂的效果甚差。因此，用大豆饲喂肉鸽时必须先进行蒸熟或炒熟处理。

（4）绿豆 绿豆颗粒大小适中，也是肉鸽的良好蛋白质饲料，含蛋白质23.1%，粗脂肪1.1%，粗纤维4.7%。绿豆还有消热解毒作用，但价格较贵，故仅在夏季使用，用量为5%～8%。

（5）火麻仁 火麻仁也称大麻子，颗粒大小更适宜，适口性好（彩图14），肉鸽特别喜欢吃。火麻仁具有较高的蛋白质和能量，含有蛋白质23.1%，脂肪30.41%，故火麻仁既是蛋白质饲料，也是能量饲料。火麻仁含有水8.75%，纤维18.84%，无氮浸出物15.89%，无机盐4.6%。火麻仁有促进鸽食欲，振奋精神，增强肉鸽精子的活力和促进卵子形成的作用，能使鸽的羽毛光泽，在8～10月肉鸽换羽期间，火麻仁的用量也由平时的4%～5%加喂到6%～8%，可加速换羽，并使羽毛润滑有光泽。

【提示】由于火麻仁脂肪含量高，饲喂过多易引起鸽下痢和过于兴奋。

（6）花生 花生属高能作物，价格高，并且多喂对肉鸽肉质有影响，一般当做蛋白质饲料少量使用。花生含脂肪和蛋白质都高于豌豆，故在鸽子日粮中的用量比例占10%～15%就足够。花生分为小粒花生和大粒花生，粒小便于鸽子吞咽，因此比较容易受养鸽者的欢迎，用生花生饲喂能生产出质量上好的肉用仔鸽。

（7）向日葵籽 向日葵籽含粗纤维高、产量少、价格贵，一般不用作养鸽的常用饲料，但对换羽期的鸽子来说，它既能加速换羽，又能增加羽毛光泽。故当价格不太高时，可在日粮中掺加2%～4%。

（8）大豆粕 大豆粕分去皮豆粕（粗蛋白质47%～49%）和常规豆粕（粗蛋白质43%），是肉鸽全价颗粒饲料的主要蛋白质来源。豆粕可占肉鸽全价颗粒饲料的15%～30%。

【提示】 大豆粕的缺点是含有胰蛋白酶抑制因子、血凝素、皂角素等物质，会影响蛋白质的利用，可以通过加热（100℃蒸汽30min）处理来破坏这些有害物质。

（9）棉籽粕 棉籽粕一般含粗蛋白质40%左右，脱壳棉仁粕粗蛋白含量达41%～44%，代谢能为10.03MJ/kg，蛋白质中赖氨酸和蛋氨酸含量较低，精氨酸含量较高；粗脂肪含量较高，是维生素E和亚油酸的良好来源，但不利于保存；粗纤维比大豆饼（粕）高，因而有效能值低于大豆饼（粕）。

【提示】 棉籽饼（粕）中含有毒的游离棉酚，对鸽的代谢和体组织有破坏作用，过多使用会引起中毒。可采用长时间蒸煮或用0.05%硫酸亚铁溶液浸泡取毒，以减少棉酚对肉鸽的毒害作用。其用量在5%以下。

（10）菜籽饼（粕） 油菜籽榨油后所得副产品为菜籽饼（粕），菜籽饼（粕）的蛋白质含量为35%～40%，低于大豆饼和花生饼；含硫氨基酸丰富，达6.0%左右，赖氨酸含量在1.5%～2.5%，精氨酸含量在饼粕类中最低。菜籽饼与棉仁饼配合使用，可改善赖氨酸和精氨酸的比例。

【提示】 菜籽饼（粕）含有的多种抗营养因子，严重降低饲料的适口性，可引起鸽胃肠道炎症，降低养分消化率，引起鸽甲状腺肿大、抑制生长、影响繁殖。目前生产上用两种方法进行处理：一是限量使用，控制在5%以下，幼鸽不能用；二是进行脱毒处理。

（11）花生饼（粕） 花生饼（粕）是花生榨油后的副产品，分去壳与不去壳两种，其营养成分差异较大，以去壳较好。花生饼（粕）成分与大豆饼基本相同，略有甜味，适口性好，可代替豆饼（粕）饲喂。

【提示】 花生仁饼（粕）脂肪含量较高，很容易发霉，特别是在温暖潮湿条件下，黄曲霉繁殖很快，并产生黄曲霉毒素，这种毒素经蒸煮也不能去掉。因此，花生饼（粕）必须在干燥、通风、避光条件下妥善储存，发霉的花生饼不能饲用。

2. 动物性蛋白质饲料

常见的动物性蛋白质饲料主要有鱼粉、肉粉、肉骨粉等，在传统的肉鸽饲料中较少应用，但在现代的颗粒饲料配制中可适当利用。动物性蛋白质饲料中蛋白质含量高（多数都在50%以上），必需氨基酸含量较多，蛋白质生物学价值较高；不含粗纤维，消化利用率高；矿物质元素丰富，比例平衡，利用率高；维生素丰富，特别是维生素B_{12}含量高；一些动物性饲料含有未知生长因子，有利于肉鸽生长。因此，这类饲料作为肉鸽饲料较理想，补充了饲料中蛋白质和必需氨基酸。

【提示】 动物性蛋白质饲料含有一定数量的油脂，容易酸败，影响产品质量，并且容易被病原菌污染，安全性变动大，选购时应特别注意，严格按国家饲料卫生标准检验。

（1）鱼粉 鱼粉是优质蛋白质饲料，包括进口鱼粉和国产鱼粉。进口鱼粉一般由鲥鱼、鲱鱼、沙丁鱼等制成，蛋白质含量高，一般在60%～70%；赖氨酸和蛋氨酸含量也高。另外，鱼粉中富含脂溶性维生素，水溶性维生素中的维生素B_2、维生素B_7、维生素B_{12}的含量丰富，钙、磷含量也丰富且比例适宜。此外还含有未知生长因子。进口鱼粉以秘鲁和智利质量最好。国产鱼粉质量差异较大，粗蛋白质含量多在40%以下（高者可达60%，低者不到30%），粗纤维含量高，盐分含量也高，饲喂时要注意添加比例，防止盐中毒。品质优良的鱼粉呈黄色，干燥而不结块，脂肪含量不超过8%，水分不高于15%，含盐量低于4%。

【提示】肉鸽使用含有鱼粉制成的全价配合颗粒饲料后，肉味会受影响，出现一种腥味，降低了屠体的品质，有损于乳鸽鲜嫩可口的美誉。一般建议用量3%～5%。鱼粉安全性差，选购时应注意重金属离子和微生物的含量，以及掺假情况和盐分含量。

（2）肉骨粉 肉骨粉的营养价值低于鱼粉，并且营养成分变化大，一般蛋白质含量为30%～50%，钙、磷较高。肉骨粉的安全性变化更大，更容易受到重金属离子和微生物的污染，一般建议不用。

三 矿物质饲料

肉鸽的生长发育、机体代谢都需要钙、磷、钠等多种矿物质元素，常规饲料中的矿物质含量往往不能满足鸽的营养需要。所以，在鸽的日粮中需要加入专门的矿物质饲料来补充。一般常用的矿物质饲料有食盐、含钙饲料和钙、磷平衡的饲料。

1. 食盐

食盐是肉鸽必需的矿物质饲料，能同时补充钠和氯，不仅具有刺激唾液分泌，促进消化的作用，还能改善饲料味道，增进食欲，维持机体细胞正常渗透压，在日粮中添加量一般为0.25%～0.5%。

【提示】当饲料中食盐含量偏高或混合不均时，就可能引起鸽食盐中毒，应注意避免。饲料中若有鱼粉，应将鱼粉中的含盐量计算在内。

2. 钙、磷饲料

（1）钙源饲料 常用的钙源饲料有石灰石粉、贝壳粉和蛋壳粉，另外，还有工业碳酸钙、磷酸钙及其他钙源饲料。

1）石灰石粉，简称石粉，为石灰岩、大理石矿综合开采的产品，基本成分为碳酸钙，含钙量不低于35%，是补充钙质的最廉价的矿物质饲料，但要注意镁的含量不得过量。

2）贝壳粉，由海水或淡水软体动物的外壳加工而成，主要成分为碳酸钙，含钙量大约为34%～38%。

3）蛋壳粉，由蛋壳经灭菌、干燥、粉碎而成，钙含量在30%～

37%。蛋壳在晒干粉碎前应经高压消毒，清除传染病原。

4）碳酸钙，俗名双飞粉，为工业用材料，也可用作饲料的钙源和添加剂预混料的稀释剂，含钙量可达40%。

（2）磷源饲料 只供给磷源的矿物质饲料为磷源饲料，主要有磷酸及其盐类，如磷酸二氢钠和磷酸氢二钠各含磷25%和21%，同时也提供19%和32%的钠。其他的一些磷源饲料也同时含有一定量的钙，称为钙、磷平衡饲料。

1）骨粉，是由动物杂骨经热压、脱脂、脱胶后干燥、粉碎制成的，其基本成分是磷酸钙。钙、磷比为2:1，是钙、磷平衡的矿物质饲料。骨粉中含钙30%～35%，含磷13%～15%。

【特别注意】 未经脱脂、脱胶和灭菌的骨粉易酸败变质，并有传播疾病的危险。使用骨粉时要防止掺假的骨粉，以免给生产带来损失。

2）磷酸钙盐，是补充磷和钙的矿物质饲料。最常用的是磷酸氢钙和磷酸二氢钙，动物对其中的钙、磷吸收利用率也较高。

【提示】 使用磷酸盐矿物质饲料时要注意其中含氟含量不得超过0.2%，否则会引起肉鸽发生氟中毒。

3. 微量元素矿物质饲料

微量元素矿物质饲料虽属于矿物质饲料，但在生产上，常以微量元素添加剂预混料的形式添加到保健砂中，主要用于补充肉鸽生长发育和产蛋所需的各种微量元素。

【注意】 鸽对微量元素的需要量极微，无论是颗粒饲料中还是保健砂中，添加的微量元素一定要混合均匀，如混合不均匀，可能导致部分鸽食入过多而中毒，部分鸽也可能食入不足，从而影响其健康和生产性能。

四 维生素饲料

维生素饲料是指由工业合成或提纯的维生素制剂，不包括富含维生素的天然青绿饲料，习惯上称为维生素添加剂。肉鸽对维生素的需要量受多种因素的影响，环境条件、饲料加工工艺、储存时间、饲料组成、鸽的生产水平与健康状态等都会增加鸽对维生素的需要量。生产上常用的肉鸽维生素饲料是畜禽复合维生素，维生素的实际添加量远高于饲养标准列出的最低需要量。

五 其他饲料添加剂

饲料添加剂是指在配合饲料中添加的各种微量成分。其目的在于满足鸽生产的特殊需要，如保健、促生长、增食欲、防饲料变质、改善饲料及畜禽产品品质、改善养殖环境等，从而提高养鸽生产的经济效益。饲料添加剂可分为营养性添加剂和非营养性添加剂。

（1）营养性添加剂 营养性添加剂是主要用于平衡鸽日粮成分，以增强和补充日粮的营养为目的的微量添加成分。营养性添加剂包括氨基酸添加剂、维生素添加剂、微量元素添加剂等。

（2）非营养性添加剂 非营养性添加剂不是鸽必需的营养物质，但添加到饲料中可以产生良好的效果，有的可以预防疾病、促进生产、促进食欲，有的可以提高产品质量和延长饲料的保质期限等。常用的有抗生素添加剂、抗氧化添加剂、防霉剂、酶制剂、益生素、酸化剂等。

> **【提示】** 目前市售肉鸽使用的添加剂种类很多，使用时应认真阅读说明，按照生产目的及说明使用，切不可乱用。同时，购买时要注意选用正规生产厂生产的取得产品批准文号的品种。

以上介绍的是鸽的常用饲料（原料）。我国地大物博，各地出产并不完全相同，在选择饲料时应因地制宜，合理利用，选择本地产量丰富，价格低廉，又适于鸽采食的饲料，以求节约成本，提高效益。

第三节 营养需要特点与饲养标准

一 营养需要特点

在配制肉鸽日粮时应当考虑肉鸽营养需要的特点，以求配制合理，现将其特点总结如下：①肉鸽喜欢吃植物性饲料，不喜欢吃动物性饲料，但对动物性蛋白质的需求量还是和其他禽类相差无几。因而配合日粮时应注意动物性蛋白质的补充。②肉鸽的日粮配合料一般不进行加工，可直接喂给谷类和豆类饲料的粒料。根据不同生长阶段的营养需要，蛋白质饲料和能量饲料按表4-3的比例进行配合。③肉鸽日粮中脂肪过高，会影响消化，引起下痢，而且会降低肉的品质，故而在饲养实践中，不饲喂含脂肪高的饲料，一般日粮中含脂肪3%~5%就已足够了，不可超过5%。④由于肉鸽以舍饲和笼养为主，自由采食青绿饲料很少，加之生长发育快，对维生素需要量大，因此平时需对其补充维生素制剂，在保健砂中添加即可。⑤肉鸽对矿物质的需要量大，一般要给肉鸽加喂矿物质合剂（保健砂），否则影响生长，使繁殖力下降。

表4-3　肉鸽日粮搭配比例

生理阶段	饲料种类	在配方中的比例
青年鸽	蛋白质饲料2种以上	25%~30%
	能量饲料3~4种	70%~75%
带仔生产鸽	蛋白质饲料2种以上	30%~35%
	能量饲料3~4种	65%~70%
非带仔生产鸽	蛋白质饲料2种以上	20%~25%
	能量饲料3~4种	75%~80%

二　饲养标准

1. 饲养标准的概念

饲养标准是以肉鸽营养需要（肉鸽在生长发育、繁殖、生产等生理活动中每天对能量、蛋白质、维生素和矿物质的需要量）为基础，经过试验和反复验证后对某一类鸽在特定环境和生理状态下的营养需要的一个在生产中应用的估计值。饲养标准是配合日粮的依据，有了饲养标准，可以避免实际饲养中的盲目性，不至于因饲料的营养指标偏离鸽的营养需要或比例不当而降低肉鸽的生产水平。

2. 饲养标准的内容

肉鸽的饲养标准主要包括能量、蛋白质、必需氨基酸、矿物质及维生素等指标。饲养标准中每项营养指标都有特殊的营养作用，缺少、不足或超量均可能对肉鸽产生不良影响。能量的需要量用代谢能表示，蛋白质的需要量以粗蛋白质表示，同时标出必需氨基酸的需要量，以便配合日粮，使氨基酸平衡。配合日粮时，能量、蛋白质和矿物质的需要量一般按饲养标准中的规定给出。维生素的需要量是按最低需要量制订，也就是防止肉鸽发生临床缺乏症所需维生素的最低量。肉鸽在发挥最佳生产性能和遗传潜力时的维生素需要量要高于最低需要量，一般称为适宜需要量或最适需要量。各种维生素的适宜需要量不尽一致，应根据肉鸽的种类、生产水平、饲养方式、环境条件及生产实践给出相应数值。实际应用时，考虑到肉鸽个体与饲料原料差异及加工储存过程中的损失，维生素的添加量往往在适宜需要量的基础上，再加上一个保险系数（安全系数），以确保肉鸽获得定额的维生素并在体内有足够储存，此添加量一般称为“供给量”。

3. 我国参照的饲养标准

饲养标准是现代科学养鸽的主要措施之一，但肉鸽的营养需要受到肉鸽的品种、生产性能、饲料条件、环境条件等多种因素影响，选择标准应因鸽制宜、因地制宜。目前，我国至今未制定出自己的肉鸽饲养标准，多年来鸽的饲养标准多沿袭美国白羽王鸽的模式（表4-4、表4-5）。

表4-4　肉鸽饲养标准（一）

项目	代谢能/(MJ/kg)	粗蛋白质	粗纤维	钙	磷
童鸽	11.5	13%～14%	3.5%	1.00%	0.65%
非育雏种鸽	12.5	12%～13%	3.2%	1.02%	0.65%
育雏期种鸽	13.0	15%～18%	2.8%～3.2%	1.02%	0.65%

表4-5　肉鸽饲养标准（二）

项目	育雏期产鸽	非育雏期产鸽	童鸽
代谢能/(MJ/kg)	12.0	11.6	11.9
粗蛋白质（%）	17	14	16
蛋白能量比/(g/MJ)	240	210	230

（续）

项目	育雏期产鸽	非育雏期产鸽	童鸽
钙（%）	3	2	0.9
磷（%）	0.6	0.6	0.7
有效磷（%）	0.4	0.4	0.6
食盐（%）	0.35	0.35	0.3
蛋氨酸（%）	0.3	0.27	0.28
赖氨酸（%）	0.78	0.56	0.60
蛋氨酸+胱氨酸（%）	0.57	0.50	0.55
色氨酸（%）	0.15	0.13	0.6
亚麻酸（%）	0.8	0.6	0.5
维生素 A/国际单位	2 000	1 500	2 000
维生素 D_3/国际单位	400	200	250
维生素 E/国际单位	10	8	10
维生素 B_1/mg	1.5	1.2	1.3
维生素 B_2/mg	4.0	3.0	3.0
维生素 B_5/mg	3.0	3.0	3.0
维生素 B_6/mg	3.0	3.0	3.0
维生素 B_7/mg	0.2	0.2	0.2
胆碱/mg	400	200	200
维生素 B_{12}/mg	3.0	3.0	3.0
维生素 B_3/mg	10	8	10
维生素 C/mg	6.0	2.0	4.0

第四节　日粮的配制

一　日粮配合的基本原则

日粮是指肉鸽在一昼夜内所采食的各种饲料总量。日粮配合是指根据饲养标准结合具体的饲养条件、品种、年龄等进行饲料的科学配合。将日粮中各种原料组分换算成百分含量，按这一百分比配制成能满足肉鸽营养需要的混合饲料，称为饲粮。根据营养需要量所确定的饲粮中各饲料原料的百分比结构，称为饲料配方。设计饲料配方时既要考虑肉鸽的营养需要及生理特点，又要合理地利用各种饲料资源，才能设计出成本最低，并能获得最佳饲养效果和经济效益的饲料配方。配制肉鸽日粮时主要依据以下原则。

1. 保证饲料的安全性

配合肉鸽的日粮时，应把安全性放在首位。只有首先考虑到日粮的安全性，才能慎重选料和合理用料。慎重选料就是注意掌握饲料质量和等级，最好在配料前先对各种饲料进行检测，也就是要做到心中有数。凡是霉败变质、被毒素污染的饲料都不准使用。饲料本身含有毒物质者，如棉籽饼、菜籽饼等，应控制用量，做到合理用料，防止中毒。要充分估计到有些添加剂可能发生的毒害，应遵守其使用期和停用期规定。高温高湿可加速饲料中维生素和养分的破坏。饲料应储存在干燥、阴凉处。虽然添加霉菌抑制剂和抗氧化剂，有助于延长饲料的储存期，但也应在4周内用完。

2. 应以饲养标准为依据

目前，我国还没有公布过肉鸽的饲养标准，深入研究肉鸽的营养需要，制定或选择适宜的肉鸽饲养标准是十分必要的。首先应根据肉鸽的品种类型、生产性能等参考国内外肉鸽的饲养标准制定符合本品种的饲养标准，然后以饲料配方中各养分含量为依据，配合饲料时还应保证能量、蛋白质及限制性氨基酸、钙、有效磷、地区性缺乏的微量元素与重要维生素的供给量，并根据肉鸽生长阶段、季节、饲养管理方式等条件的变化，对饲养标准作适当的增减调整，配制出理想的肉鸽饲料。例如肉鸽不同生产阶段及生产水平所需营养差异比较大，不同生产阶段肉鸽日粮中的蛋白质饲料和能量饲料的比例不一致，1~28日龄乳鸽生长强度大，需要优质的蛋白质饲料和能量饲料，以满足其对高蛋白和高能量的需要。而28日龄后到5月龄前的青年鸽处于性成熟期，生长变化不大，日粮蛋白饲料可少些。生产鸽担负着产卵、孵化、哺育乳鸽的任务，日粮中的蛋白质饲料应多些。就季节而言，冬季与春季气温低，肉鸽维持所需能量多，日粮中能量饲料就应适当增加，秋季与夏季环境气温高，肉鸽采食量相对较少，日粮中蛋白质饲料就应适当增加。

3. 符合肉鸽的生理特性

配合日粮时，饲料原料的选择既要满足肉鸽的营养需要，又要与肉鸽的摄食习性、消化生理特点相适应，包括饲料的适口性、容重和粗纤维含量等。肉鸽日粮的粗纤维量不宜超5%。由于肉鸽1天内的采食量有限，而所需营养又不能少，在途择原料时应十分注意。如果饲料品质不良、适口性差，即使在计算上符合标准，但实际上肉鸽采食少，并不能满足肉鸽的营养需要。

4. 因地制宜，选择配方原料

配方原料要充分利用当地生产的和便宜的饲料，最好是在不降低或不太降低饲养效率和经济效益的前提下，尽量就地取材，选择来源广、价格低廉的饲料，以降低生产成本。

5. 饲料种类多样化

选用饲料种类要尽可能多一些，保证营养物质完善，这样不但可以促进营养物质的互补和平衡，提高整个日粮的营养价值和利用率，还可以改善饲料的适口性，增加肉鸽的采食量，保证肉鸽群稳定增产。

【注意】 生产中不能单纯盲目地追求饲料种类多，如果多种饲料搭配后养分并不平衡，多者更多，少者相对更少，效果反而不好。应根据不同饲料中各种养分互补进行合理搭配，配制出符合肉鸽需要的饲料。

6. 日粮配合要均匀

特别是矿物质和维生素等添加剂配入后必须搅拌均匀方可饲喂。

7. 日粮配合要相对稳定

鸽往往对经常采食的饲料形成习惯，并喜欢吃。日粮配方可按饲养效果、饲养管理经验、生产季节和养肉鸽户的生产水平进行适当的调整，但调整的幅度不宜过大，一般控制在10%以下。如果日粮突然变化过大，会引起应激反应，降低肉鸽的生产性能。生产中确需改变日粮配合时，应逐渐过渡，应有1周的过渡期，以免影响肉鸽的食欲，降低生产性能。

二 原粮日粮搭配技术

原粮日粮就是用各种原粮颗粒料配合而成的混合饲料。这种饲料的配制比较简单，根据饲养对象的营养需要设计好配方后，按配方将各种原料称好并搅拌均匀即可直接饲喂。但这种日粮用的是原粮颗粒，配制时要注意以下问题。

1. 要注意所用原粮的品质

原粮要新鲜、干净、无污染，原粮要选择当年收获的无虫害、无霉变、无农药污染、卫生干净的谷物籽实，灰尘较多的要用水淘洗晾晒后再用。

2. 要考虑原粮颗粒形状、大小

原粮颗粒要大小适中，两端钝圆，圆球状原粮直径以 2 ~ 5mm 为好，棒状原粮的长度不应超过 5mm。颗粒过大或过长的应破碎后使用。

3. 大小颗粒搭配使用

配制日粮所用原粮颗粒大小差异比较大。日粮颗粒过大会给种鸽采食和哺喂乳鸽造成困难，种鸽就会减少乳鸽哺喂量，致使乳鸽生长发育缓慢，降低商品率。日粮颗粒过小就会增加生产鸽采食时间及维持营养消耗，甚至还会影响种蛋孵化率。生产中原粮日粮最好是玉米、小麦、豌豆、小豆搭配使用，花生、蚕豆及大粒玉米破碎后使用。颗粒比较小的火麻仁、油菜籽、芝麻等饲料只能少量补喂。

三 日粮配合方法

肉鸽日粮配方设计的方法包括手工配方法和计算机配方法。其中手工配方法容易掌握，但完成配方的速度慢。日粮配合的理想工具是计算机，计算机可以应用先进的线性规划法，迅速完成配方，而且可以把成本降到最低。计算机配方法现有出售的软件，其运算简单，不作详细介绍。下面只介绍手工配方法，供小型鸽场或个体户参看应用。手工配方法主要有试差法和线性规划法等。试差法运算简单、容易掌握，可借助笔算、珠算、电子计算器完成，在实践中应用仍相当普遍，现介绍如下。

1. 确定相应的饲养标准

根据肉鸽的品种类型、生长阶段、生产水平，查找肉鸽的饲养标准，确定日粮的主要营养指标，一般需列出代谢能、粗蛋白质、钙、磷、赖氨酸、蛋氨酸、蛋氨酸+胱氨酸等。

2. 确定饲料种类和大概比例

根据市场行情，提出被选饲料原料，在肉鸽饲料营养价值表中，查出选用饲料的成分及营养价值。各类饲料占日粮的大致比例见表4-6。

表4-6 肉鸽常用饲料使用比例

蛋白质饲料		能量饲料	
品种	适宜比例	品种	适宜比例
豌豆	5%~25%	玉米	50%~70%
大豆	5%~25%	高粱	<15%
小豆	5%~15%	小麦	10%~30%
绿豆	3%~5%	稻谷	<10%
豆粕	10%~30%	大麦（脱皮）	10%~20%
棉粕	<5%	糜子	<5%
菜粕	<5%	糙米	10%~20%
鱼粉	<5%	麸皮	<5%

3. 初算

将各种饲料的一定百分比按常用饲料成分表计算出营养成分含量，所得结果与饲养标准进行比较。

4. 调整

反复调整饲料原料比例，直到与标准的要求一致或接近。例如，粗蛋白质含量低于标准，可用含粗蛋白质高的饲料（鱼粉、豆饼等）与含粗蛋白质较低的饲料（玉米、麦麸等）互换一定比例，使日粮的粗蛋白质含量达到标准。当代谢能低于标准时，可用含代谢能高的玉米与含代谢能低的糠麸等饲料互换一定比例，使日粮的代谢能达到标准。经过调整，各种营养已很接近标准时，最后加入矿物质饲料、微量元素、氨基酸和维生素，使其达到全价标准。

四 饲料配方举例

典型日粮配方具体需根据鸽品种、年龄、发育阶段及饲料来源、环境条件、饲养方式不同而异，以提高饲料的营养价值、降低饲料消耗量和饲料成本等。现列举国内外在生产中应用过的配方供参考。

1. 国内鸽场日粮配方（表4-7）

表4-7　国内鸽场肉鸽日粮配方（%）

原料	青年鸽			育雏期产鸽				非育雏期产鸽		
	配方1	配方2	配方3	配方4	配方5	配方6	配方7	配方8	配方9	配方10
玉米	40	47	44	20	22	30	45	34	30	30
稻谷	—	—	—	50	—	—	—	—	—	10
小麦	10	15	15	10	12	10	13	25	10	12
高粱	10	16	17	—	10	10	10	25	10	8
糙米	20	—	—	—	6	20	—	5	30	6
豌豆	10	16	18	10	25	10	13	—	10	17
绿豆	7	3	3	10	—	15	15	10	5	—
红豆	—	—	—	—	20	—	—	—	—	11
火麻仁	3	3	3	—	5	5	4	1	5	6

2. 国外鸽场日粮配方

（1）法国肉鸽日粮配方　法国普遍采用的饲料配方为：玉米50%、小麦30%、补充料20%。补充料是由50%的大豆、25%的燕麦、4%的啤酒酵母、1%的黏土、20%的苜蓿粉组成的配合颗粒饲料。有时以豌豆或小蚕豆来代替补充料。

（2）美国棕榈鸽场饲料配方（表4-8）

表4-8　美国棕榈鸽场饲料配方

原料	黄玉米（%）	豌豆（%）	小麦（%）	高粱（%）
冬季	35	20	30	15
夏季	20	20	25	35

五 颗粒饲料的配制与加工

前面介绍的饲料配方中配合的各种饲料都是原粮，未经任何加工，按比例混合投食，让鸽自由选食（彩图15）。现在国内外已经开展肉鸽颗粒饲料配合研制工作，在生产上取得了很好的效果。

1. 颗粒饲料的好处

颗粒饲料是指根据动物的不同生长阶段、不同生理要求、不同生产用途的营养需要，以及以饲料营养价值评定的实验和研究为基础，按科学配方把多种不同来源的饲料，依一定比例均匀混合，并按规定的工艺流程将粉状饲料加水或通入蒸汽，或加入黏结剂，而后在颗粒机中压制成的颗粒状饲料。配合颗粒饲料改变了过去肉鸽用原粮加保健砂的传统饲养方式，方便了饲养管理，提高了工作效率，满足不同鸽的营养需要，能充分发挥鸽的生产潜力。颗粒饲料具有营养全面，适口性好的特点，克服了肉鸽因挑食、厌食而导致的营养不平衡，能充分利用饼粕类等粮食副产品作饲料，降低了饲料成本。同时还可免去配制和添加保健砂的麻烦。

2. 颗粒饲料的制作

目前，肉鸽生产中颗粒饲料的应用已比较普遍，有的地方已有肉鸽专用颗粒饲料上市，饲养者可根据自己需要购买，没有市售肉鸽专用颗粒饲料的地方可自行加工。

（1）原料选择 生产肉鸽颗粒饲料的能量饲料主要是玉米，以及高粱、小麦等；蛋白质饲料常选用豆粕、棉粕、菜粕等；矿物质饲料中常用贝壳粉或石灰石粉补充钙，骨粉或磷酸氢钙补充磷，食盐补充钠和氯；其他微量元素、维生素多用禽用微量元素添加剂、禽用多种维生素补充。所有原料要求无霉变、无污染。对含有有毒物质的棉粕、菜粕等要严格控制用量。矿物质添加剂和维生素添加剂按说明使用，不可随意增减用量。

（2）原料的混合 依据饲养对象营养需要设计出配方后，按配方称取各种粉碎好的原料，通常先称取用量大的原料，后称取用量小的原料。谷物饲料或颗粒较大的饼粕均应粉碎后称取，配好的料要充分混合均匀。用量较少的食盐、矿物添加剂、维生素等添加剂类需称出、预混后再拌入。

（3）制粒 一般鸽场选用时产小型制粒机，配备孔径6mm压模即可满足需要。这种制粒机制粒时需要给原料加入5%～10%的水。配合好的原料加水拌匀，稍加堆放就可填入制粒机制粒，要求压制好的颗粒饲料大小均匀，硬度尽可能大，不能有粉状料存在。压制好的颗粒饲料需经晾晒后才可储存。

（4）饲喂 肉鸽由原粮饲料改为颗粒饲料需经过至少9天的过渡驯化，即第1天用80%的原粮饲料+20%的颗粒料，第2天用70%的原粮饲料+30%的颗粒饲料，以后依次递减原粮饲料比例、递增颗粒饲料比例，至第9天或第10天可试采用100%的颗粒料。在颗粒料的使用过程中，必须注意观察亲鸽的生产情况及幼鸽的消化机能，若出现消化不良、拉稀等现象，应立即停料，查明原因。

（5）肉鸽颗粒饲料配方举例（表4-9）

表4-9 肉鸽颗粒饲料配方（%）

原料	配方1	配方2	配方3
玉米	40	55	74
大麦	15	—	—
小麦	5	—	—
高粱	—	10	—
麸皮	8	3	7
蚕豆	18	—	—
麸质粉	3	—	—
菜籽饼	1.5	—	—
豆粕	—	17	8
火麻仁	2	—	—
棉粕	—	4	4
菜粕	—	4	3
草粉	3	—	—
食盐	0.5	0.4	0.4

（续）

原料	配方1	配方2	配方3
骨粉	—	2.6	1.6
石灰石粉	—	2	—
禽用矿物质添加剂	2	2	1
贝壳粉	2	—	1

注：1. 每100kg配方1中加多种维生素15g，土霉素50g。

2. 配方2适用于生产鸽，需按说明另加禽用多种维生素适量。

3. 配方3适用于育成期肉鸽，需按说明另加禽用多种维生素适量。

六 乳鸽人工灌喂料的配制

肉鸽是晚熟鸟类，出生后要靠种鸽哺育才能生存，通常情况下，需要哺育到20日龄后，乳鸽才能逐步学会采食。

1. 人工鸽乳的配制

鸽乳是乳鸽孵化后期亲鸽嗉囊上皮产生的全浆分泌物。据分析，鸽乳含水分75%～77%，粗蛋白质11%～13%，脂肪5%～7%，灰分1.2%～1.8%，磷0.14%～0.17%，钙0.12%～0.13%，钠0.11%～0.15%，钾0.13%～0.15%，它是初生乳鸽赖以活命的重要物质。生产中饲养者为了加速乳鸽生长发育，提高生产鸽繁殖量而采用人工灌喂，人工鸽乳就是为达此目的而依据天然鸽乳理化性质配制的一种流体饲料。近年来国内外对此不断地进行探索，美国研制鸽乳喂养刚出壳的乳鸽已获成功，其乳鸽的生长速度和亲鸽哺育的相差无几。国内华南师大生物系、华中农业大学等研制鸽乳喂养乳鸽试验也已取得初步成功，但还无法投入生产。其主要困难是初生乳鸽弱小，灌喂比较困难且用工量大。但在肉鸽生产中有时出现需要人工哺喂的乳鸽，如亲鸽死亡或出售等。推荐人工鸽乳配方如下：①消毒牛奶60%、葡萄糖40%、消化酶适量；②消毒牛奶60%、熟蛋黄10%、葡萄糖30%、消化酶适量；③脱脂奶粉80%、葡萄糖20%、消化酶适量。

2. 乳鸽育肥料的配制

用于人工灌喂的饲料和人工补喂料统称为乳鸽育肥料。众多研究结果表明：1～7日龄乳鸽人工哺育难度比较大，成功率很低，但

7 日龄后改为人工哺喂，不仅成功率高，而且饲喂效果比亲鸽哺喂还好。因此，在肉鸽生产中为了提高生产鸽繁殖率和乳鸽商品率，通常将7日龄后的乳鸽集中人工饲养。乳鸽育肥料要求营养浓度高，好消化，易吸收，因此，生产中多选用优质豆粕、进口鱼粉、脱脂奶粉等高蛋白饲料配制育肥料。乳鸽人工与育肥，比较简单实用的方法是用肉用雏鸡料加玉米粉，按1∶1比例配合后，加入适量的多种维生素、赖氨酸、葡萄糖及药物，此配方已在较多的鸽场应用于15日龄后的乳鸽。另外，广东报道的两配方见表4-10。乳鸽人工哺喂时要注意以下问题：①鸽育肥料通常是依据配方将粉碎为面样的各种原料配合在一起，人工哺喂乳鸽时，应将其用沸水调制成糊状，一般以料、水比为1∶2~1∶3来调制。②哺喂乳鸽用注射器接胶管经食道注入乳鸽嗉囊内，每天喂2次。喂料时操作要小心，避免将饲料注入乳鸽气管内。③人工哺喂的乳鸽饲养密度不能太大，否则容易相互挤压造成伤残，并要保持环境的安静和干燥。④人工哺喂的乳鸽无亲鸽体温，容易受冻致死，尤其是冬天千万要注意。

表4-10　乳鸽人工育肥的饲料配方（%）

原料	配方1	配方2
玉米粉	50.9	41
小麦粉	3	10.5
高粱粉	7	5
玉米蛋白粉	2	2.5
豌豆粉	14.5	20.8
膨化大豆粉	—	—
绿豆粉	5	8.5
米粉	2.8	4
苜蓿粉	0.5	0.5
鱼粉	8	2
贝壳粉	1	0.75
肉骨粉	2.6	1
磷酸氢钙	1.43	2.2

（续）

原料	配方 1	配方 2
DL-蛋氨酸	0.1	0.24
L-赖氨酸	0.22	0.1
多种维生素	0.08	0.08
微量元素	0.14	0.1
多种维生素 B 水溶液	0.1	0.1
酵母片（粉）	0.08	0.08
食盐	0.25	0.25
其他添加剂	0.3	0.3

注：上述配方中含有一定的鱼粉，乳鸽食用含鱼粉的饲料后，鸽肉会有腥味。

第五节　肉鸽保健砂

肉鸽用保健砂主要用矿物质饲料及维生素等原料配制，是肉鸽日粮的重要组成部分，其功能是：补充矿物质、维生素的需要，刺激和增强肌胃收缩，参与机械碾碎饲料，有助于机体消化、吸收、解毒，促进生长发育与繁殖等。通常，放养肉鸽可以从外界摄取所需营养，用全价颗粒饲料饲喂的肉鸽可以从饲料中获取所需营养，可以不供给保健砂。但对用原粮饲喂的笼养肉鸽来说，保健砂是必不可少的重要成分，生产中应加倍重视。随着养鸽业的发展，保健砂的作用越来越被人们所认识，尤其在大量饲养肉用鸽的鸽场，保健砂像饲料一样，广受关注。保健砂的配合和使用是一个新兴的课题，各鸽场均有自己的配方，而且相互保密，其成分也很多，比例差异也很大，有待进一步去探讨。

一　保健砂的配料成分及功能

配制保健砂的原料有贝壳粉、石灰石粒、骨粉、蛋壳粉、红土、砂粒、石膏、食盐、木炭末、添加剂等（彩图 16）。

1. 骨粉

骨粉是由动物骨骼经高温消毒后粉碎而成的，是提供鸽钙、磷、铁的主要来源。其主要成分：钙30.7%，磷12.8%，钠5.69%，钾0.19%，铁2.67%，镁0.33%，硫2.51%，锌1.3%，铜1.15%，氟0.05%，氯0.01%等。肉鸽饲喂骨粉不仅能防止幼鸽发育不良、骨骼变形及软骨症，而且能防止乳鸽产软壳蛋、沙壳蛋、薄壳蛋等。骨粉中的铁元素是形成血红蛋白的原料，对预防贫血有较好的作用。骨粉含磷较高，并且钙与磷的比例适宜，在鸽体新陈代谢过程中起着十分重要的作用。购买骨粉时应注意，生骨粉和肥田用的骨粉不能用作配料，否则因其中带有病原体和杂质而使鸽致病。

2. 贝壳片

贝壳片是指海洋中的各种贝壳经粉碎机碾制成直径0.5～0.8cm的贝壳片。贝壳片的成分主要是：钙38.1%，铁0.29%，钾0.1%，镁0.3%，磷0.07%，氯0.01%。其主要作用是为鸽体提供钙质，促进机体的正常生长发育，防止产软壳蛋及鸽软骨症。也有鸽场利用淡水贝壳，但其效果较差。贝壳片对鸽的消化功能有帮助。

【提示】 有的鸽场将贝壳加工成粉末状掺入保健砂中，鸽不太喜欢吃。

3. 河砂

要求选用河道无污染，经水冲刷过的河砂。如果砂中含有泥土，应用清水淘洗干净置于阳光下晒2～3天备用。河砂颗粒不宜过细，也不宜过粗，以直径3～5mm为宜。颗粒清洁的河砂犹如鸽子肌胃中的牙齿，可有刺激和增强肌胃收缩运动，参与机械磨碎饲料，提高鸽子对饲料的消化率，同时还可以减少肌胃角质膜的腐蚀。河砂中的某些微量元素部分被鸽体吸收利用。若保健砂中没有砂粒，则鸽往往消化不良，饲料的利用率降低，从而影响鸽体的生长发育。所以，砂粒是保健砂中不可缺少的组成成分。

4. 黄泥

黄泥又称黄土或红土。深层新鲜的红泥、黄泥中含有铁、锌、锰、钴、硒等多种微量元素，其作用是为鸽体提供微量元素。取土时应铲除上面污染的表层，挖取地面1m以下的、无污染、无杂质的干净土，晒干碾碎备用。取土后，在阳光下晒干备用。

5. 木炭末

木炭末表面有很强的吸附作用，能吸附并清除肠道的有害化学物质、有害病原菌等，有收敛止泻的功效。要求用新鲜干燥的，如果放置时间过长应用水冲洗干净，晒干碾碎备用。

【提示】 木炭会吸附营养物质，保健砂中用量不宜太大，应控制在5%以内。

6. 蛋壳粉

蛋壳粉主要含有丰富的钙，是构成鸽子骨骼和蛋壳的重要成分。使用时要求除去杂质，清洗干净，用高锰酸钾溶液浸泡消毒，或用开水煮半个小时后捞起晒干，碾成0.1cm左右的碎片备用。

7. 陈石膏

石膏的主要成分是硫酸钙，含钙23%，硫18.6%，其作用是补充钙质的需要，清凉解毒，促进羽毛的生长。用量一般为5%左右。另据介绍，陈石膏对乳鸽羽毛的生长及8~10月的换羽有促进作用，在此时期可在保健砂中适当配给。应用药用煅石膏，碾碎备用。

8. 熟石灰

熟石灰主要用来补充钙质及少量的微量元素，其中含钙38%。熟石灰的碱性较强，用量不宜过多，一般控制在5%左右，现在鸽场少用或不用。

9. 红铁氧

红铁氧呈棕红色，其主要成分是氧化铁。红铁氧的作用是供鸽体内的铁质需要，参与血红蛋白的合成，促进血液循环，但用量不能过多，以0.5%为宜。使用时应注意不要含其他物质。

10. 明矾

明矾是某些金属硫酸盐的含水结晶，带涩味，呈酸性反应。

11. 食盐

食盐是保健砂中不可缺少的物质，能补充鸽体所需要的元素，有促进食欲，促进新陈代谢的作用。食盐的主要成分是氯和钠，另外含有少量的碘、镁、钾等元素。肉鸽对食盐用量有一定的限度，即过量会引起中毒。在保健砂中食盐的用量一般为2%~5%。也有的鸽场将食盐加在饮水中，方法是可行的，一般以1%~2%配比。

12. 保健砂添加剂

前面介绍的饲料添加剂有的可添加在保健砂中供鸽采食。

（1）红糖 作为营养添加剂，红糖具有补充能量、体液，增强心肌力量等作用，还有利尿解毒、提高机体渗透压的作用。红糖作为保健砂添加剂，主要是提高热能，尤其在寒冷季节增强鸽的御寒能力，防止鸽冻死冻伤。也可用葡萄糖、片糖等代替红糖。在保健砂中可添加2%～3%，但应注意现配现用，因保健砂中加入糖后易受潮而变质。

（2）矿物质添加剂 常在保健砂中配入2%左右的禽用含硒微量元素添加剂（即禽用生长素），以弥补其他矿物元素之不足。

（3）维生素 配制保健砂时多选用种禽用复合维生素添加剂补充维生素。

（4）酵母粉 酵母粉起健胃、助消化作用，用量为2%左右。

（5）预防性药物 配制保健砂时往往根据鸽子的健康状况和生产季节配入一些预防性药物。常用的有龙胆草末，含有龙胆素，味苦，有健胃、消炎杀菌、增进食欲的作用，用量为0.6%左右。甘草粉中含有甘草素，性味甘平，具有补充元气、解毒医疮和祛痰润肺的功能。金银花具有清热解毒的作用，对某些细菌和呼吸道病毒多有抑制作用。大黄粉味苦性寒，具有泻热通便，破积祛痰的功能。此外，根据鸽群的健康情况，可在保健砂中适当添加一些抗生素等药物添加剂。

二 保健砂的配制

1. 保健砂的配方设计

配制保健砂时，要根据当地现有原料的情况选择一种最简单方便的配方。保健砂配方设计主要依据肉鸽对保健砂的采食量和各种营养物质需要量进行推算。每对生产鸽每天约吃保健砂3～9g，年需要量约3kg。例如，一只肉鸽每日需要0.6mg铁，每天食入3g保健砂，则3g保健砂中应含0.6mg铁，如用硫酸亚铁补充铁，则应含3mg硫酸亚铁（含铁20.0%计）。配制1kg保健砂就应添加1000mg硫酸亚铁。如此，可以推算出各种配料成分在保健砂中的应配比例。

一种保健砂的好坏，要经过一段时间的应用后才能看出效果，切不可轻易更换保健砂配方。经过实践的好配方，就要稳定，长期采用。但应根据鸽的状态、机体的需要、季节的改变等实际情况作有分寸的调整。例如，在潮湿季节防球虫病的感染可增加木炭末的比例或加入抗球虫剂；育雏期的生产鸽可增加硫黄的成分，有利乳鸽羽毛生长，预防呼吸道疾病等。一名优秀的养殖者，应能根据生产的需要适时调整保健砂配方。在调整配方时要注意给鸽子一个适应过程。

2. 保健砂的类型及其配制方法

配制保健砂首先要选定保健砂配方，然后按照配方中的百分比分别称取各种原料，将原料充分混匀。保健砂按其形态特征可分为粉剂型、球型和湿型三种类型。

（1）粉剂型保健砂 当配方中的配料成分绝大部分颗粒较粗和呈小片状的时候，可制成粉剂型保健砂。配制时按要求准备好原料后，根据配方先将用量比较大的原料倒在一起，充分搅拌均匀。然后将用量较小的配料成分如维生素等单独混匀，混匀后再加入1倍原混好的原料拌匀，然后再倒在一起充分搅拌均匀即成。粉剂型保健砂配制省工省时，便于肉鸽采食。

（2）球型保健砂 当配料成分是不便于鸽子采食的粉状料或粉状料占多数时，常配制成球型保健砂。其配制方法是把所有的原料称好拌匀后，加适量清水搅拌调和（一般料与水按5∶1比例配制，即每5kg的粉状保健砂加入1kg的清水），使所有的粉料都均匀地湿透后，用手捏成每个重200g左右的圆球，放在室内阴干2～3天，然后存放于容器中。加水量以保健砂不稀烂、可捏成团、不疏散为标准。此法制作保健砂费工费时，还可能加速破坏某些活性物质。

（3）湿型保健砂 湿型保健砂配制要求原料粗一些或呈小片状，粉状的原料不宜采用此法配制。配制时先把除食盐之外的配料称取拌匀，然后把应加的食盐溶于水，再将盐水倒入粉状保健砂中，用铁铲搅匀即可用。这种方法可将食盐拌得更均匀，从而避免肉鸽食入食盐过量，水的用量要适量，避免保健砂过稀，一般每100kg粉状保健砂加水25kg。此方法适宜随配随用，不宜久储。

3. 配制保健砂应注意的问题

（1）根据需要合理配制保健砂 配制保健砂时切不可生搬硬套

其他养殖场的配方，应根据不同品种、不同季节及鸽不同生理阶段对各种营养物质的需要设计配方，并应根据饲喂效果进行必要调整。根据鸽群的实际需要灵活配制保健砂是一项基本原则，尤其是发病和应激等实情，必须酌情增减配方中一些配料成分。例如夏季暴发鸽痘时，为了灭蚊和加强卫生管理，应在保健砂中适量增添维生素A和抗生素等，达到辅助治疗之效；一旦出现高温、高湿天气，保健砂中适量增加多维素和维生素B族；一旦鸽群发生拉稀，除找出病因对症下药外，还应在保健砂中适量增添木炭粉和抗生素（1~2倍），使鸽群早日康复。

【提示】特别要提醒注意的是，如遇严重鸽病，还必须依靠有效的防治手段，打针、接种和下药，切忌单纯依靠通过保健砂给药治疗，以免贻误防治良机，加重病情，招致不应有的损失。

（2）确保配料质量 只有在确定原料质量良好的前提下，方可配制。一定要仔细检查各种配料是否纯净，有无杂质和发霉变质，配料必须是高质量的，无杂质，无霉变。

（3）要充分混匀 在配料混合时应由少到多，多次搅拌。对用量较少的配料如食盐、生长素、红铁氧、微量元素、维生素等，可先按比例称出后，放在一起反复搅拌，或取适量的保健砂一起搅拌，再混入配制的保健砂中。总之，务必要混匀。

（4）保健砂要现配现用 保健砂配制后，使用时间不宜太长，否则不新鲜，易潮解变质。保健砂的配料品种可达20种左右，配合时间太长，受外界空气、温度和湿度等的影响，其中部分成分就会发生某些化学反应，致使其营养功能发生改变甚至丧失，必然影响保健砂的功效，故应尽可能使保健砂现配现用。一般先将主要配料如贝壳粉、骨粉、粗砂、红土配好，其量可供鸽群采食3~5天，再把少量易化、潮解的配料在每天投喂保健砂前混匀。

（5）注意保健砂的保存 配好的保健砂不能存放时间太长，特别是加有维生素的保健砂，因为维生素及其他有效成分极易被破坏。配好的保健砂保存时间以3~5天为宜，一般要盛放在塑料容器内保存，不要放在铁质、木质容器内，并要加盖保存。

三 保健砂的投喂

科学地掌握保健砂的使用方法是非常必要的。保健砂的配方虽很重要，但是配制和使用方法尤显重要。科学的保健砂配方如使用方法有误，同样起不到好的应用效果。

1. 投喂方法

必须高度重视以下 3 点：首先，保健砂的配制最好同鸽饲料一样，现配现用，保证新鲜，这一点千万马虎不得。其次，保健砂应做到每日定时定量供应，一般为每日 15：00～16：00，有利于促进鸽子的食欲；2 日 1 次或 3～5 日 1 次都是不妥当的。再者，应注意清理保健砂盛器中的剩料，再加入新鲜的保健砂，否则，剩料会影响产鸽的食欲，甚至会导致腹泻或肠胃炎。

【提示】 不少鸽群经常出现鸽蛋受精率下降和毛滴虫不断反复发生等异常情况，这与保健砂的剩料未及时清理，以及其新鲜度存在问题密切相关。

2. 投喂量

保健砂的一次投喂量 = 日采食量（5～9g/对）×添加间隔天数（2～3 天）×鸽场种鸽对数。投喂量可根据情况适当调整，育雏期亲鸽可多喂些，非育雏期则可少给些。总之，量要适宜，不能投喂太多造成浪费，当然更不能太少，以防止供应不足。还值得指出的是，对于留种种鸽（童鸽和青年鸽）同样应有一条保健砂槽，每日定时供应必需的保健砂，有利于青年鸽的健康成长。

四 保健砂的配方举例

各地介绍的保健砂配方大同小异，但一些鸽场也各具特色，而且相互保密。保健砂的配方成分很多，有的 10 多种，有的只有少数几种，目前尚难论证哪个保健砂配方最好。各地应根据自己的实践、实际情况，不断改进，筛选出适合自己鸽场的配方。表 4-11 列出国内一些保健砂配方，供广大养殖者参考，使用时可根据鸽体的生长发育需求、当地的实际情况适当补充其他添加剂，使保健砂的使用更加完美，为养鸽场增添效益。

表 4-11　肉鸽保健砂配方（%）

原料	配方1	配方2	配方3	配方4	配方5	配方6	配方7	配方8	配方9	配方10
贝壳片	35	15	20	15	30	25	25	35	15	40
骨粉	16	10	5	10	—	—	8	15	5	5
陈石膏	3	5	—	5	—	—	—	—	—	—
中砂	40	35	40	25	32	17	35	—	25	—
木炭末	2	5	4.5	5	3.5	1	5	5	5	10
明矾	1	—	—	—	—	—	—	—	—	—
红铁氧	1	—	—	—	—	—	—	—	—	—
甘草	1	—	0.2	—	0.8	0.1	0.2	0.3	—	—
龙胆草	1	—	0.3	—	0.7	0.7	0.5	0.7	—	—
陈石灰石粉	—	5	—	5	2	—	5.5	—	5	—
穿心莲	—	—	—	—	—	—	0.3	0.5	—	—
红泥	—	20	20	30	20	35	15	—	35	35
石灰石	—	—	6	—	—	19.2	—	—	—	5
石末	—	—	—	—	—	—	—	35.5	—	—
蛋壳粉	—	—	—	—	—	—	—	—	5	—
食盐	—	4	4	5	4	2	4	5	5	5
砖末	—	—	—	—	2	—	—	—	—	—
二氧化铁	—	—	—	—	0.2	—	1.5	1	—	—
维生素	—	—	—	—	0.2	—	—	—	—	—
生长素	—	1	—	—	2	—	—	2	—	—
赖氨酸	—	—	—	—	1.5	—	—	—	—	—
大麦粉	—	—	—	—	0.6	—	—	—	—	—
余银岩	—	—	—	—	0.5	—	—	—	—	—

第五章 肉鸽的繁育技术

提高肉鸽的繁殖率是保证肉鸽养殖经济效益的前提。要想提高繁殖率，就必须掌握肉鸽的引种、选种选配、繁殖方法和优质鸽群的培育等科学饲养管理技术。

第一节　肉鸽的引种

一　引种前的准备

1. 有关肉鸽饲养知识的学习及市场变化规律

肉鸽饲养技术性比较强，无论饲养规模大小，都应有掌握肉鸽饲养知识、具备一定饲养经验的饲养人员。引进种鸽前应选派人员到肉鸽饲养比较好的地方进行短期学习，或请专业人员进行短期技术培训，或者聘请专业技术人员到场指导或工作。由于肉鸽市场时刻在变化，决定了从事肉鸽饲养业的人必须通过市场调研认真了解肉鸽饲养业的特点及市场变化规律，做好可行性分析，根据肉鸽饲养特点安排生产，依据市场变化规律确定引进时机及规模。

2. 棚舍及笼具准备

引进种鸽前应根据引进种鸽的年龄、数量、品种、饲养方式等，准备好相应棚舍。引进青年鸽最好采用网上群养方式，一般可按每平方米饲养 6 ~ 8 对准备好棚舍；引进配对的成年鸽宜采用笼养，通常按每平方米饲养 5 ~ 6 对准备棚舍及笼具（图 5-1）。引进前铺设好底网和运动场围网，或将笼子安放到位，并安装好食槽、水槽、保健砂杯等。内部准备工作完成后要进行一次全面清扫和消毒，对鸽笼要进行熏蒸消毒（福尔马林和高锰酸钾混合液），鸽笼及饲养用具可用百毒杀或来苏儿喷雾或清洗消毒，养殖区域可用20%的石灰乳水喷洒消毒。

图5-1 棚舍式鸽笼

3. 饲料及饮水准备

在购买种鸽前就应准备好饲料，如用原粮应事先配好，用颗粒饲料还应压制成粒。饮水中应配入相应消毒和抗应激药物，冬季应准备温水。

二 种鸽的运输

运输种鸽不仅要考虑运输速度和运输工具的安全性，而且还要考虑运输工具的环境，以最大限度减少因运输或环境变化应激因素造成的疾病和死亡。夏天既要通风好又不能让太阳直射，冬天既要注意保暖又要注意通风。总之种鸽运输前要充分考虑到途中可能出现的问题，准备好对策。

1. 运输工具

种鸽运输时间越短越好，应选择速度最快的运输工具。远距离以飞机最好，空运应选择前货仓比较大的飞机，并要求充分供氧。近距离以汽车为好，汽车运输应选择车况比较好的车和路况比较好的行车路线，以防抛锚和堵车造成不必要的损失。

2. 运输笼具

运输种鸽的笼具最好选用长100cm、宽60cm、高25cm左右焊接捆扎牢固的冷拔钢丝笼，运输时每笼装鸽20~35只。运输笼过高，会造成种鸽相互踩踏致伤；过低则会导致通风不良，影响种鸽健康。

三 种鸽的装运

近年来随着肉鸽饲养规模的扩大，肉鸽疫病也不断增加，所以种鸽装运前应请种鸽所在地的动物检疫站进行特定疫病检疫，并要求出具检疫证明，确定无疫病才能装运。采用飞机、火车及轮船运输必须出具种鸽检疫证明才能办理托运。若用汽车运输，证明书应随同种鸽一起携带，以备路上有关部门检查。种鸽装运前3天开始在饮水中加入青霉素或庆大霉素，以预防运输应激可能发生的疫病，同时补充电解多维以增加抵抗力，减少应激。有条件的还应用0.2%的敌百虫水水浴1~2次。

运输前的一餐饲料只给七八成饱，每只鸽约20g，不宜让鸽吃得太饱，但应让鸽饮足清水。装种鸽前笼底应用编织袋铺垫，底部四周再用编织袋围10cm边子，并用百毒杀或来苏儿消毒。种鸽装运高度不宜过高，一般以3~4层为宜。笼与笼重叠时一定要将下层笼中的鸽头压入笼内，以防压死。笼子摆放时应相互挤紧，用铁丝相连，以免运输中笼子摆动擦伤种鸽。用卡车长距离运输时，车顶应设顶棚，夏季周围可以不围；北方地区冬季运输时应适当挡风，避免迎风直吹鸽体，但也不应忽视通风。

夏天运输种鸽时最好下午装车晚上行车，如遇正午行车，中途则不能停车，若非停不可时也要选择树荫等阴凉处短时停车，以防鸽中暑或闷死。通常1天内可以到达的，中途不需饲喂，路途较长的应在中途饲喂1次，并设法供给饮水。运输过程中，每隔2~3h检查种鸽动态及笼具情况，如发现种鸽张口呼吸，羽毛潮湿，说明温度过高，应加强通风。若种鸽挤在一起，缩头、打颤，可能温度太低，应及时采取措施调节温度。

四 引进后种鸽的管理

种鸽运达目的地后应以最快速度将其放入消毒好的棚舍内，先供饮水后喂饲料。

新购种鸽经过捕捉、装笼、长途运输及饲养环境和温度的变化，体质下降，极易发病。所以，种鸽运回后要供给易消化、营养丰富的全价饲料。连续10天饮用速补14或电解多维等，以提高种鸽抵抗能力，同时应用0.05%甲硝唑原粉或0.2%氟哌酸饮水3～5天，也可用0.04%土霉素原粉拌料喂服数天，以减少肠道疾病发生。种鸽群稳定后应用盐酸左旋咪唑或驱蛔灵（枸橼酸哌哔嗪）进行驱虫。未注射疫苗的还应注射相关疫苗。

饲养人员应精心管理，保持鸽舍干净、卫生，夏季注意通风，冬季注意保暖，防贼风侵袭鸽体，确保种鸽顺利度过应激期。

【提示】 种鸽运回后应进行隔离观察2～3周，确认无疫病才可合群饲养。隔离期间若发生严重传染病，应迅速采取措施，请有关技术部门协助防治处理。

第二节　肉鸽的选种

肉鸽养殖首先要重视选种工作，不论大规模专业养鸽或小型副业养鸽，一开始就必须从无疫区或无疫场引进品质优良的鸽种，供繁殖用，绝不能草率从事，见鸽就买。否则，就容易引进有严重疫病和品质不好（如生活力差、生产力低等）的鸽种，导致养鸽工作被动或失败。引进了良种仅是养鸽工作的开始，重要而艰巨的任务是要不断加强选育和进行严格的淘汰工作，以巩固和发展肉鸽的优良性状。

一　种鸽的主要性状

过去的选种工作十分重视鸽的体形外貌，而现代的选种标准则侧重于经济性状。在肉鸽选种时，首先要考虑以下几个性状：①早期（初生、3周龄）体重；②成年体重；③乳鸽料肉比；④屠宰率（半净腔率、全净腔率）；⑤胸肌率；⑥腿肌率；⑦开产日龄；⑧产蛋量；⑨种蛋受精率、孵化率。

二 种鸽的基本要求

饲养肉用种鸽的根本目的是生产食用乳鸽，具有种用性。故选择种鸽时应以生产性能为主要指标。优良高产种鸽（F_0代）符合本品种特征，健康，无疾病；成年雄鸽体重达800g以上，成年雌鸽达700g以上；肉用种鸽的外貌要求是结构匀称，发育良好，体格健壮，性情温驯，采食性强，额宽喙短，眼大有神，胸部宽而深且向前凸出，龙骨直而不弯，腹大而软，背平宽而长，羽毛光洁润泽，并且紧贴体躯。雄鸽的耻骨坚硬，雌鸽的耻骨细软而宽，但尾不能着地，孵化育雏能力强，一般要求第1窝就能正常孵化、育雏；种蛋受精率、孵化率、健雏率、育雏率高，一般能达90%以上；并且繁殖周期短，应在30~40天，一般要求每对种鸽年产蛋8~9窝，出雏乳鸽12只以上，年龄为2~3岁。20日龄乳鸽平均体重达400g以上，28日龄乳鸽平均体重达600g以上。种鸽年产量的评定标准见表5-1。

表5-1 种鸽年产量的评定标准

种鸽名称	年产数/对	乳鸽4周龄重量/g
鸾鸽	8~10	750~950
王鸽	8~10	600~850
卡奴鸽	10~14	500~850
地鸽	8~14	700~900
大型贺姆鸽	7~8	550~850
石岐鸽	10~14	500~800

三 选种方法

选种就是根据肉鸽育种的目的，以及肉鸽的生产性能和生物学特性把良好的雄、雌肉鸽选留下来。目前，肉鸽的选种方法大多数还是参照家禽的选择方法进行，通过判断选择，提高肉鸽生产性能，下面介绍常用的几种方法。

1. 个体品质鉴定

个体品质鉴定主要是按照本品种优良性状或育种目标来选择种鸽，通常从外貌特征和生产力两方面来进行鉴定。

（1）**外貌特征鉴定** 主要通过选种者的肉眼观察和手指的触摸，来判断种鸽的生长发育和健康状况。不同品种的种鸽具备各自的外貌特征，这可根据该种鸽的外貌标准来判断。通常情况下，优良种鸽的羽毛、体形应符合本品种标准，如美国王鸽体短矮胖，胸宽背圆，尾短而翘，酷似“母鸡体形”；石岐鸽体长，翼长，尾长而平直，形如芭蕉的“蕉蕾”。优良种鸽应精神良好，发育良好，活动正常，反应灵敏；体形大小适中，头颈较粗实，头顶较平，额部宽阔，喙短而钝，上下喙吻合良好，眼大光亮有神，虹彩清晰，瞬膜闪动较快，羽毛紧贴体躯而有光泽，羽色一致，身躯匀称，躯体、脚及翅膀无畸形，翅膀发育良好，腿脚粗壮有力，龙骨直而不弯，背宽胸深，尾小而窄。

（2）**生产能力鉴定** 主要是根据乳鸽的生长发育和生产性能情况进行鉴定。乳鸽的生长发育情况以乳鸽上市的体重（即20～25日龄的体重）为标准。目前市场上乳鸽收购的要求是：一级乳鸽平均体重600g以上，二级500～600g，三级500～550g，不足500g列为次级，对于已到达离乳日龄而体重仍不足500g的乳鸽应由亲鸽再多哺喂2～3天，同时增加亲鸽的喂料次数和喂料量，以使乳鸽在2～3天内能达到收购要求。选留作种用的乳鸽其体重应达到500g以上。肉鸽的生产力鉴定，除根据乳鸽的生长发育情况及上市周期20～24天乳鸽的体重为标准外，还要根据鸽性成熟期、开产体重、窝数、蛋重、受精率、孵化率、乳鸽成活率进行综合鉴定。

【提示】 对亲鸽生产性能的主要要求是生产周期短，产蛋窝数多，年产蛋窝数不能少于7窝。对亲鸽生产力的鉴定不能单纯追求乳鸽的体重，其哺育能力、抗病力、适应性等也宜重视。只有生产性能好、体格健壮、抗病能力强的亲代才能使后代具有较高的生产能力。

2. 系谱选择法

俗话说“种瓜得瓜，种豆得豆”，养鸽生产也是如此。优良的种鸽必须来源于优良的亲代，为此，在选种时应充分了解鸽的亲代和祖代的情况。系谱鉴定是将不同个体的祖先或父母的表型值进行比较，选种者通过对系谱资料的分析，可以直接了解每只鸽的家系遗传情况及生产特性，从而确定该鸽是否选留的方法。研究表明，影响鸽品质最大的是亲代，其次是祖代，再次是曾祖代。考察系谱重点是亲代的品质和各代的品质趋势。逐代品质性状改进与提高，则选此个体，其后代可能为好的，因为遗传性稳定；反之，逐代品质性状递减，则该个体应被淘汰。

凡有条件的鸽场（也不论是种鸽场还是肉鸽场）都应建立系谱档案，系谱的编号应逐只鸽进行，以防混乱。乳鸽破壳后，进行称重、雌雄鉴别，及时编号登记，可采用脚号（脚环）。乳鸽期结束，重新进行称重、外形鉴别、羽毛鉴别、登记在册，更换脚环规格。编写系谱的方式很多，我国目前多采用直式系谱法，并记载3～5代（表5-2）。

表5-2　肉用种鸽直式系谱

<table>
<tr><td colspan="8">生-12-Ⅴ-105♂鸽，王鸽纯种，2012年2月15日孵出，20日龄体重600g，评定一级，健康评分92分</td></tr>
<tr><td colspan="4">生-12-N-28　王鸽
2009年6月20日孵出
2011-Ⅷ-15-600-700Δ30
成体重：850—Ⅶ
健康90分　总评：特级</td><td colspan="4">生-09-Ⅱ-49　王鸽
2009年3月15日孵出
20日龄体重：650g
成体重：1 015g
健康分95分　总评：特级</td></tr>
<tr><td colspan="2">外祖母
（记录方法同上）</td><td colspan="2">外祖父
（记录方法同上）</td><td colspan="2">祖母
（记录方法同上）</td><td colspan="2">祖父
（记录方法同上）</td></tr>
<tr><td>外（外）曾祖母</td><td>外（外）曾祖父</td><td>外曾祖母</td><td>外曾祖父</td><td>外曾祖母</td><td>外曾祖父</td><td>曾祖母</td><td>曾祖父</td></tr>
</table>

注：第1栏第1行“生-12-Ⅴ-105♂”是鸽的编号，“♂”表示雄鸽。第2栏的左边为母系的记录，右边为父系的记录。母系记录的第3行“2011-Ⅷ-15-600-700Δ30”是指2011年产下8窝蛋，成活15只仔鸽，每只乳鸽在20日龄平均重为600g，最重的为700g，育肥期平均每天每只增重30g。第4行“成体重：850-Ⅶ”是指7月龄时开始配对，体重为850g。

3. 后裔鉴定

后裔鉴定就是通过后裔测定，将不同个体的子女表型值进行高低对比，从而确定该个体是否选留的方法。这种鉴定法证实了所选出的种鸽是否能够把遗传品质真实且稳定地传给下一代。其方法有如下几种。

（1）后裔与后裔比较 一对在产的种鸽繁殖4~5窝后拆对，更换一只雌鸽同原来的雄鸽交配，然后比较两只雌鸽所得后裔的性能，便可以判断雌鸽遗传性能的优劣。

（2）后裔与亲代比较 种鸽的后裔配对繁殖后，如后裔的繁殖成绩能保持或超过亲代，则该种鸽为优良个体。当后裔出现性状退化，繁殖成绩差等现象，表明该种鸽繁殖力性状不稳定遗传，不宜留作种用。

（3）后裔与群鸽比较 以种鸽所产后裔的生产指标与群体平均数作比较，如果前者的生产指标高于群体的平均数，则这对种鸽为优良者，可作种用；反之，如果后裔成绩明显低于鸽群平均值，则不作种用。

【提示】 肉鸽后代的优劣与双亲的遗传性是密切相关的，但遗传性受生活环境和条件的影响是很大的。在进行后裔鉴定时，不宜根据个别劣质的后裔就对种鸽作出否定的结论。正确的方法是必须对其体形、体质、生长、发育、产卵、孵育、乳鸽生长速度和育肥能力、饲料利用、生活力和抗病力等多种性状进行综合考查后再作结论。

4. 指数选择法

肉鸽育种工作中，很少只选择一个单一性状，而且是常常同时选择几个性状，将要选择的几个性状应用数量遗传学原理，综合成一个可以相互比较的数值，即选择指数，这种选种方法称指数选择法。在制订肉鸽选择指数时，首先要考虑主要经济性状，如产蛋量、蛋重等，这些性状的经济加权值要大些，还要考虑其他一些性状，如育成率等，选择的性状不宜过多；以2~4个性状为宜，“向上”选择性状加权值为正值，“向下”选择性状加权值为负值，两性状间存在较强的遗传负相关，为防止此起彼伏的效果，可以把两性状合并成一个性状来处理。

【提示】选种是保持及改良肉鸽优良品种和培育肉鸽新品种的重要手段。从长远利益看，不断选择能进一步提高种鸽品质。从某一个鸽场看，不断注意选种工作，建立品质良好的种鸽核心群，防止品种退化，是保证鸽场具有较高经济效益和市场竞争力的重要措施，直接关系到鸽场的发展前途。

四 选配方法

优良的种鸽不一定能繁殖出优良的后代，能否繁殖出优良的后代，除了取决于种鸽本身的品质和遗传性能外，还要看雌、雄种鸽的配合是否得当。选配就是在选种的基础上，考虑雌、雄鸽之间的亲缘、体质、外形和生产性能的相互关系。其目的是将品质优良、配合力好的两只异性鸽子进行配对，借以获得预期品质优良的后代。所以说选配是选种的继续，是繁殖的基础，是繁育生产优质肉用乳鸽的重要手段。选配是一项细致的工作，选配前先要做好种鸽的分群与分组工作。选择出来的种鸽，应根据记载的鉴定资料，分为初鉴定群、已鉴定群和续鉴定群。再按生产性能优良程度、特征特点及亲缘关系进行细分，以供编制配种方案。制订选配方案时，必须进行周密调查，掌握种鸽的系谱、经济性状和有关品种或品系的特点，了解育种工作的具体条件，明确育种目标，确定选择和鉴定步骤，注意选配双方的优缺点，充分估计和权衡利弊得失，筹划出最佳选配方案，拟好后努力保证其实施，做好相关记录，并定期地分析选配效果。现将种鸽选配的主要方法介绍如下，可根据种鸽的实际情况选用。

1. 品质选配

品质是着重对种鸽父母双方的品质进行的选配。品质选配又可分为同质选配和异质选配两种。

（1）同质选配 同质选配是指选择生产性能特点或其他经济性状相同的优质雄、雌鸽进行交配。这种配种，在遗传上可以增加后代综合基因型的频率，巩固和加强优良性状。同质选配一般有两种情况：一种是只根据个体表现，以相似的生产性能和性状的选配；另一种是根据谱系、家系的资料，判定具有相同基因型的雄、雌个体间的交配。在同质选配中会出现近亲退化或遗传变异的可能，这是进行同质选配应注意的问题。

（2）异质选配 异质选配是指选择具有不同优点的雌、雄鸽进行配对，以便使双亲的优良性状结合在一起并遗传给后代，从而矫正它们各自的缺点，以获得新的完美的类型。但也可选择同一性状的优劣程度表现不同的雌、雄鸽配对，用一方的优良性状去弥补另一方的缺陷，从而达到改进后裔品质的预期效果。这种选配方式会增加后裔基因的杂合型比例，因而使后代与亲代的相似性减少。

【提示】 必须注意的是，异质选配的亲本均为优良个体，经配合力测定后配对繁殖后裔。不能把异质选配理解为具有相反缺陷的亲鸽配对以后，能相互矫正亲代缺点的意思，如以为用龙骨凹陷的配背部隆起的，会产出挺拔的后代，但事实正好相反，这种不当的选配往往还会出现一些品质很差的后代。

2. 年龄选配

生产实践中常利用不同年龄的种鸽对选配结果产生影响，借此来达到育种或生产的预期目的。鸽子的寿命为7～8年，最长可活20年。种鸽的利用年限为5～6年，但较理想的繁殖年龄是1～4岁，但以2～3岁为最佳。鸽子与其他动物一样随着年龄增长会逐步衰老，生活力渐渐变差。它所产的后代品质也会趋弱。在生产中如用老雄鸽配青年雌鸽，其后裔多表现为雌鸽的优势特点；而用老雌鸽配青年雄鸽，其后裔多表现为亲代的优势特点。因此，生产场常采用老雌鸽配青年雄鸽的模式。此处所指老雌鸽为繁殖年龄在5龄以内的鸽。

3. 亲缘选配

这是一种考虑交配双方亲缘关系的选配，通常在育种时运用。根据双亲的亲缘关系的远近程度，又可分为亲交、非亲交、杂交和远缘杂交四种。实行亲缘关系较近的杂交，目的是使肉鸽的遗传性稳定，使后裔有高度一致的性状，与祖代相似。因此，为了保留并巩固鸽群中某些优良个体的性状或特征，常常采用亲交，即选择与这只优良肉鸽亲缘关系较近的异性肉鸽进行交配来繁殖后代。由于亲缘选配时间长会出现品种退化现象，因此在育种工作中，不时地采用杂交来使一些优良性状稳固，以免产生不良的后果。

五 选种常用辅助技术

1. 肉鸽的捕捉

在养鸽过程中，为了进行雌性鸽鉴别、外貌鉴别、检查病鸽、选种、配对及转群，都不可避免地碰到捕捉鸽子和抓握鸽子的问题。

（1）捕捉鸽子的方法 捉鸽时，首先确定要捉的鸽。抓笼子里的鸽子时，先把鸽子赶到笼子一角，用拇指搭住鸽背，其他四指握住鸽腹，轻轻将鸽按在笼子上。然后用食指和中指夹住鸽子的双脚，头部朝前往外拿（图5-2）。在群养鸽舍内抓鸽子时，先决定抓哪一只，然后把鸽赶到鸽舍的一角，两手高举，张开手掌，从上往下快速把鸽子轻轻压住。压住时不要让它一直扑打着翼羽，否则容易掉翼羽和尾羽。捉鸽时不要用力过猛，以免惊吓鸽群或使鸽受伤。对乳鸽应尽量少捉，非要捉拿不可的，应把乳鸽放在左手掌上，右手轻轻按住背部，以防脱手。在晚上，尤其是黑夜捕捉鸽子最容易，抓鸽时可用手电筒照着抓鸽子，或用绿色灯泡照明捕捉鸽子。此外，也可用自制的捕鸽罩捕捉鸽子，鸽子被罩到后即以拇指压住鸽的背部，其余四指轻握腹部，用食指与中指夹住鸽脚，然后将鸽子头向上尾朝下从罩里取出。

（2）持握鸽子的手法 通常是将鸽子的头部对着自己的胸部，当右手抓住鸽子后，用左手的中指与食指夹住鸽子的双脚，将鸽子的腹部放在手掌上，用大拇指与无名指、小指由下面往上面握住翅膀，此称单手持鸽法（图5-3）。若再用右手托住鸽子胸部与腹部，鸽子会很舒服、老实，此法称为双手持鸽法（图5-4）。

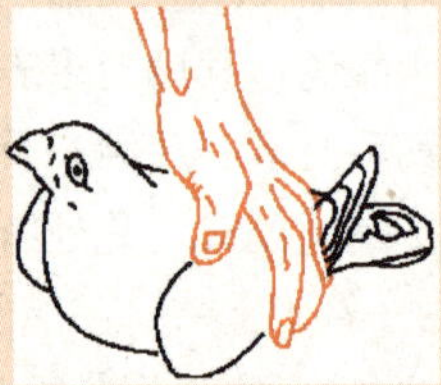

图5-2 捉鸽方法

（3）传送与接纳鸽子的方法 将所持握的鸽子传递给别人时，用右手握住鸽子的后背，以食指按住肉鸽肩部，大拇指在鸽体的左侧，其余三指在鸽体右侧，全掌按在两翼上，将两脚提于小指及无名指下面，即可将鸽传递给别人（图5-5）。

图 5-3　单手持鸽法

图 5-4　双手持鸽法

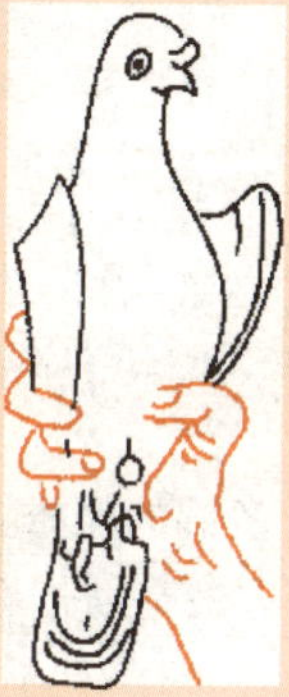

图 5-5　传送鸽子方法

从别人手里接收鸽子时可用上述介绍的单手持鸽法或双手持鸽法。

【提示】 捕捉肉鸽时如果粗暴地驱赶或乱追乱捉，会影响鸽与人的亲和关系，也会影响种鸽的生长及其对乳鸽的哺育效果。不正确的捕捉、抓握与传递将会损伤鸽的翼羽，甚至导致鸽的死亡。因此，掌握正确的捕捉与持握鸽子的方法对于养鸽者来说是非常重要的。

2. 雌雄鉴别

鸽的雌雄鉴别没有长期的饲养经验是不易掌握的。在鸽群中如果雌雄比例不当，不但鸽群不得安宁，而且不成对的种鸽就会到别的鸽群中去寻找配偶而不返回，因此养鸽者必须掌握雌雄鉴别的基本方法。现介绍乳鸽、童鸽和配种鸽的雌雄鉴别方法。

（1）乳鸽的雌雄鉴别 根据鸽的形态、行为表现和肛门状态可对乳鸽进行雌雄鉴别（表5-3），但准确率不高，一般为60%～80%。

表5-3 乳鸽形态、行为表现和肛门状态的雌雄差异

形态、行为表现	肛门状态
乳鸽到12日龄时，雄性乳鸽看见人到身边会站起来，竖起羽毛作出啄人状，口腔中发出“嗒嗒”的响声；雌鸽则很少有此反应。亲鸽哺喂时，雄鸽争先受喂，雌鸽则后受喂。出壳时雄鸽体形大，鼻瘤大，颈粗；雌鸽则小于雄鸽。雄鸽活泼好动，走动时常会振翅离开巢穴。雄鸽头部大而扁平，脚径大，龙骨较雌鸽长，喙阔、厚而短，雌鸽则相反	乳鸽在4～5日龄前从侧面看，雄鸽的肛门上缘覆盖下缘，肛门合起来很接近凹形，两端稍微凸出；雌鸽则相反是下缘覆盖上缘，肛门合起来成为凸形，两端下垂（图5-6）

（2）童鸽的雌雄鉴别 对1～3月龄的童鸽雌雄鉴别较为困难，最常用的方法是通过看、抓、摸等几方面进行鉴别（表5-4）。

表5-4 童鸽的雌雄鉴别

检查方法	雄鸽	雌鸽
看外形	从外观上看雄鸽的头较较大，并且顶部呈圆拱形，鼻瘤大而凸出，喙较大而稍短，颈骨粗而硬，脚骨大而粗	雌鸽体形结构较紧凑，头部圆小，顶部扁平，鼻瘤较小，喙瘦而长，颈细而软，脚骨短而细
看羽毛	雄鸽的羽毛较雌鸽有光泽，主翼羽尾端较尖	雌鸽的羽毛光泽度较差，主翼羽尾端较钝
看眼睛	抓住鸽子颈部对着光线观察眼睛时，雄鸽双目凝视，炯炯有神，瞬膜闪动迅速	雌鸽双目显得温和，瞬膜闪动较为缓慢
抓	用手捉鸽时，雄鸽在手里有较强的抵抗力，并且挣扎激烈，并发出“咕咕”的叫声	雌鸽抓在手里比较温驯，较少挣扎，有时发出低沉的“唔唔”声

（续）

检查方法	雄　　鸽	雌　　鸽
摸鸽颈部	雄鸽颈骨粗而硬	雌鸽的颈骨细而软
触摸腹部骨盆	雄鸽的龙骨较粗且长而硬，龙骨末端与耻骨间的距离较窄，耻骨间的间距也较窄而紧，脚骨粗而圆	雌鸽龙骨凸且稍短，龙骨末端与耻骨间的距离较大，两耻骨间的间距较宽，为 3～4cm，并且富有弹性，脚骨细而稍扁
翻肛（图 5-7）	雄鸽的肛门闭合时向外凸，张开时呈六角形（或称山形）	雌鸽的肛门闭合时向内凹入，张开时呈花形

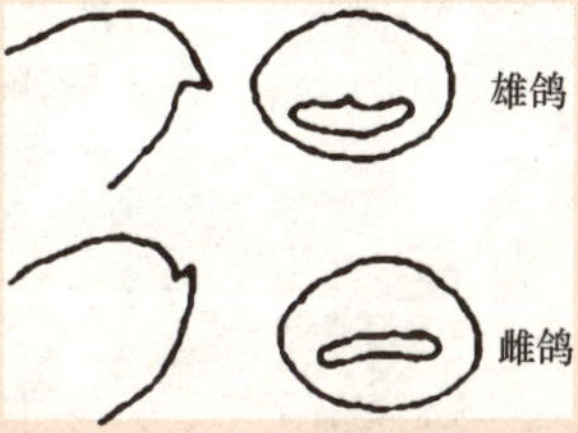

图 5-6　雌、雄乳鸽肛门状态鉴别

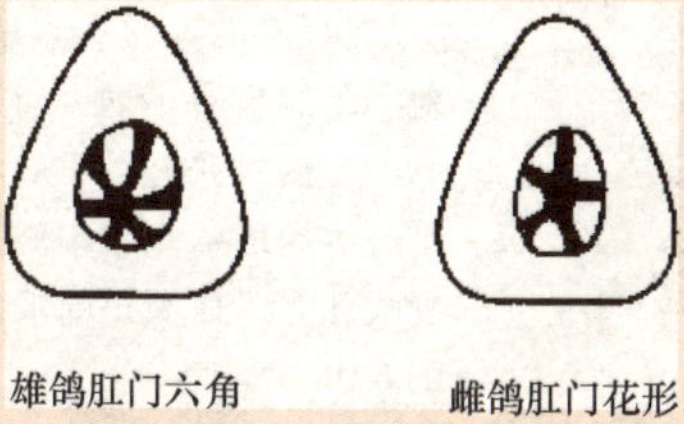

图 5-7　童鸽肛门鉴别

（3）成年鸽的雌雄鉴别　上述童鸽的雌雄鉴别方法也适用于 5～6 月龄及其以上的成年鸽。成年鸽的许多特征性表现更为明显，更加突出，但也有不同之处（表 5-5）。总的来讲，对雌雄鸽的区分要综合分析，要有丰富的实践经验，不然就不易正确区分。

3. 年龄鉴别

鸽的寿命为 7～8 年，最佳繁殖年龄为 1～4 年，一般可利用生产期为 4～5 年，有部分生产鸽可用长达 6 年。因此，识别肉鸽年龄对适时配对繁殖、选育良种和选留淘汰具有重要意义。

（1）从羽毛的更换规律规律鉴别　肉鸽主翼羽的更换规律主要用来识别青年鸽的月龄。更换后的羽毛显得颜色稍深，并且干净整齐。鸽主翼羽共 10 根，在接近 2 月龄时开始更换第 1 根主翼羽，而后依次更换，冬季为 15～17 天更换 1 根，夏季为 13～15 天更换 1 根，6～7 月龄主翼羽更换结束，肉鸽也达到配种年龄。通过肉鸽副主翼羽的更换规律可以识别成年鸽的年龄，副主翼羽共12根，从里向外顺序每年更换1根，但因每年更换1根的羽毛被污染后，不易分别旧羽和新生羽，所以一般不以此来识别成鸽的年龄。

表5-5　成年雌、雄鸽的性行为、羽毛与孵化行为的差异

性别	性行为	羽毛	孵化行为
雄鸽	雄鸽常常追逐雌鸽，绕着雌鸽打转；雄鸽颈部的气囊膨胀鼓起，颈羽和背羽竖立，以颈羽更为明显，尾羽散开呈扇形，并且不时拖到地面，头部频频上下点动，并发出“咕咕”叫声。接吻表现上，雌、雄鸽也有不同，通常接吻时雄鸽嘴张开，雌鸽将嘴伸进雄鸽的嘴里，雄鸽会似哺喂乳鸽一样做出哺喂雌鸽的动作	由于雌、雄鸽求爱及交配，造成雄鸽的尾羽较脏	雄鸽孵蛋的时间为每天10：00～16：00。雌鸽负责孵化时，雄鸽总是待在巢盆附近，保护雌鸽安全和监督雌鸽孵蛋
雌鸽	雌鸽表现较为温驯，常缓慢运动或低头半蹲着，接受雄鸽的求爱。亲吻过后，雌鸽总是自然蹲下，接受雄鸽交配	雌鸽的背羽较脏	其他时间由雌鸽孵化

（2）从喙部鉴别　童鸽及青年鸽喙部较尖，软而细长、颜色较浅。随年龄增加，成年鸽喙部越来越钝而光滑，越来越硬。随着哺乳乳鸽的时间增加，成年鸽喙角出现茧子，成结痂状；年龄越来越大，哺乳时间越长，喙角茧子就长得越大，并且越苍白。5年以上的种鸽喙角两边的茧子如锯齿状。

（3）从鼻瘤的大小及颜色鉴别　乳鸽鼻瘤红润，童鸽鼻瘤为浅红色且有光泽。2年以上鸽的鼻瘤上有薄薄的粉白色，如粉末状物覆在其上，4年以上的鸽鼻瘤粉白而较粗糙，10年以上鼻瘤变得干枯而失去弹性。鸽的鼻瘤也随年龄的增大而稍微变大。

（4）从鸽眼的灵活性及眼圈皱纹鉴别　幼鸽及青年鸽眼睛炯炯有

神，瞬膜闪动快。5 年以后的鸽眼神迟滞，瞬膜闪动慢。4 年以前的鸽皱纹细且不明显，5 年后鸽裸皮皱纹越来越粗且厚，色泽也越来越白。

（5）从脚的颜色和鳞纹鉴别 童鸽及青年鸽脚的颜色鲜红，鳞片软平，鳞纹不明显，趾甲软而尖，脚垫软而滑、弹性强。2 年以上的鸽脚的颜色暗红，鳞纹细而明，鳞片及趾甲稍硬而弯。5 年以上的鸽子脚颜色变紫红色，鳞片凸出且粗糙，鳞纹显而粗，鳞片上面附着白色的小鳞片，趾甲粗硬而弯曲，脚垫厚且粗硬，基本失去弹性。

（6）从脚环及档案记录鉴别 选留种鸽时套上脚环标明出壳日期，标明号码，对选优、劣鸽都有好处。或群进群出列表存档，有备查寻。

青年鸽是指 3 ~ 5 月龄的鸽。青年鸽正处于幼鸽和成鸽之间，此期，第 2 次脱羽已完成，但尚未进入性成熟时期。成鸽是指已达性成熟并已发情的鸽。鸽在 5 ~ 6 月龄时，其主翼羽脱换到第 7 ~ 8 根，性成熟并开始发情，进入成鸽时期。早熟品种与晚熟品种的换羽和发情期不一样，早熟品种要提前 1 个月左右。老鸽即老龄鸽，鸽的繁殖年限为 5 ~ 6 年，一般 6 年以上为老鸽。青年鸽、成鸽与老龄鸽的外貌鉴别见表 5-6。

表 5-6　青年鸽、成鸽与老龄鸽的外貌鉴定

项目	青年鸽	成鸽	老龄鸽
喙	细长，喙角薄而窄，无结痂	粗短，喙尖硬，喙角厚而粗糙，出现茧子，有较大的结痂	粗短，喙尖硬，喙角厚而粗糙。喙角结痂如锯齿状
鼻瘤	较长，柔软，有光泽	粉白，粗糙，无光泽，干硬	稍大，粉白，粗糙，无光泽，愈干燥
眼	眼大，有神采	迟钝，灵活性差，裸皮皱纹粗厚	迟钝，灵活性差，裸皮皱纹更粗厚
主翼羽	脱换 4 ~ 10 根	每年秋季正常换羽	每年秋季正常换羽
脚	红色，鳞片平整，鳞纹不显著。爪尖而软，脚垫滑软	暗红，鳞片凸出，硬而粗糙，上面附有鳞屑。爪稍硬而弯曲	呈紫红色，鳞片硬而粗糙，鳞纹明显。爪粗硬而弯曲，脚垫更硬，并且常偏向一侧
腔上囊	比较大	退变得较小	不明显或只剩下一点痕迹

第三节　肉鸽的繁殖行为

一　性成熟

不同品种的肉鸽，性成熟的年龄也不相同。一般肉鸽5~6月龄达到性成熟，但时间多在6月龄。肉鸽的性成熟月龄不仅因品种而异，还会受饲养环境、光照时间等因素影响。如青年鸽和未配对的成年鸽饲养在一起，青年鸽的性成熟时间就会提前；1、9、10、11、12月出生的鸽子性成熟时间显著地早于其他月出生的鸽子，3、4、5、6月出生的肉鸽的性成熟时间则显著较晚。

二　求偶

求偶行为是鸽追求异性的表现与行为。求偶行为的初次出现，表明已达性成熟，对野鸽则标志其已进入繁殖季节。雄鸽多围绕着雌鸽，或同时自转且不断地咕咕鸣叫，如对方愿意，则先进行喙的接吻，然后进行交配。5~7月龄的肉鸽已进入性成熟阶段，并表现出各种求偶行为。雌、雄鸽互相接近，雄鸽频繁追逐雌鸽，在雌鸽周围打转，频频点头，不断发出“咕咕”的叫声。雌鸽在雄鸽“求爱”动作的刺激下，也变得喜欢接近雄鸽，彼此梳理头部和颈部的羽毛，相互亲吻，称为鸽吻（彩图5）。

三　交配

经一方求偶行为的试情后，对方如顺从，则进行交配。通常雌鸽先表现出愿配姿态，即蹲下身躯，张开两翅，表示愿意接受交配。雄鸽蹬上其身，脚踩其背，用喙啄住雌鸽头颈部羽毛，雌鸽的尾部转向一侧，翻出泄殖腔；与此同时，雄鸽躬身，尾部向下展开，也翻出泄殖腔，两者的肛门相接（图5-8）。雄鸽排精后，由雌鸽背上下来。雄

图5-8　鸽交配

鸽可能轻快地转圈走动或振翅。雌鸽站起，摇身以抖土整羽。交配行为除激素影响外，也受丘脑下部视前区的控制。

四 营巢

筑巢做窝是鸽的天性，雌、雄鸽配对后就会寻找材料筑巢。一般在产蛋前3~4天，雌、雄鸽不分离，雌鸽在前面走，雄鸽在后面追，这是雌鸽快下蛋的一种征兆，俗名“追蛋”。在产蛋前雄鸽首先伏巢，伏巢时发出“咕—咕—咕”的鸣叫声，诱导雌鸽在此下蛋。当雌鸽伏巢后，雄鸽则外出寻觅细树枝、草等衔进巢内，供雌鸽编织巢窝。产蛋后，在雄鸽孵化当班时，雌鸽也要外出衔草，加固巢窝。一般种鸽舍中要事先准备好鸽巢，以免延误鸽产蛋时间。另外，要经常检查鸽巢垫料是否充足防止鸽将蛋踩破。

五 产蛋

一般鸽配对后7~10天便开始产蛋。产蛋前雌鸽常蹲伏巢盆内，雄鸽衔草，雌鸽做巢。雌鸽出巢时，雄鸽常追逐雌鸽回巢，雌、雄鸽形影不离，时常相吻。

1. 蛋的形成

鸽属于刺激性排卵的鸟类，也就是说不交配卵巢就不排卵，因而也无蛋产出。在交配刺激下，卵巢开始排卵，通常每次排卵2个，一个发育较快，另一个稍慢，结果产蛋一先一后，相差40~44h，从一个卵细胞在卵巢中开始发育到蛋的形成、产下，约需6天时间。

2. 产蛋时间

一般雌、雄鸽配对后10天左右即可产蛋。鸽在1个产蛋期中通常产两个蛋。其中第1个蛋多产于15：00~18：00时，少数早至13：00，或迟至19：00。第2个蛋于第3天的中午过后产下，大致相隔48h，如将产下的蛋取走1个，雌鸽也会继续再产1个。不过一般为确保种鸽健康，不提倡这样做。一般情况下，1个繁殖周期45天左右，繁殖性能好的雌鸽，可以在上一窝蛋的孵化期间就产下一窝蛋，或尚处于育雏期就开始产蛋，使繁殖期缩短为35~45天。如果只让雌鸽产蛋而不给孵蛋，差不多10天左右就产1窝。雌鸽的产蛋性能带有季节性差异，春季的产蛋率高于其他三季，秋季最低，为此在饲养管理上要重视春季。

六 孵化

孵化是鸽繁殖的本能（彩图17）。孵化的时间多在两个蛋产下后开始，雌、雄鸽轮流孵蛋。一般雌鸽孵蛋时间在16：00至第2天9：00左右，雄鸽在9：00左右至16：00左右替换雌鸽孵蛋。这种轮换时间随地区的不同稍有差别。但通常情况下，白天多由雄鸽孵蛋，夜间多由雌鸽孵蛋，当然这种时间上的分工也不是一成不变的。当一方偶尔离巢时，另一方就会主动接替。有时雄鸽偷懒离巢，则雌鸽也会追其回巢继续孵化。所有的鸽所产的蛋，其孵化期相当一致，均为17～19天，绝大多数为18天。其中小型鸽的孵化期略短于大型鸽；夏季较冬季稍短。

七 出壳

在啄壳前，鸽胚用齿状突顶破蛋壳，使之凸出成一梅花形小包的动作，称为起嘴。鸽胚在起嘴后，继续沿着蛋的钝端气室处，用齿状突将蛋壳顶破的动作称为啄壳。啄壳一般以顺时针方向进行。鸽出壳后不久，齿状突即自动脱落。鸽齿状突、一生中就使用一次，是用进废退的一个例证。鸽胚由蛋内破壳而出的动作称为出壳。啄壳完成后，鸽胚用原在右翼之下的头部向前顶，用原曲在腹部的两腿向后蹬，一般是将钝端的已破壳部分顶开，然后雏爬出壳外。

第四节 肉鸽的配对

配对是肉鸽繁殖特点之一。肉鸽5～6月龄即达性成熟，这时鸽变得非常活泼，情绪不稳，早晨“咕噜—咕噜”的啼叫声比平常嘹亮，称为发情期。鸽到了发情期会自行交配、繁殖后代，这是鸽的自然繁殖法。肉鸽一年四季均可配对，在生产实践中，为防止鸽退化，必须采用人工配对的方法，培育优良后代。

一 配对前的准备

雌、雄鸽分栏后，应加强饲养管理工作，一般要注意以下3点。

1. 控制留种鸽体况

种鸽太肥造成雄鸽精液品质不良、精子少或精子畸形率高，雌鸽会出现产蛋少甚至不产蛋等情况，从而会影响配对后的生产性能。种鸽太瘦往往是营养不良的表现，种鸽易患营养性疾病，从而影响精子、卵子形成。配对前，日常饲料的供给一般以每天 2 次为宜，每次可让鸽吃九成饱，不限制饮水，控制留种鸽适宜体况以利于提高繁殖力。

2. 增强鸽的抗病力

为增强种鸽的抗病力，预防疾病，在配对前应进行药物预防与驱虫。预防可在配对前 15 天给予种鸽红霉素、磺胺类药物等，预防鸽的传染病；用盐酸左旋咪唑或驱蛔灵驱虫；鸽群每周洗浴 1 次，最后一次洗浴时，在水中加入适量的敌百虫，以杀灭鸽的体外寄生虫。

3. 鸽舍、鸽笼及用具的准备

新建的鸽舍应对内部进行整理。鸽笼可根据鸽的大小设计。大群饲养一般为 3 层笼结构，鸽笼可做成长方形，配齐水槽、食槽、保健砂杯及产蛋巢等。家庭饲养的小型鸽舍可利用阳台或门前地面，用竹条或铁丝网围起来。进鸽前 1 周应对舍内外环境全面消毒，可用福尔马林和高锰酸钾熏蒸或用烧碱溶液喷雾。

二 配对原则

1. 年龄相同或相近

种鸽需在其性成熟（5 ~6 月龄）后进行配对，配对种鸽应年龄基本相近，或是以大雄配小雌，或是以小雄配大雌。

2. 血缘关系遥远

配对雌、雄鸽双方血缘关系应较远，本品种内应相隔 3 ~5 代，严禁同胞相配，人工配对时尤其应当注意这一点。

3. 体格大小相近

为避免种鸽交尾困难或一方难以承受，配对的雌、雄鸽在体格上不要相差悬殊。

4. 羽色一致或相近

选配双方应羽色一致或相近，切忌羽色差异较大，否则会影响种群素质与生产性能。

三 配对时间

肉鸽性成熟因品种、饲养管理条件不同而有所差异，有的饲养者认为肉鸽只要性成熟，即应配对繁殖，而且越早越好；有的饲养者则认为，肉用鸽配对时间应控制到6月龄以上，有利于肉鸽体成熟及繁殖年限的延长。就作者观察发现，一般以生产商品乳鸽为目的的肉用鸽6月龄即达性成熟，这时就可以配对繁殖。

【提示】 种鸽要适时配对，过早配对不仅繁殖初期生产的乳鸽商品率低，而且不利于种鸽自身发育成熟，容易出现“早衰”；配对过晚同样影响鸽群总体繁殖率，而且增加生产成本，影响肉鸽养殖的总体经济效益。

四 配对方法

鸽的求偶过程需要一段时间，然后频频亲吻，达到了亲密无间的状态后，才发生交配行为。而且一经交配，终生不渝。鸽一年四季均可配对，配对的方法通常有自然配对和人工配对两种。雌雄鉴别水平比较高的宜采用人工配对，相反则应采取自由配对方法。目前大中型肉鸽场多采用人工配对方法，饲养量较少的多采用自由配对，有的是两种方法结合使用，生产中应根据自身实际情况选用配对方法。

1. 自然配对及其注意事项

自然配对就是让成群的鸽各自找对象，两两配合成对。它又可分大群自然配对和小群自然配对。一般大群配对时间比小群要长，因为小群空间较小，接触机会多，完成配对的时间可大大缩短。自然配对省工省时，管理方便，不会发生打斗，配对后感情融洽，繁殖正常，凡是进行商品乳鸽生产的鸽场都可用此法配对投产。配好对的生产鸽可笼养，也可群养。但自然配对的缺点较多：第一，鸽配对周期长，约需1个月；第二，易造成近亲交配；第三，易发生早配；第四，自然配对的鸽常导致品种、毛色、体形、体重等差异，不利于获得优良后代；第五，遇到有少数雄肉鸽特别活跃和多处强占巢穴时，配对率低。

自然配对应注意以下问题：第一，留种用的青年鸽最好将雌鸽与雄鸽分开饲养，到5～6月龄性成熟后，按雌雄比1∶1放养在一间鸽舍内自由配对；第二，小型鸽场，留种数量少，群养鸽舍少，可将不同月龄、不同性别的青年鸽饲养在一起，让其有先有后地自由配对，对配对好的及时捕捉上笼，进行笼养；第三，配对鸽群的雌雄比例要基本相等；第四，网笼内必须要有充足的水槽和食槽；第五，窝巢要比配对数多几个；第六，如有一雄二雌或一雌二雄现象，应及时清除一只，保证一雌一雄配对；第七，发现已配对鸽不进巢，要将其“强迫”迁入空闲的巢房，并用铁丝网临时封闭巢房；第八，某些好斗雄鸽，有时强占数个巢房，应将这种鸽单独放在黑暗中关闭1～2天，不喂食，不喂水，然后再放回巢房，如果仍然好斗，可再重复一次，若不行即淘汰。

2. 人工配对及其注意事项

人工配对是人为地选择雌、雄鸽放入生产鸽的鸽笼中，让双方接近、配对繁殖。人工配对适合各品种配对和各种形式的鸽场，特别适应于笼养肉鸽的配对。上笼前，先检查配对鸽的体重、年龄及健康状况，符合标准的才可选择上笼。一般情况下配对较易成功，但对一些人为放对后出现争窝、打架现象的雌、雄鸽就要采取人工强制配对方法。其做法采用专用配对笼（图5-9），笼中间用隔网隔开，1个笼子放1对，通过隔网相望而不能打斗，等到两只鸽子彼此熟悉建立感情后，拿去隔网，配对就容易成功。另外，肉鸽在育种时往往是人工选择经济性状有利于生产的不同鸽子配对，这时不同雌、雄鸽争窝打斗现象也比较严重，也需要用配对笼进行人工强制配对，具体做法是先将雄鸽按品种、毛色等有规律地上笼，把同品种、同羽色的鸽放在同一排或同一间鸽舍内，雄鸽上笼2～3天熟悉环境后，用同样方法选择雌鸽上笼。当雌鸽与雄鸽熟悉后，一旦两鸽相互接近，彼此不发生斗架时，便可抽出隔网板，让其配对。这种方法的优点在于可防止近亲和可以按照人为意志选育，并且完成配对时间短，只需几天就能完成。人工强制配对法的采用，往往体现了一定程度的育种目的，是建立核心群的手段之一。人工强制配对有时会失败，其原因是：第一，雌雄鉴别不准确，比例失调，造成配而不成对。根据观察，同一窝的肉鸽，有70%～80%是雌雄成对的，20%～30%是同窝两只都是雌鸽或雄鸽，但大的群体，雌、雄鸽仍然遵循1:1的性别比例。青年鸽中往往雄鸽比雌鸽稍多一些。第二，鸽群的个体没有全部达到成熟阶段，月龄大小悬殊。这种肉鸽配对时常引起某些不安和拖延配对时间。第三，配对笼或配对棚舍不够，以及配对方法不当等。

图5-9　鸽配对笼

人工配对注意事项：第一，注意雌雄鉴别，防止错配。操作人员可能会在鸽的雌雄识别上出现错误，即出现同性配对。一般如果新配鸽15天后还未见产蛋，或同一时间里发现三四个蛋的情况，就应重新鉴别雌雄。第二，注意观察上笼后的种鸽动态。人工配对的头三天内要多观察，发现打斗激烈的应分开重配。第三，配对后每笼鸽要适当关闭1～2天，让其自己认识巢窝后再放出自由活动，这样才不致出现争窝、打架现象。第四，配对种鸽必须达到性成熟月龄，而且体重不能太悬殊。

【提示】 人工强制配对方法供少数特别活跃的易打斗的雌、雄鸽或肉鸽人工育种采用，不宜大面积采用，否则会费时费力不划算。

不同品种肉用种鸽的配种期与体重要求，可参考表5-7。

表 5-7　不同品种种鸽的配种期与体重要求

品　种	种鸽配种期/周龄	种鸽体重/g	
		雄	雌
石岐鸽	26～30	680～800	650～770
王鸽	26～30	730～850	680～800
蒙丹鸽	26～30	800～900	740～850
贺姆鸽	22～26	680～770	620～700
鸾鸽	35	1 190～1 250	960～1 030

五　单身雌雄鸽的处理

在一个鸽场内，总会存在少量单身雄鸽或雌鸽的情况。养鸽场以单身雄鸽居多，其原因是选留乳鸽时喜欢挑选体大健壮者，而这类鸽多为雄鸽；另外，雌鸽较易患病死亡，死亡率是雄鸽的 2 倍以上。在生产实际中，要尽量减少单身雄鸽或单身雌鸽的存在，更不能在配好对的生产鸽群的养鸽舍内存在单身雄鸽或单身雌鸽，否则会干扰配对生产鸽的正常生活，导致无精蛋的出现。因此，发现单鸽后，要单独关养在鸽笼中，用来在配对的鸽中一方死亡或淘汰时作替补。多余雌鸽可采用一雄二雌繁殖法，这样能减少雄种鸽的饲养数量，节省饲料，提高经济效益。

六　配对异常情况的检查

刚配对上笼的生产鸽通常应检查下列内容。

1. 有无同性配对

若雌雄鉴别准确，配对得当，肉鸽进笼后 1～2h 就相安无事，2～3 天相处就很融洽，如果两只都是雌鸽，则很少发生打斗现象；如果两只都是雄鸽，往往啄斗很激烈，以致伤残。因此，在上笼后 2～3 天内要精心观察。肉鸽配对上笼后 1～2 个月仍不产蛋，或者产蛋连续产 3～4 枚蛋，这种情况下一般是两只种鸽都是雄鸽或雌鸽。出现同性配对应拆开重配。

2. 有无雌鸽不成熟或一方恋旧

有些鸽，雌雄配对确实无误，但两者感情不和，雌鸽不接受雄鸽交配，雄鸽强行交配失败，就会不断追打雌鸽。这时应检查雌鸽是否成熟，若没有成熟，则可重换发情的雌鸽。也可能两者之一在配对前已有对象，对眼前的对象没有感情。出现这一情况，可在配对笼中人工强制配对，一般经过1~2天就可以培养出感情来。当雄鸽发出“咕咕”声，雌鸽频频点头表示同意时，将隔网抽开，配对则成功。个别经过1周左右仍未配成的，就必须调换雄鸽或雌鸽，重新配对。

3. 产蛋有无异常

每窝只产1枚蛋，或产软壳蛋，这是营养及保健砂的问题，应注意供应营养水平足够的饲料及成分齐全的保健砂。

4. 有无踩破蛋或不孵蛋

若初产鸽情绪不稳定，性格较烈，或是由于鸽有恶习，常踩破蛋，或弃蛋不孵，或频频离巢，使孵化失败，导致死精或死胎，则应调换鸽笼，或改变其生活环境，观察在新环境中有无改变，若无改变，应予以淘汰。如果是环境不安宁和饲料不足引起的，应采取措施，为种鸽提供安静适宜的环境并供应充足的饲料。

七 拆对

为了尽可能让种鸽多产乳鸽，发现那些繁殖性能比较高的亲鸽，一般不应将其拆对。但以下特殊情况下必须拆对，进行重新配对。

> 【提示】肉鸽的繁殖性状是可以遗传的，如果发现全年繁殖的肉鸽，也就是繁殖性能比一般鸽子高的肉鸽，可考虑把它选留，作为高产鸽重点培养。

1. 连续出现无精蛋、畸形蛋等

在生产中，早配或头窝蛋受精率较低较为常见。但有些肉鸽连续产几窝无精蛋或畸形蛋，或者把无精蛋取走后4~5天又再产无精蛋，或者在3~5天内产4枚蛋，这些情况都是异常的现象。在排除营养因素外，首先应看一看是不是两只都是雌鸽。如果是雌雄一对，则要考虑雌、雄鸽生殖机能是否出现障碍。

2. 雌鸽与雄鸽配合不当

肉鸽配对上笼后1~2个月仍不产蛋，在形体上看，两只肉鸽似乎是雌雄一对，实际上两只肉鸽同是雄鸽，上笼后不生产是正常的，只要调整一下即可。另外，肉鸽虽属雌雄一对，但由于感情不融洽或年龄相差太大，或体形悬殊造成交配困难等，遇到这种情况时可以把它们拆散另配，或者把它们放出笼子进行群养，让它们在群体中寻找对象，配对后再提入笼内饲养。

3. 配对鸽的幼鸽性状表现不理想

肉用乳鸽的经济性状是肉鸽生产的重要指标，配对鸽的生产性状表现不理想，除品种外，还与不同品种配对有关，如孵出幼鸽皮肤呈黑色，市场不欢迎，因此需要拆对。

拆对后注意，通常重新配对的肉鸽至少在哺育了1~2窝之后，才能抵御原配偶的吸引，同时肉鸽对旧舍的记忆能保持1年以上的时间。所以，应针对肉鸽的记忆特点，采取防范措施。

第五节　鸽蛋及胚胎发育

认识鸽蛋的形成与构造不仅有助于我们做好种蛋入孵前的选择、保存和消毒等工作，还有助于我们对孵化效果进行正确的检查和分析。

一　蛋的形成

鸽蛋的形成是在雌鸽生殖器官内完成的。雌鸽的生殖器官包括卵巢和输卵管。位于体腔右侧的卵巢在发育早期已退化，只有左侧卵巢具有生殖功能。

1. 卵的发育与排卵

肉鸽属于刺激性产蛋的鸟类，也就是说不交配卵子就不发育，因而也无蛋产出。因此，雌鸽只有在受到可激发其生殖系统活动的足够刺激时，蛋的形成过程才会开始。

在雌鸽卵巢表面布满许多大小不同的卵泡，每一个卵泡内都包含一个卵母细胞，卵母细胞发育成熟后，其周围的卵泡膜破裂，成熟的卵母细胞从卵泡排出的过程称为排卵。通常卵巢上每次有两个卵泡（有时有两个以上）开始发育。卵子在成长过程中，因卵黄累积而逐渐增大，两个卵泡中，其中一个发育速度稍快些，而另一个稍慢些，结果产蛋一先一后。一个卵子从开始迅速发育到卵泡破裂而被排出卵巢，约需4天半时间。卵泡发育成熟时，排出的卵子由于其胞质内大量的容积为卵黄物质所填充，所以习惯上又将排出的卵称为卵黄，形成蛋以后又称为蛋黄。卵巢排卵后卵子就进入输卵管。

【提示】 卵子的成熟、排卵及排卵的顺序主要受脑垂体前叶分泌的两种激素——促卵泡素（FSH）和促黄体素（LH）所控制，而这两种激素的分泌又与雌鸽的生理状况和环境条件有关。适当改变环境条件，如光照、温度等可调节上述两种激素的分泌。

2. 蛋在输卵管内的形成过程

在排卵开始前或排卵过程中，输卵管漏斗部包裹即将排卵的卵泡，卵子或卵黄排出后，即被此部纳入。如果雌鸽已交配或受精，卵子在此即受精成为合子；如果未受精，此时卵子仍是一个次级卵母细胞。卵黄经过漏斗部大约20min后即下行到蛋白分泌部。卵黄经过蛋白分泌部，最初该部先分泌浓蛋白包围卵黄，形成内浓蛋白层，因蛋黄转动，这层浓蛋白在蛋黄的两端形成扭曲而方向相反的系带，即卵黄系带。卵黄往下移行时，该部又分泌稀蛋白包围卵黄，形成内稀蛋白层，接着再分泌浓蛋白形成外浓蛋白层，最后再分泌稀蛋白形成外稀蛋白层。带着蛋白的卵黄继续向下移行，进入峡部。该部形成蛋白膜和壳内膜。带有壳膜的卵经过子宫的时间长达18～20h，在这里形成蛋壳和壳上膜，有色蛋壳的色素也在此部形成。在卵黄进入子宫的最初8h内，随着壳的钙化，还分泌大量子宫液（水分和盐分），子宫液经蛋壳膜渗入蛋内与蛋白混合构成外稀蛋白层，以充实蛋的内部。由于子宫液的渗入，卵黄外围的蛋白重量几乎增加了1倍。蛋壳及壳上膜形成以后，卵在这里已经形成一个完整的蛋。蛋经过阴道时，在黄体酮、催产素和加压素等激素的参与下，肌肉收缩，迫使蛋产出体外。肉鸽的蛋自排卵起经20h

才到达子宫，在子宫又停留20h才产出。整个产蛋过程比鸡蛋的产出所需时间长。

二 蛋的构造

从蛋的形成过程，可知蛋的构造包括胚珠或胚盘、蛋黄、蛋白、蛋壳膜和蛋壳5个部分（图5-10）。

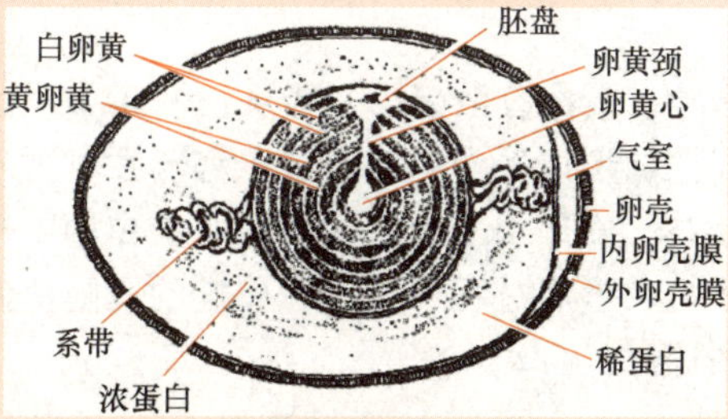

图5-10 鸽蛋的构造

1. 胚珠或胚盘

接近排卵时，初级卵母细胞完成第一次减数分裂，释放出第一极体，所以排卵时卵黄表面的细胞就是一个次级卵母细胞。卵子进入输卵管若没有受精，这个次级卵母细胞不再分裂，这就是胚珠。胚珠在蛋黄表面呈一白色斑点，胚珠小而不圆，表面有凹痕。

若卵子受精，受精卵在蛋形成过程中经过多次卵裂而形成的中央透明周围较暗的盘状的早期胚胎结构，到产蛋时已形成内外两个胚层，形如一盘，这就是胚盘。胚盘也游浮在蛋黄表面，与胚珠相比，胚盘较大，而且具有明显的明暗区，产蛋后胚盘直径达3～4mm。

在初级卵母细胞的发育过程中，因其比重小于卵黄物质，当卵母细胞为卵黄物质逐渐充满时，它的细胞质和细胞核就被挤到外周，即随着卵黄物质的积累，卵母细胞逐渐向卵黄表面迁移。胚盘位于蛋黄表面有其生理意义，这种状态能使胚盘优先获得孵化所需的热量，有利于胚胎发育。

2. 蛋黄

最初累积的卵黄为浅色，到性成熟并交配后，卵泡迅速发育，在成熟排卵前，卵黄迅速增大，因昼夜新陈代谢的节奏性而形成深色和浅色相间的蛋黄。蛋黄的分明程度又取决于日粮中叶黄素与类胡萝卜素的含量。蛋黄表面有一层透明薄膜，叫蛋黄膜。蛋黄膜富有弹性，具有保护蛋黄完整性的作用。陈旧的蛋，其蛋黄膜弹性减弱，稍震动即破裂。

3. 蛋白

蛋白也称蛋清。蛋白分浓蛋白、稀蛋白和系带。浓蛋白在卵黄周围旋转，两绳扭曲形成系带，系带到子宫部才可看出。系带在蛋黄两端似一带状物，其作用是固定蛋黄位于蛋白的中央，使之不与壳膜接触。由于蛋在形成过程中是旋转前进的，则使蛋白也旋转成层，分出浓稀两层。

4. 蛋壳膜

蛋壳膜分为内外两层，内层直接与蛋白接触，叫蛋白膜，外层紧贴蛋壳叫壳内膜。蛋壳膜是由角蛋白形成的网状结构，具有很强的韧性和较好的透气性。内、外壳膜上有许多气孔，一定程度上可以防止微生物侵入。两层壳膜紧贴在一起，在蛋的钝端形成一个空间叫气室。随着蛋存放和孵化时间的延长，蛋内水分不断蒸发，气室逐渐增大。

5. 蛋壳

蛋壳内层为较薄乳头状突起，外层为较厚海绵状结构，由气孔使内、外相通。蛋壳外面有一层胶质状护壳膜。新产下的蛋，胶质膜封闭壳上气孔，可防止微生物的侵入和蛋内水分的过度蒸发。随着蛋的存放和孵化，胶质膜逐渐脱掉，空气进入，水蒸气或胚胎呼吸产生的二氧化碳向外排出。

三 畸形蛋的种类和形成原因

正常鸽蛋呈椭圆形，与气室相对的一端稍小，但无明显的钝端和小端。刚产下的鸽蛋呈乳白色，蛋在孵化过程中，蛋壳稍稍变蓝，不反光。一个蛋在孵化过程中发生这种变化，表明此蛋是受精蛋。无精蛋则无此变化而保持其原有光滑、乳白色的外表。鸽蛋的大小随鸽种的不同而有很大差异，如夜飞鸽蛋重16g，而白羽王鸽蛋重达22g；即使是同一品种，蛋的形状和大小也会有很大的差异。如6～7月龄的幼年鸽所产的蛋比成鸽小，老龄鸽产的蛋也较小。肉鸽有时也产出各种畸形蛋，形成畸形蛋的原因较多，但多见于饲料营养不全、饲养管理不当、外界不良因素的刺激、雌鸽患病等（表5-8）。

表5-8 畸形蛋种类和形成原因

种类	外观	形成原因
双黄蛋	蛋很大，每个蛋有两个蛋黄	两个卵黄同时成熟排出；或由于雌鸽受惊或物理压迫，使卵泡破裂，提前与成熟的卵一同排出。多见于初产期
无黄蛋	蛋很小，无蛋黄	膨大部机能旺盛，出现浓蛋白凝块；卵巢出血而产生血块，脱落组织。多见于盛产期
软壳蛋	无硬壳，只有壳膜	缺乏维生素D、钙、磷；子宫功能失常；雌鸽受惊；疫苗、药物使用不当，如饲喂磺胺类药物而影响输卵管的正常功能；雌鸽患病等
异物蛋	蛋中有血块、血斑或寄生虫	卵巢、输卵管炎症，导致出血或组织脱落；有寄生虫等
异状蛋	蛋呈长形、扁形、葫芦形，或为皱纹蛋、沙皮蛋等	雌鸽受惊；输卵管机能失常；子宫反常收缩；蛋壳分泌不正常等
蛋包蛋	蛋很大，破壳后内有一个正常蛋	蛋形成后的产出期，雌鸽受惊或某些生理反常，导致输卵管逆蠕动，恢复后又包围蛋白和蛋壳

第六节 肉鸽的胚胎发育与孵化技术

一 肉鸽的胚胎发育

鸽的卵细胞形成后，在输卵管喇叭口处与精子结合。受精后的鸽卵，受到鸽体内温度孵育开始发育。排卵后的数小时在输卵管内进行第一次卵裂。在受精卵排出鸽体外前，已分化成具有内、外胚层的原肠胚期。蛋产出后，由于温度降低胚胎发育暂时中止。受精的鸽蛋一旦获得孵化条件（进入温度适宜的孵化器或亲鸽孵化），基本停止发育的胚胎就会恢复发育，经过 17 ~ 19 天左右的时间，胚胎发育成乳鸽出壳，这段时间叫孵化期。其中小型鸽的孵化期略短于大型鸽。肉鸽胚胎发育及照蛋特征见表 5-9，肉鸽胚胎发育过程见图 5-11。

表 5-9　肉鸽胚胎发育与照蛋特征

胚　龄	发育特征	胚　龄	发育特征
0 ~ 24h	胚盘重新发育，器官原基出现。约 22h 神经沟、体节、前消化道、体腔等分别形成，在胚盘边缘出现红点称"血岛"，俗称"血珠"	第 5 天	尿囊已逐步代替卵黄囊的呼吸作用，尿囊已达蛋壳内表面。卵黄囊血管粪便占卵黄表面的 1/2。头部和增大躯干部在照蛋时明显，犹如双珠起浮
25 ~ 48h	卵黄囊血管区心脏开始跳动。羊膜生成头褶、侧褶，覆盖头部并包围胚体。卵黄囊血管区形状像樱桃，俗称"樱桃珠"	第 6 天	胚胎已显鸽类特征，尿囊血管面积扩大，卵黄囊血管呈放射形分枝状
49 ~ 72h	头部与卵黄分离，内脏器官开始形成。卵黄囊血管与胚形成，状如蚊子	第 7 天	尺骨、肋骨、桡骨等开始钙化，肝、肺、胃明显，颈、背、四肢出现毛乳头。羊水由无色透明逐渐变为紫色，胎儿悬浮在羊水中，如漂浮状
73 ~ 96h	胚体按头曲、颈曲、脊曲、尾曲形成"C"形体。卵黄囊血管密布形似蜘蛛状（入孵 84h 时，雌鸽一侧卵巢退化，其卵黄囊血管不对称，密度大而无规律，雄鸽血管粗，相对对称，据此可鉴别胚胎的性别）	第 8 天	喙角质化，软骨骨质化，眼睑已达虹膜。部分卵黄囊血管紧贴在内壳膜上，尿囊血管伸到内壳膜与卵黄囊外，将替代卵黄囊血管

（续）

胚　龄	发育特征	胚　龄	发育特征
第9天	尿囊血管从胚胎正面向背面发展，已达锐端。尿囊绒毛膜血管循环已达高度血管化的结合膜，由尿囊动脉与静脉与胚胎循环相结合，紧贴在多孔的壳膜下面。照蛋时，除气室外，整个蛋被血管布满，此时又称合拢	第14天	皮肤中衍生出的绒毛布满全身。蛋白呈茶褐色。在蛋锐端，上部已经液化，下部浓稠，绝大部分蛋白已由浆羊膜道吸入羊膜腔，锐端已很少有光亮处。胎儿已成形，长足，喙转向气室，双足紧贴头部
第10天	尿囊液达到最大量，身躯形成绒毛，喙开始吞食蛋白，羊膜发出颤动使羊膜水振动加剧，保证胎儿各部分均匀发育	第15天	躯干增大，头部相对较小，头弯曲埋在右翼下。气室越来越大，有倾斜。在锐端不见发亮部分，胚胎发育全部完成
第11天	胚胎将羊膜道完善。脚、趾出现角质鳞片原基	第16天	胎儿长足完成，喙已顶破内壳膜伸入气室，开始肺呼吸。发育后期可见喙、翅膀闪动，隐约可闻鸣叫声，俗称“音叫”或“闪毛”
第12天	胚胎中胎儿变位，头部转向气室，脚趾紧靠头部，胎体纵轴和蛋纵轴平行，胚胎剖面可见发亮部分逐渐减少	第17天	鸽胚上尿囊全部枯萎，胎儿头部进入气室后数小时开始啄壳，先啄气室顶壁，在外壳膜处啄一小的裂孔，然后沿蛋的最大横径处逆时针方向移伸，在啄壳2/3周长时，雏鸽用头顶，双足用力蹬挣，破壳而出
第13天	胎儿体内、外器官和组织完全形成，翅、足部趾与趾的鳞片形成，胚胎也日趋长足	第18天	乳鸽全部出壳完毕。在体内储存的极少卵黄供胎儿出壳初期利用

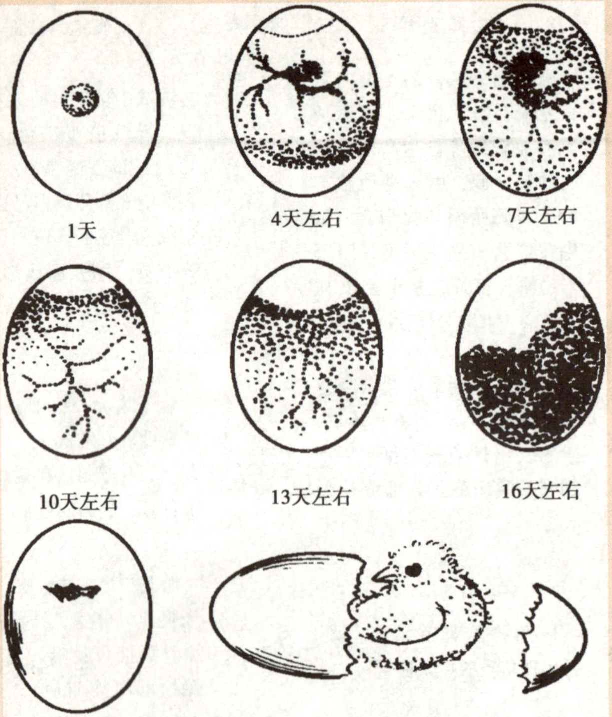

图 5-11 鸽的胚胎发育过程

二 鸽蛋的自然孵化

孵化是肉鸽繁殖的本能。肉鸽每产下两枚蛋后便开始孵化，雌雄鸽轮流进行孵蛋。在通常情况下，白天多由雄鸽孵蛋，夜间多由雌鸽孵蛋，当然这种时间上的分工也不是一成不变的。当一方偶尔离巢时，另一方就会主动接替。有时雄鸽偷懒离巢，雌鸽则会追其回巢继续孵化（彩图 18）。

1. 自然孵化期间的管理

在亲鸽自然孵化过程中，应注意进行以下管理工作。

（1）提高营养 孵化期间应提高亲鸽日粮营养水平，使亲鸽有强健的体质，为哺育乳鸽打好基础。

（2）准备好巢窝和垫料 巢窝垫料最好要双层旧麻布，麻布下垫谷壳、木屑或干细沙，以干细沙较为理想，在巢盆中厚度以2～3cm为宜。

（3）加强环境管理 保持环境安静，避免外界干扰和应激因素的产生，必要时给予鸽笼适当遮光，促使亲鸽专心孵卵。鸽的孵化温度很重要，应保持适宜温度。冬天要使房内温度在5℃以上，温度过低，要在房内加温，否则在孵化早期容易冻死。孵化后期容易引起死胎。

（4）加强检查 饲养员每天要检查孵蛋情况，一旦发现破损要及时捡出。防止蛋壳沾污粪便，因为病菌可能侵入蛋内导致胚胎死亡，如果已沾上粪便可用纱布擦拭干净。在孵化第17～18天，要注意观察乳鸽的出壳情况。若出壳确有困难，需要人工帮助出壳。一般孵化已到18天，壳的表面仅啄破一小孔，就需要人工辅助脱壳。炎热的夏季，要适当减少垫料，打开门窗，开动排风扇，使室温保持在32℃以下，否则孵化期超过18天而还未啄壳，则可能胚胎已死亡。

2. 照蛋

肉鸽自然孵化或人工孵化都必须进行生物学检查，分析胚胎发育情况。照蛋是全面了解胚胎发育和温度是否适宜的最好方法，一旦发生孵化不良现象，可立即查明其原因，便于及时改进鸽群饲养管理和孵化条件等。鸽蛋孵化没有专门安排凉蛋时间，其实照蛋过程也是凉蛋过程，对胚胎发育有益。但冬天照蛋速度要快，以免蛋体受凉，影响胚胎发育，造成出雏率低、弱雏多。一般照蛋3次。鸽蛋孵化至第4天或第5天进行第1次照蛋（头照），如果发现蛋内红褐色的血管分布均匀，呈蜘蛛网状，形状稳定，即受精蛋。如果蛋中血管不呈蜘蛛网状，而是分散并随蛋黄转动，蛋黄混浊，即死精蛋。若蛋内依然清楚无变化，说明没有受精，可以取出（图5-12、彩图19）。鸽蛋孵化至第10天进行第2次照蛋，如果蛋的一侧乌黑，另一侧由于气室增大而形成较亮的空白，呈半明半暗状态，即为发育正常的蛋。如果蛋内的物质呈水状，即为死胚。到第 12 天即成全黑色，此胎儿已形成。第 3 次照蛋是在第 15 ~ 16 天，主要捡出孵化后期死胚蛋、臭蛋，避免污染其他蛋。

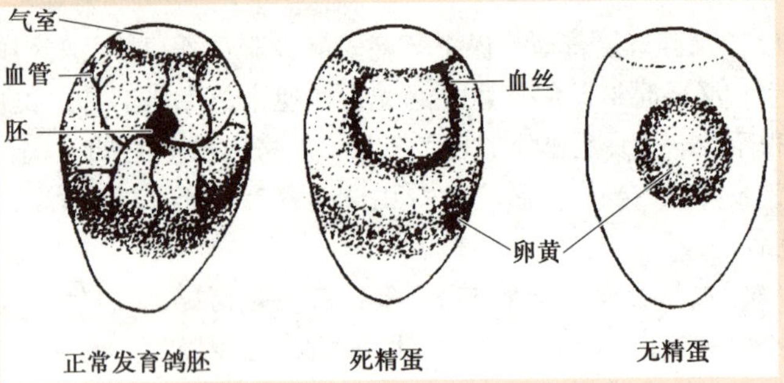

图 5-12　鸽胚头照（第 5 天）

3. 及时并蛋

并蛋是提高肉鸽繁殖力的有效措施之一。通过照蛋把无精蛋、死精蛋和死胚蛋取出后，按每窝 2 枚蛋合并成一窝，将剩下的蛋并到孵化期相同或相差 1 天的其他窝内去。并蛋在产蛋 10 天后为好。如果在 10 天前并蛋，那些空窝的产鸽只需 8 天左右就可产蛋，提早产蛋会影响鸽的体力恢复，产下一窝可能体力不强，或出现无精蛋、死精蛋和死胚蛋等现象（彩图 20 ~ 彩图 22）。

4. 保姆鸽的利用

肉鸽工厂生产，利用好保姆鸽，对提高产鸽的繁殖率具有重要意义。有许多情况需要保姆鸽来完成孵化与哺乳的任务。

（1）利用保姆鸽的意义　保姆鸽可代替不善于孵化哺育的亲鸽，充分发挥优良种鸽的繁殖性能。为了使优良品种获得更多的后代，可以让优良种鸽专门多产蛋，多产出的蛋，找保姆鸽代孵。减少亲鸽负担，提高生产率。

（2）利用保姆鸽的几种情况　有的新配对的鸽抱性不良，常发生把蛋踩破的现象，为此应及时把蛋取出，找合适的保姆鸽代孵。孵化期间亲鸽之一发病、死亡时，或照蛋中发现死精、死胚蛋，会出现单蛋巢时，可将相同或相近日龄的胚蛋两两合并，让保姆鸽接替孵育工作。有的鸽血统优良，产蛋能力高，但不善于孵化和育雏，这就需要保姆鸽代替孵化育雏，提高其繁殖率。有时在每巢两枚蛋孵化过程完全正常的情况下，为了充分发挥亲鸽的育雏潜力，腾出担负育雏任务的亲鸽，使之提前繁殖，也可对初孵仔鸽实行并窝至3只，让保姆鸽哺育。

（3）保姆鸽的选择 保姆鸽应选择1~5岁，健康，无疾病，精神状态好，有较强的孵化育雏能力，正在下蛋、孵化或正在育雏的生产鸽，被代孵的蛋或被哺育的仔鸽的日龄与该保姆鸽的蛋或乳鸽的日龄相同或相近，只能相差1~2天。

【提示】 保姆鸽要选择正在孵蛋或育雏的产鸽，初产蛋应让双亲自己孵化，待第2次产蛋后再找保姆鸽代孵。

（4）保姆鸽的使用方法 找到合适的保姆鸽后，就要把被孵化的蛋或乳鸽放入该保姆鸽的蛋巢中，具体方法是：将蛋或乳鸽拿在手里，手背向上并稍向产鸽，趁鸽不注意时轻轻将蛋或乳鸽放进巢中。放入时动作要快，要注意防止产鸽啄破蛋或啄死仔鸽。这样保姆鸽就会把放入的蛋或乳鸽当做自己的，而继续孵化和育雏。若保姆鸽不足，可每窝孵化3枚或4枚蛋，出壳以后再找第2对保姆鸽哺育乳鸽，一对保姆鸽最多可哺育仔鸽3只。

三 人工孵化

采用人工孵化方法，可避免孵化时压破种蛋，防止鸽粪污染，减少胚胎中途死亡等不利因素，提高肉鸽孵化率和出雏率，缩短种鸽产蛋周期，加快繁殖速度，提高繁殖率。一般人工孵化比自然孵化可降低破蛋率10.5%，降低死胚率15.8%，提高出雏率21.6%，雌鸽产蛋周期由63天缩短为50天。以此估计，产鸽产蛋率可提高近4倍，应在肉鸽生产中及早推广应用人工孵化技术。

1. 种蛋的管理

影响种蛋孵化率的因素有三方面：一是种蛋的质量，二是种蛋的管理，三是孵化条件。种蛋管理的好坏，直接影响种蛋的孵化效果。因此，种蛋管理是提高孵化率的基本前提之一。

（1）收集种蛋 种蛋收集时，首先应确保种蛋来自饲养管理正常、健康而高产的种肉鸽，受精率要高。受精率低，患传染病和有慢性病的种鸽所产的蛋，均不宜作为种蛋。种蛋应及时拣拾。在拣蛋过程中和拣蛋完毕后，将明显不符合孵化用的蛋（如破蛋、脏蛋、各种畸形蛋）挑出。收集完毕后种蛋立即消毒或送至孵化场消毒。

（2）挑选种蛋 种蛋的品质是保证孵化率和乳鸽质量的物质基础。没有高品质的种蛋，孵化率和雏肉鸽质量也就无从谈起。因此，孵化之前，需仔细进行种蛋挑选。

种蛋应选择大小均匀、椭圆形、乳白色、表面光洁、呈现新鲜色泽，无污斑的清洁蛋，蛋形指数为1∶1.3～1∶1.35，蛋重在20～22g。若有少数轻度污染的蛋要入孵，应认真进行处理，包括擦拭、洗涤、消毒等方法。细长、短圆、橄榄形（两头尖）、腰凸等形状的种蛋均视为不合格。蛋壳过厚、钢皮蛋、砂壳蛋、薄壳蛋及钙沉积不匀的蛋均应剔除。蛋壳过厚，孵化时蛋内水分蒸发过慢，出雏也困难。蛋壳过薄，蛋内水分蒸发过快，也不利于胚胎发育。在生产上一般通过照蛋透视挑出裂纹蛋和气室破裂、偏气室、气室过大的陈蛋及大血斑蛋。方法是用照蛋器，在灯光下观察。蛋黄上浮，多系运输过程中种蛋受震动引起系带断裂或松弛，或者因种蛋保存条件不良或过长所致。蛋黄沉散，多因运输中种蛋受剧烈震动或细菌侵入，引起蛋黄膜破裂。裂纹蛋可见树枝状亮纹。血斑蛋、肉斑蛋可见白点或黑点，转动蛋时随之移动。蛋壳过厚时可见蛋壳透明度低、蛋色暗。必要时作可剖视抽检。可剖视抽检时将蛋打开倒在衬有黑纸（或黑绒）的玻璃板上，观察新鲜程度及有无血斑、肉斑。新鲜、品质较好的蛋，蛋白浓厚，蛋黄高突。陈蛋蛋白稀薄扁平，甚至散黄。

（3）种蛋的保存 种蛋的保存条件、时间等对种蛋品质有很大影响，而种蛋品质与孵化的成败密切相关。如果保存不当，不但会导致孵化率下降，还会影响到乳鸽的品质。种蛋首先应保存在适宜的房舍或蛋库里，房舍或蛋库的要求是：隔热性能好，清洁卫生，防尘沙，通风良好，不得有穿堂风，并能杜绝蚊蝇和老鼠。种蛋保存室要求保存温度为18～21℃，相对湿度75%左右。种蛋保存的最佳时间为2～5天，最好不超过7天。当种蛋需较长时间（超过7天）保存时，需每天将蛋翻动1～2次，尤其超过14天，更需要注意翻蛋，以防粘壳。

【提示】种蛋存放时间过长，出壳率明显降低，存放11天后，不到50%的出壳率，15天后则更低。

（4）种蛋的消毒 蛋从母体产出时会被泄殖腔排泄物污染，接触到垫草，会进一步污染，过脏的蛋很容易辨认，能及时地淘汰出去；轻度污染的蛋难以察觉，很容易被忽视。种蛋可采用药物熏蒸、浸泡等方法消毒，生产中常用熏蒸法。

熏蒸法是每立方米用40%福尔马林12.5mL与高锰酸钾6.25g混合熏蒸。熏蒸时为保证良好的消毒效果，必须要有一定的温度和湿度，一般要求温度为20～26℃，相对湿度为60%～75%。采用此法时应注意以下问题：一是福尔马林与高锰酸钾的化学反应剧烈，刺激性较大，腐蚀性较强，要注意消毒时的安全防护，防止伤及皮肤和眼睛，并应尽快离开消毒现场。二是加药顺序与消毒用具容积。先加少量温水，再加高锰酸钾，最后加福尔马林。因福尔马林与高锰酸钾反应剧烈，药液易溢出，所以药液量要低于陶瓷盆深度的1/3。三是种蛋从较低环境温度移向较高温度的孵化厅消毒室后，应防止蛋壳上凝结水珠（俗称“出汗”），或者让水珠蒸发后再消毒，否则会对种蛋造成污染。四是福尔马林溶液挥发性很强，要随取随用。如果发现福尔马林与高锰酸钾混合后，只冒泡并产生少量烟雾，说明福尔马林失效。五是种蛋在孵化器里消毒时，应避开21～96h胚龄种蛋。

浸泡法常用含5%的新洁尔灭原液加50倍水，配成0.1%（1:1 000）的水溶液，可立即杀死蛋壳表面的细菌。蛋浸入冷药液中，壳膜遇冷会收缩，消毒液会从气孔渗透而入，能杀死蛋内部分细菌。

2. 孵化条件及要求

（1）温度 温度是肉鸽胚胎发育所需的首要条件，只有适宜的孵化温度才能保证肉鸽蛋中各种酶的活性，从而保证正常的胚胎代谢和生长发育。鸽蛋个体较小，受外界温度影响比较大，如温度过高，会造成死胚增多；如温度低，破壳会推迟，死胚多，乳鸽卵黄吸收不良，易造成弱雏而死亡。生产中，孵化温度受多种因素的影响，随季节、气候、孵化方法和入孵日粮不同而略有差异，应在适温范围内灵活掌握。

【提示】肉鸽胚胎发育的适宜温度为37.8～38.8℃，温度过高或过低都会影响胚胎的发育，甚至造成死亡。如鸽蛋温度达42℃时，3～4h可使胚胎死亡；低温致死界限较宽，温度低至30℃时，经过30h，鸽胚即会死亡。

机器孵化温度控制通常采用恒温孵化制度和变温孵化制度两种方案。当种蛋来源少或室温过高，分批孵化时，可采用恒温孵化方案，以满足不同胚龄的需要。恒温孵化时，孵化机内新老种蛋交替放置，机内夏季和秋季孵化温度一般为37.9～38.3℃；冬季和春季孵化温度为38.1～38.6℃。在孵化过程中，应随时检查机内温度是否均匀。孵化机内上下、前后、左右的温差一般不超过0.1～0.2℃。如果温差较大，可以结合上下、前后、左右调盘，使各批蛋受热均匀。

变温孵化适用于种蛋来源充足或室温偏低的情况下采用，种蛋整批入孵，孵化器可按照胚胎发育情况适当调整温度。因为肉鸽蛋较大，脂肪含量较高，胚孵化后期产热较多，采用前高后低的变温孵化法效果很好。孵化温度是1～5天为38.2℃，6～10天为38.1℃，11～15天以后为38℃，出雏期为37.8℃。具体孵化温度应根据季节、室温、胚胎发育情况来定。

（2）湿度 湿度与蛋内水分蒸发和胚胎的物质代谢有关，适宜的湿度可以保证胚胎的正常发育。水汽具有良好的导热作用，一定的湿度可以降低孵化器的温差，使孵化中的胚胎受热良好。适宜的湿度可使孵化后期的胚胎散热加强，缓解后期高温的不良影响。湿度也与胚胎的破壳有关，出雏时在足够的湿度和空气中二氧化碳的作用下，蛋壳的碳酸钙可变为碳酸氢钙，使蛋壳变脆，有利于乳鸽破壳。湿度过高时影响蛋内水分正常蒸发，使乳鸽卵黄吸收不好，腹大，脐部愈合不良。高温低湿时，蛋内水分蒸发过多，容易引起胚胎和壳膜粘连，引起雏鸽脱水，出壳后的乳鸽毛色焦黄、卷曲。所以，湿度过于高或低，都会影响胚胎发育中的正常代谢，对出雏率、雏的健康均有不利影响。因此，适宜的湿度也是孵化的重要条件之一。孵化期间孵化器内湿度总的原则是“两头高，中间低”。恒温孵化，孵化机内湿度变化不大，随季节不同控制在50%～55%。变温孵化，先将湿度控制在50%，至7天后变为55%，在落盘前又变成50%，落盘后升到65%。

【提示】湿度偏高，蛋内水分不易蒸发，影响胚胎发育，湿度若超过70%而通风不良时，胚胎因气体交换差会引起酸中毒，导致胚胎窒息死亡，这点值得注意。湿度偏低，蛋内水分蒸发快，容易造成绒毛与蛋壳膜粘连。

（3）通风 胚胎在发育过程中，不断吸收氧气和排出二氧化碳，尤其是在胚胎由尿囊呼吸转为肺呼吸，其需氧量要比前期增加上百倍。此阶段保证足量的新鲜空气供给是极为重要的，它关系到孵化的成败。一般要求孵化器内空气中氧气的含量不得低于20%，而二氧化碳的含量不得超过0.5%。若二氧化碳的含量达1%时，胚胎发育迟缓，死亡率增加，出现胎位不正和畸形等现象。一般夏季和秋季，外界温度和机内温度相差很小，孵化机风门可以全开或打开一半；冬季和春季，外界气温低，应减少内外冷热空气的交流，风门打开一半或全部封闭，保证孵化机内温度恒定。孵化机除一个自动风门外，在后面还开有两排对流孔，上下贯通，使孵化机内外形成小的对流，有利换气和调节机内温度平衡，即使停电，冬天30min、夏天1h内不打开孵化机门散热，孵化机内也能保证温度相对均衡，不会造成因停电而使整批蛋毁掉的情况。孵化室（厅）内的通风换气，也是一个不可忽视的问题，应备有排风设备。

（4）翻蛋 翻蛋也称转蛋，其目的是防止胚胎与蛋壳粘连，促进胚胎运动，保持正常胚位。翻蛋还能调节蛋面温度和湿度，使整个蛋面受热均匀，发育整齐，便于集中出雏。翻蛋时动作要轻、稳、慢。在孵化前期和中期，翻蛋对孵化效果影响较大；到孵化后期，特别是出壳前几天可不再翻蛋，而且在出雏期间必须停止翻蛋。

【提示】一般在孵化期间要每隔1~2h翻蛋1次，翻蛋角度为90°。

3. 孵化操作

随着科学技术的日益进步，我国孵化机具的研制和生产已达到很高的水平。机械孵化已广泛被采用，它具有保温性能好、自动调节温湿度、自动翻蛋、操作简单、孵化量大、孵化效果好等优点。孵化器种类较多，其构造、工作原理、操作规程等可因机型的不同各有差异，但其生产过程大体上是相同的，现简介如下。

（1）孵化前的准备

1）制订计划，建立制度。应根据设备条件、种蛋数量及乳鸽销售、留种等具体情况，制订出孵化计划，使孵化工作有条不紊。同时，制订孵化员岗位责任制、孵化操作技术规程及奖罚制度。

2）孵化室及所需用品的准备。孵化室的温度要求保持22~25℃，相对湿度应为60%~65%。有良好的通风条件。孵化室的地面应平坦、坚固，地面、墙壁的建设要经得起高压冲洗消毒。孵化前一周，一切用品应准备齐全，包括照蛋器、温度计、消毒药品、记录表格、易损电器元件、电动机等。

3）孵化器的检查。孵化器的检查主要包括：检查箱体外观是否平整，孵化器门及把手开关是否灵活、关闭严密，尤其注意门四周的密封垫是否老化或完整。加热搅拌系统主要检查皮带轮转动有无异声，转动是否灵活，上、下、左、右晃动是否在正常范围，风扇叶有无扭曲变形，叶片螺丝有无松动，加热管有无损坏等。加湿系统主要检查加湿滚筒、水盘是否清洁，水盘与水管衔接有无漏水现象，以免影响加湿效果。通风系统主要清除通风系统内及附近的杂物，检查通风系统工作是否正常。翻蛋系统主要检查减速箱和涡轮和涡杆的传动配合是否紧密、平稳、自如。冷却系统以清理积尘、膏油和检查冷却效果为主。检查蛋盘的托架与蛋车轮是否转动灵活。蛋车能否被锁定在固定位置及翻蛋游离端钢板有无变形等。用柴油清洁车轮轴承及传动机构并注润滑油。一般要在孵化前一周左右对孵化机、出雏机进行开机运转，对孵化器整体性能进行全面系统的检查。通过反复测试和观察，孵化器工作性能一切正常后再对孵化器报警系统进行一次检查。在一切均无异常情况下，再试机1天。孵化器的消毒应在试机前进行。对孵化器内温度进行测试后，应对孵化所用的温度计、蛋温计、水银导电表等，统一用标准温度计校正。

（2）孵化操作技术

1）入孵前种蛋预热。入孵前预热种蛋，能减轻胚胎从静止到开始发育的热冲击压力，并防止种蛋表面凝结水珠，有利于胚胎进入孵化后发育。另外，预热也可减小孵化器里温度的下降幅度。简易预热法是：入孵前12h左右，将装好盘的种蛋移至孵化室中，进行预温。种蛋装盘时，大头向上，不能倒放。

2）上蛋（码盘）。将入孵种蛋置于孵化盘内称上蛋。同一孵化机内，采用分批入孵时，应使“新蛋”和“老蛋”孵化盘交错插放，这样便于相互调节温度，使孵化机里温度较均衡，也能使孵化架重量平衡。如果是整批入孵，则在上蛋后，一般在孵化器内再进行一次入孵前的种蛋熏蒸消毒。而分批入孵的蛋在入孵前需要浸泡或喷洒消毒1次。上蛋后在蛋盘上应注明上蛋时间、品种、数量、入孵时间、批次和入孵机号等。

3）温度调节。一般情况下，对入孵的头一批蛋，应在标准温度基础上，将孵化机温度上调0.1～0.3℃。上调幅度以上蛋量、孵化器机型及孵化室内温度为依据确定。通常情况下，入孵蛋量较大，孵化机给温能力较差，上调温度幅度应稍大一些。维持时间一般在孵化机门表第1次达到设定温度后的10h左右，再将温度恢复至适宜温度，或者根据看胎施温技术灵活掌握。当孵化温度校正准确后，就不要轻易调节，主要是观察温度的变化情况，控制系统的灵敏程度。只有在正常运转的情况下，机温偏低或偏高0.2℃时，才予以调整。每隔半小时通过窗里面的温度计观察1次温度，每隔2h记录1次温度。

4）湿度调节。孵化器面板所示相对湿度，在孵化机电路无异常，感湿探头按要求清洁、保养，反应灵敏时，可以认为是孵化器实际相对湿度。对孵化器观察窗内所挂干湿球温度计，要注意包裹感温球棉纱的清洁，并加蒸馏水，以保证反映湿度的准确性。没有自动加湿装置的孵化器，主要靠增减水盘面积和调节孵化室内的湿度来调节孵化器的湿度。沿海及潮湿地区，一般应防止湿度过大，北方大部分地区应防止湿度过低。

5）翻蛋。一般而言自动翻蛋的孵化机设定为2h翻蛋1次，手动孵化机1～2h翻动1次。手动翻蛋要求稳、轻、慢、角度到位。

6）通风换气。孵化室空气要新鲜，应经常打开门窗通风换气，以保证室内空气新鲜。随着胚龄的增加，要逐渐开大孵化器的通风孔。夏天气温高，湿度大，机内热量不易散发，更应注意增加通风换气量。

7）照蛋。照蛋时应尽量提高室温，缩短照蛋时间（照蛋方法见自然孵化照蛋部分）。照蛋后及时将无精蛋、死精蛋及破蛋等填入孵化统计表。如有特殊情况，应在孵化统计表备注一栏填写清楚，以备孵化总结时用。

8）移盘。在孵化第15天后，将胚蛋移到出雏盘中称为移盘或落盘。移盘的时间可根据胚胎的发育灵活掌握。移盘时的室温最好保持在25℃以上，在室温不理想情况下，应尽量缩短移盘时间。另外在出雏期间提供一个光线较暗、安静的环境，使乳鸽能不受干扰地破壳可提高出雏率。

9）捡雏与助产出雏。出雏期间应用纸遮住观察窗，保证乳鸽能不受干扰地破壳，以提高出雏率。出雏末期，对已啄壳但无力自行破壳的可进行人工助产。助产应视蛋壳膜颜色而定，蛋壳膜已枯黄干缩的胚胎可轻轻剥离粘连处，把头、颈、翅膀拉出壳外，令其自己挣扎出来。蛋壳膜湿润发白的，不能进行人工助产，否则易使尿囊绒毛血管破裂流血而导致死亡。

10）清理与消毒。出雏完毕，应对出雏机和出雏室进行彻底清扫和消毒，捡出死胎蛋和残死雏，分别汇总入孵化统计表。然后对出雏室和出雏机进行彻底清扫、冲洗、消毒以备再用。

11）孵化记录（表5-10）。每次孵化都应将入孵日期、蛋数、历次照蛋情况、孵化器内温度变化情况记录下来，作为统计孵化成绩和总结孵化工作的依据。

表 5-10 孵化成绩记录表

批次	入孵日期	入孵蛋数	一照		二照		死胎	出雏	受精率	入孵蛋孵化率	受精蛋孵化率
			中死	无精	中死	无精					

4. 孵化效果的检查与分析

(1) 影响孵化率的因素 孵化率的高低，除受孵化条件直接影响外，还受以下因素的影响：

1）遗传因素。种鸽的遗传结构与孵化率有关。在相同的饲养条件下，肉鸽的品种和品系不同，孵化率的高低也不相同。近亲繁殖时，孵化率下降；杂交时孵化率提高。

2）种鸽的年龄。成鸽产的蛋孵化率高。随着年龄的增长，种蛋的孵化率缓慢下降。

3）雌鸽的产蛋量。产蛋量与孵化率呈正相关。肉鸽群产蛋量高时，种蛋孵化率也高。影响产蛋量的因素也影响孵化率。

4）种鸽的健康状况。种鸽感染白痢、支原体、大肠杆菌等疾病时，会使孵化率降低。有些疾病如白痢、支原体病等可经种蛋传染给乳鸽，应引起注意。

5）种鸽的饲养管理。种鸽的日粮组成、鸽舍的结构、舍内的卫生状况及管理方式等均影响孵化率。例如，日粮中缺乏维生素 A、D、E、B_2、B_{12}、B_7、B_5 和亚油酸，以及钙、磷、锌、锰等矿物质不足时，都会使孵化率降低。鸽舍阴暗潮湿、通风不良、饲喂方式突变、垫料污脏等都会污染种蛋，从而影响孵化率。

6）气温。夏季气温高，胚胎活力低，种蛋保存条件差，蛋白稀薄，孵化率低。冬季气温低，胚胎的活力也低，如种蛋受凉，孵化率也大为降低。

7）海拔。海拔越高，气压越低，空气中含氧量也越少，因而孵化时间长，孵化率低。

8）蛋的形态结构。种蛋的蛋形、蛋重、蛋壳质量等均与孵化率有关。畸形蛋用于孵化则死胚多，孵化率低。蛋壳薄，不仅易碎，而且蛋内水分蒸发过快，影响正常的物质代谢，孵化率低。蛋壳过厚，乳鸽破壳困难，弱雏多，影响健雏率。

9）孵化时蛋的位置。种蛋在保存期间，蛋的大头向上，这样才能使气室保持正常的位置，减少胎位不正的现象。否则，小头向上，会造成气室松弛甚至移位，胚胎头部有时位于蛋的小头，孵化率低。

10）孵化卫生。孵化器、出雏器及蛋盘等应定期消毒，及时清理污物，否则会影响孵化率和健雏率。

11）畸形胚胎。扭颈、弯趾、缺翅膀、喙短、交叉喙、独眼等畸形胚胎，均影响孵化率。

（2）孵化效果的检查 孵化效果的好坏，需用孵化成绩来断定。孵化成绩常用入孵蛋孵化率、受精蛋孵化率、健雏率等硬指标来衡量。孵化过程中结合照蛋、出雏等经常检查胚胎发育情况，随时发现孵化不良现象并查明原因，及时改进种鸽的饲养管理和孵化条件，可经常保持良好的孵化成绩。常用的检查方法如下。

1）照蛋。照蛋的主要目的是观察胚胎发育情况，并以此作为调整孵化条件的依据。照蛋时，发育异常的以下几种胚蛋与正常胚有明显区别。

① 弱胚蛋。头照时，发育迟缓，胚体小，黑眼点不明显或看不到胚体，血管纤细，色浅红。三照时，胚胎发育落后，气室比发育正常的胚蛋小且边缘不整齐，可见到红色的血管，小头发亮。

② 无精蛋。头照时，蛋色浅黄，发亮，看不到血管，蛋黄影子隐约可见。头照多不散黄，而后黄散。

③ 死精蛋、死胚蛋。头照只见黑色的血线或血点，血弧、血环紧贴壳上，有时可见死胚的小黑点静止不动，转动蛋时跟着转动，但转动停止后又静止。蛋黄沉散，蛋色浅。照蛋时，很小的胚胎与蛋黄呈分离状态，气室边缘不清晰。三照时，气室小而不倾斜，其边缘整齐且呈粉红、浅灰色或黑色。胚胎不动，见不到“闪毛”。

④ 破蛋。透视见有裂纹。

⑤ 腐败蛋。整个蛋色为褐紫色，有异臭味。

2）蛋在孵化期间的失重。孵化期内，由于蛋的水分蒸发，蛋重逐渐减轻，气室也逐渐增大。测定蛋重的方法是入孵前选出一盘蛋，作为测失重用，并称测蛋重。在每次测失重前先检出无精蛋和死胚蛋，然后称重，并计算出减重的百分率与标准减重率比较，间接了解胚胎发育和孵化的温度、湿度。如果在孵化期内蛋的减重超过正常减重标准过多，气室很大，则可能是由于湿度过小，温度过高或通风过快；如果减重低于标准过多，气室过小，则可能是湿度过大，温度偏低或通风太差。

3）啄壳和出雏的观察。乳鸽啄壳和出雏情况和时间也能反映蛋的品质和孵化制度是否正常。例如，种鸽营养不全，种蛋缺乏维生素和孵化温度低时，则出雏推迟。因此，要注意观察啄壳和出雏持续时间，并与正常的啄壳、出雏时间作比较。

4）初生雏的观察。主要观察绒毛、脐部愈合状况、精神状态和体形等。

5）死雏、无胚检查。外表观察及病理解剖时，死雏或死胎一般表现出病理变化。例如，维生素 B_2 缺乏时，出现脑膜水肿；维生素 D_3 缺乏时，出现皮肤水肿；孵化温度短期过热或孵化后半期长时间过热时，则出现充血、溢血等现象。因此，应定期抽查死雏和死胎。检查时，先观察其外表，尤其是蛋黄吸收情况和脐部愈合状况。死胎要观察啄壳情况，是啄壳前还是啄壳后死亡，啄壳部位及其洞口有无黏液等。然后打开胚蛋，判断死亡的胚龄。观察皮肤、绒毛、内脏及体腔、卵黄囊、尿囊等有何病理变化，如充血、出血、水肿、畸形、雏体大小、绒毛生长情况等，初步判断死亡时间及其原因。对于啄壳前后死亡或不能出雏的活胎，还应观察胎位是否正常。如有条件，最好定期抽验死雏、死胎，作微生物学检查，以便确定疾病的性质及特点。

（3）孵化效果的分析 肉鸽胚胎死亡的原因很多，有先天性、营养性、中毒性、病理性。人工孵化中常见的问题及原因分析如下：

1）无精蛋过多。肉鸽营养不良，亲鸽年老不育，由于疾病未交配等。

2）胚胎早期死亡。种鸽的营养水平及健康状况不良，种蛋储存时间过久或保存条件不良，熏蒸消毒程序不合理，种蛋运输时受到剧烈振荡，孵化温度过高或过低，孵化期间未能及时翻蛋，遗传性等。

3）第一次验蛋与移盘时死亡。种鸽营养缺乏，种蛋内侵入病菌，孵化条件不适宜等。

4）在出雏室内死亡。种蛋移盘过迟，出雏器内湿度过低。

5）蛋黄吸收不全。孵化器内湿度过高，翻蛋不当，机内通风不畅缺乏氧气，种蛋感染沙门氏菌等。

6）出雏过早。孵化器温度过高，蛋重太小，温度计不准确等。

7）羽毛干涩、瘦小。蛋龄过于分散，通风不良，感染脐带病菌等。

8）出雏推迟。孵化温度偏低，种蛋储存时间过长等。

5. 提高孵化率的途径

1）饲养高产健康种鸽，保证种蛋质量。

2）加强种蛋管理，确保入孵前种蛋品质优良。

3）创造良好、适宜的孵化条件，掌握好孵化温度、湿度，保证孵化场和孵化器的通风换气，严格消毒。

4）详细记录孵化情况，及时找出原因，采取适当的措施。

5）孵化器的操作人员要认真负责，按操作规程进行孵化。

第七节　优质鸽群的培育

一　选择合适的饲养方式

目前，我国肉鸽养殖的形式大致分为笼养、群养和放养 3 种，不同的饲养形式有各自的优缺点，生产中应根据自己的饲养规模及实际情况而定。

1. 笼养

肉鸽笼养就是将配好对的成年鸽放在特定笼子中饲养（彩图 23）。采用单笼饲养肉鸽，每对生产鸽都能采食到按配方配制的饲料、保健砂及洁净饮水，每人可管理 300～800 对生产鸽。具有乳鸽增重快、繁殖率高（繁殖率比群养高 20% 左右）、便于管理、方便观察记录、可以及时并蛋并雏，以及有利于鸽病防治、免疫接种等优点。

目前使用的笼子分为内外双笼和柜式单笼两种，内外双笼是将两个笼子相连，一个作为运动和休息场所（外笼），另一个作为孵化哺育乳鸽、采食的场所（内笼）。柜式单笼是以单笼为单位，每个笼子饲养1对生产鸽（彩图24、彩图25）。双笼饲养肉鸽有利于生产鸽休息及繁殖，但它占用面积大，造价高，不利于集约化饲养，大有被单笼替代之势。

2. 群养

群养分棚舍放养、棚舍网养和网上散养3种形式。棚舍放养就是用半开放式棚舍放养一群肉鸽，肉鸽可自由飞翔、觅食。棚舍网养就是给半开放式棚舍一侧用网围一个运动场，鸽子可以在运动场自由活动，但不能远飞。棚舍放养、棚舍网养时肉鸽直接和粪便接触，不利于疫病防治。网上散养就是在棚舍地面上架设一层网，肉鸽在网上活动而不与粪便接触（图5-13、彩图26）。群养肉鸽具有设施成本低，肉鸽活动空间大，便于水浴和沙浴，有利于亲鸽身体健康，亲鸽使用年限较长等优点。但是，群养时，亲鸽间相互干扰大，影响亲鸽繁殖和乳鸽商品率，棚舍利用率低，不便管理，生产效率低，每个饲养员只能饲养200~300对亲鸽。

图5-13　群养鸽舍

3. 放养

放养就是仿照信鸽饲养方式，建一固定鸽棚，棚内筑好产蛋窝，将配对亲鸽放开饲养。放养亲鸽有足够的飞翔空间，可以自由采食，有利于亲鸽健康。但是，亲鸽在放养情况下，不能专心“生儿育女”，影响亲鸽的繁殖率。另外，由于长期人工选育，肉鸽已不具有信鸽那样的放飞特性，容易迷失方向而丢失。

【提示】童鸽刚离开亲鸽，体质比较弱，生活自理能力差，放在笼子里饲养便于管理，有利其生长发育。亲鸽笼养的综合效益高，便于及时发现并淘汰生产率低的生产鸽。青年鸽需要较大活动空间，才能培育成体质健壮的亲鸽，应当网上群养。因此，童鸽和繁殖种鸽以笼养为好，青年鸽以网上散养为宜。

二 根据品种特点及种鸽品质优化配对组合

肉鸽生产实践中，经常有些人不重视亲鸽的选种选配工作，不仅不按标准选留亲鸽，见鸽就留，而且所留亲鸽随意配对，结果导致所养鸽群的生产性能和抗病力下降，严重地影响了肉鸽生产的经济效益。所以，肉鸽养殖者应根据自己的生产目的和肉鸽的品种特点进行种鸽品质优化配对组合，保持种鸽的优良特性，减少因退化造成的经济损失。

三 保持种鸽优良特性，防止良种退化

无论是引进品种还是自己培育的品种，经过几年的繁殖生产，其优良特性就会逐步退化，尤其是引进的杂交种鸽，退化的速度和程度更快更明显，所以生产中应不断进行提纯复壮。引起品种退化的主要原因有3个：一是培育过程中选育工作不严格，引进种鸽不纯，使某些个体的遗传性不稳定；二是不良环境条件下造成种鸽原有优良特性得不到充分表现，引起生产力下降；三是在个体相互配对中，出现了近亲交配，导致优良特性退化。肉鸽的提纯复壮主要是做好选种、选配和定向培育工作。首先在现有鸽群中选出优良的种鸽，组成核心群，然后逐步选留优良后代，淘汰品质低劣的后代，再加强饲养管理。经过数代选育后，优育的性状就能得到恢复和发展，也就是提纯复壮了。

1. 建立核心群

外购种鸽回场后首先根据其品种特征进行粗选，凡符合品种特征，健康无残的种鸽可作为粗选核心群。例如，王鸽品系种鸽具备

胸宽背圆，身短尾翘，胸肌发达，羽毛紧密有光泽，雄鸽体重在900g以上，雌鸽体重为700～750g特点的个体可以进入粗选核心群。粗选核心群种鸽应集中饲养，建立繁殖档案。在正常饲养管理条件下，经过一年繁殖后即可根据繁殖情况和乳鸽生长发育情况进行第二次选择。一般每窝产蛋2个，受精率和乳鸽成活率都在85%以上，年产乳鸽7～8对，每只乳鸽20～25日龄体重在600g以上者均可选作核心群种鸽。核心群种鸽的年龄一般以1～4岁为宜。种鸽应爱护乳鸽，勤喂雏，喂得饱，使幼雏发育良好。对自己乳鸽漠不关心，哺喂次数和数量都少，从而造成乳鸽瘦弱且生长缓慢的种鸽不能进入核心群。

2. 核心群后代的选育

严格选育是培育优良种鸽，提高养鸽经济效益的重要工作。对核心群种鸽后代应作系谱记录，给予良好的培育条件，按照肉用种鸽的品种特征和标准，将鸽群中的优良个体挑选出来留作种用，如此经过数代选育后，品种得以提纯，优良性状可得到巩固和提高。

（1）幼鸽的选留 选留幼鸽多在25～30日龄离巢时进行，通常选留出笼体重在550g以上，生长发育良好，健康无病，羽毛整齐，羽色符合本品种特征，胸骨平直，眼亮有神，机灵活泼，一窝两只全部符合要求，并经正常免疫的乳鸽。这些乳鸽选留后应逐只编号建立系谱档案及个体生长发育记录档案。

（2）3～4月龄的选留 选留符合本品种特征，健康，经正常免疫驱虫的个体。

（3）配对上笼前选留 肉用种鸽配对不能过早，一般要求满5月龄后才能配对。配对前进行复选，凡符合本品种特征，雄鸽体重为700～750g，雌鸽在600g以上，健康，羽毛整齐，免疫、驱虫情况正常的个体均可进入核心群留作种用。种鸽配对时要根据系谱档案选配，防止近亲配对。

（4）据繁殖能力复选 在种鸽进入繁殖期一年后根据种鸽繁殖能力、哺育能力及乳鸽生长发育速度和乳鸽商品率进行选择。

凡符合上述核心群种鸽要求的可进入核心群，不符合标准者应降为生产种鸽使用或淘汰。一般情况下亲代优良，其子代也不会差，即一代比一代好，但肉鸽选育中有时也会出现相反结果，即一代比一代差。因此，大型肉鸽场种鸽还应根据核心群种鸽所产后代的生产成绩判定核心群种鸽的种用价值，若后代繁殖成绩优于亲鸽，即可继续留作种用，若后代繁殖成绩不如亲鸽，就应淘汰或降为生产鸽使用。

3. 严防近亲繁殖

众所周知，动物近亲繁殖是导致品种退化的重要原因，肉用种鸽繁殖也不例外，近亲配对就会导致后代的生活力、繁殖力、生产力下降，失去品种优良特性。所以，应严防种鸽近亲配对。如果核心群种鸽的数量少，不能完全避免近亲配对，应从外地引入少量同品种不同品系的种鸽参与配对，以防近亲配对。

四 加强鸽群饲养管理

现代肉鸽饲养多为笼养，其所有活动都在人的控制之下，人为因素对种鸽繁殖及后代生长发育的影响很大。生活环境适宜，所供营养全面，种鸽的优良特性才可能得以发挥。所以，必须给选留的种鸽提供适宜的生活环境、营养全价日粮，精心饲养与管理，尽可能减少环境因素对种鸽生产力的影响。

五 利用杂交优势，充分发挥品种优良特性

杂交优势是生物界的普遍现象，肉鸽不同品种间或品系间杂交不仅是培育肉鸽新品种的重要方法，而且也是提高商品乳鸽产量和质量的重要措施。

1. 导入杂交

导入杂交又称引入杂交，指某个品种或类群的品质能基本满足生产要求，但还存在某种缺点或某个重要经济性状需要在短期内提高，靠本品种（类群）选育难以达到目的，需要引入外来个体改良。其目的是改良该品种的某种缺陷，保持其他特征，不改变其生产方向。

导入杂交的具体方法为：选择一个引入品种与原品种交配，从杂交一代中选出符合要求的个体与原品种回交，使后代保持12.5%～25%外来血缘。这种杂交的结果能改良原品种1～2个性状，而不是

所有的性状。

2. 级进杂交

级进杂交又称改良杂交，是当某个品种生产性能不能满足生产要求，需要被彻底改进时用的方法，它是用优良品种改造低生产力品种的一种最有效方法。级进杂交是按育种目标选择优良的雄鸽与品质较差的被改良的雌鸽交配，获得杂种一代后，再选择同一优良品种的另一雄鸽交配，如此连续几代杂交，直到杂种鸽基本上接近优良品种生产水平和出现理想的鸽群后，再进行横交固定，自群繁殖。

3. 复合杂交

复合杂交也称育成杂交。它是选择遗传基础不同的两个或多个品种，灵活运用多种杂交方式以产生理想型杂种，通过严格的选种和选配培育出变异型的新品种的方法。

4. 杂交优势固定

复合杂交培育出的新品种，往往是不稳定基因的异质结合型。横交能不断地引导和改变杂种群基因频率，增加纯合体的数量，使理想性状达到同质化，即固定。参加横交的杂种个体可以是隔代的。不过在整个横交过程中必须结合严格的选择，并注意加大选择的强度，坚决淘汰劣质的个体。因此，在横交开始时，杂种的数量要尽量多些以便留有充足的选择余地。

第六章

肉鸽的饲养管理

要养好鸽，获得较高的生产水平和理想的经济效益，在供给优质的饲料及满足其营养需要的基础上，还要采取科学的管理技术，制订并遵守饲养管理规程。饲养管理包括饲喂时间、饲喂次数、饲喂方式、喂量分配、给水时间和方式、饲料形态、环境条件等。

第一节 饲养管理的一般原则

一 坚持少量多次的喂料原则

肉鸽饲料投喂方式有两种形式，一种是每天1次投足饲料让其自由采食，保证料槽不断料；另一种是定时、定量分餐投喂。实践证明后者具有保持肉鸽良好的食欲，使肉鸽少挑食，采食均匀，摄入营养物质均衡，饲料抛撒、污染少，激发鸽的运动，增强鸽的体质，建立良好的采食条件反射等好处，而且有利于建立人、鸽之间的亲和关系等优点，生产中多采用。每次喂量在九成饱。从时间上看，以鸽在30min内吃完为度，如果鸽很快把饲料吃光，说明喂量不够；如果超过30min还剩余很多，说明喂量过多。鸽虽未吃完，但仍在食槽边上左右观望，则说明饲料品质不好，鸽不喜欢该饲料而未吃饱。肉鸽的投喂方法见表6-1。

表 6-1　肉鸽的投喂方法

类　别	次数/(次/天)	喂　量	时　间
群养青年鸽	2	50～60g/（只・天）	8：00，17：00
配对空窝鸽	3	100～150g/（对・天）	8：00，15：00，17：00
育乳鸽	3～5	150～200g/（对・天）	8：00，12：00，14：00，16：00，18：00

二 定时定量添加保健砂

保健砂对肉鸽来说，与饲料同等重要，一天也不能缺乏。一般每天9：00供给新配保健砂1次，每对鸽每次添加保健砂15～20g，青年鸽及非育雏期的亲鸽可少给些，育雏期的亲鸽可多给些。

三 全天供水不断

每只鸽每天需水量平均为30～70mL，夏季及哺乳期饮水还要多一些。尤其在炎热的夏季更不能断水，若缺水2h，很容易因体温升高而导致鸽中暑。肉鸽生产中采取整天供水，任其自由饮用。饮水要求清洁且无色无味，水槽中的水要随时保持充盈，并每天更换一次。饮水温度以自然温度为好，饮水器应经常清洗。根据鸽的健康状况，还可以供给加药饮水，并不定期地与清水轮换，以起到杀菌、防疾的作用。加药饮水的配比见表6-2。

表 6-2　肉鸽饮水中添加药物比例

药　品	用　途	药物与水的比例
高锰酸钾	杀菌、消毒	20mg/1 000mL
碳酸氢钠（小苏打）	清凉、助消化	1g/1 000mL
明矾	清洁、止泻	1g/1 000mL
硫酸铁	强壮、补血	0.5g/1 000mL

四 适当水浴

水浴是鸽的一种习性，具有刺激鸽体激素分泌，促进鸽生长发育，清洁鸽体，防止体外寄生虫侵袭等作用。肉鸽水浴次数要根据季节、气候和纬度的不同灵活掌握。炎热的夏季每天洗浴2～3次，天气温和时每天洗浴1次，寒冷的冬季每周洗浴1次或2次，并且最好在晴天的中午进行。浴池的水应为流水式，一边进入清水，一边排出污水，保持池水清洁。浴池的大小依鸽的数量而定，一般浴池的规格为100cm×100cm×18cm，可供100只鸽轮流洗浴。洗浴时应注意，浴前必须让鸽饮足清水，宜在10：00左右进行，每次洗浴30min，洗浴后应立刻将污水排掉，防止鸽饮用。在鸽洗浴的水中加入0.1%的高锰酸钾或碘酒，对防治寄生虫会更为有效。笼养鸽与粪便接触机会少，身体较干净，并且洗浴较困难，一般用喷雾来代替水浴，特殊情况下可逐对分次进行水浴。

五 经常观察鸽群

每天细心观察鸽群是一项不应忽视且又十分重要的管理工作。每天都要观察鸽的精神状态、采食饮水情况、粪便的稠稀和颜色等，做好记录。如有异常则应分析原因，采取措施，及时解决问题。

六 补充人工光照

光照会刺激性激素的分泌，促进精子和卵子的成熟和排出，而且晚上给予光照，产鸽能正常吃到饲料和育雏，使乳鸽生长加快。一般来说，产鸽每天光照应达到16～17h，日照不足部分应人工补光。人工光照可用日光灯管或普通白炽灯，光线应柔和，不宜太弱或太强。光照控制可通过自动开关或由专人负责，定时开关。

七 做好各项记录工作

生产记录是反映鸽群动态，用以指导生产和改善经营管理及提供选种的依据。饲养员在做好每天的饲喂和工作记录的同时，对繁殖生产鸽还要定时检查，按一定要求记录鸽的产蛋、孵化、出雏时间及乳鸽的生长发育情况。

第二节 肉鸽不同生长阶段的饲养管理

一 肉鸽养育阶段的划分

根据肉鸽的生长发育特点，结合生产实际情况对肉鸽的饲养阶段作以下划分。

1. 乳鸽

乳鸽又称幼鸽或雏鸽，即出壳后至离巢出售或育种前的小鸽，这段时间大致1个月。刚出壳的雏鸽身体软弱，身上只披着初生的羽毛，眼睛不能睁开，不能行走和自由采食，斜卧于亲鸽的腹下，只能靠亲鸽从嗉囊中吐出未消化的乳状食糜来生长。

出壳24h左右，已觉饥饿，会不断伸展头部，触动亲鸽的腹部和嗉囊。亲鸽知道乳鸽的要求，用喙含住乳鸽的喙，让乳鸽吸吮。乳鸽吃饱了，又躺在亲鸽的腹部舒舒服服地睡觉。

3～4天后，乳鸽眼睁开，开始长羽毛，学走动。亲鸽哺喂乳鸽每天达十几次之多。待到15日龄时，羽毛已基本长齐，活动自如。20～25日龄时，乳鸽已会在笼内四处活动，但此时仍不会自己啄食，依然靠亲鸽哺喂。此时已可上市出售。

2. 童鸽

童鸽一般是用来留作种用，指1～2月龄离开亲鸽开始独立生活的幼鸽。

当童鸽刚刚转移到新鸽舍时，有些对新的环境不适应，情绪不稳定，不思饮食，但饥饿几个小时至十几个小时之后，便会自动采食。童鸽转舍需要15天的时间才能基本适应环境。50日龄左右，童鸽开始换羽。

3. 育成鸽

育成鸽又叫青年鸽或后备鸽，通常指2～6月龄的鸽，育成鸽3月龄时，第二性征有所表现，器官发育显著，爱飞好斗，争夺栖架，新陈代谢相对加强。鸽长到6月龄左右，大多已性成熟，鸽的主翼羽大部分更换到最后一根。这时应做好准备工作，以备转入产鸽饲养阶段。

4. 种鸽

由青年鸽转入配对后的鸽称种鸽。配对后产蛋和孵育仔鸽的种鸽称为亲鸽。也有专家将已配对投产的种鸽称为生产鸽或简称产鸽。

二 乳鸽的饲养管理

供肉用的乳鸽也称为肉用仔鸽。乳鸽完全依靠亲鸽哺育，1个月左右即可离巢，对于不采取强制育肥的肉用仔鸽，一般18～28天的亲鸽哺育即可上市。

1. 乳鸽的生理特点

刚出壳的乳鸽体重只有18～22g，身上只披着初生的羽毛，眼睛不能睁开，软弱无力，不能行走和自由采食，斜卧于亲鸽的腹下，只能靠亲鸽从嗉囊中吐出未消化的乳状食糜来生长。

（1）鸽乳与乳鸽受喂特点 鸽乳是指乳鸽刚孵出时取食的亲鸽嗉囊中分泌的一种物质。鸽乳是由含有大量脂类营养物质的亲鸽嗉囊黏膜上皮细胞的脱落物与细胞碎片组成，外观上呈奶酪样、油性、乳白色、颗粒状或小块状。雌、雄亲鸽均可分泌鸽乳。成年鸽嗉囊中鸽乳的营养成分为：水分65%～81%，粗蛋白13.3%～18.6%，脂肪6.9%～12.7%，碳水化合物0.77%，每千克含能量为5.55MJ，含钙0.12%～0.13%，磷0.14%～0.17%，钠0.11%～0.15%，钾0.13%～0.15%。鸽乳中免疫球蛋白A（IgA）和免疫球蛋白G（IgG）的含量很丰富，具有大量母源抗体的鸽乳中碱性磷酸酶、亮氨酸氨基肽酶、酸性磷酸酶、乳糖酶的活性很高。

出壳几小时至4日龄的乳鸽，亲鸽喂给比较稀的鸽乳；5～7日龄，亲鸽喂给的鸽乳比较浓稠；7日龄以后鸽乳分泌逐渐减少，亲鸽喂给乳鸽的食物中包含嗉囊分泌的鸽乳夹杂亲鸽采食的在嗉囊中泡软的饲料，而且随着乳鸽日龄的增加，鸽乳比例逐渐减少，嗉囊中泡软的饲料反流物逐渐增加；到25～28日龄，亲鸽全部给乳鸽吐喂嗉囊中泡软的饲料反流物，并且亲鸽开始逐渐停止哺喂乳鸽。这时乳鸽开始学啄颗粒饲料，1月龄可以断乳独立生活。此期间乳鸽生长速度快，饲料转化率高。其食量随日龄而逐日增加，10～20日龄食量最大，以后逐步递减。

（2）乳鸽的生长发育 3～4天后，乳鸽眼睁开，开始长羽毛，学走动。亲鸽哺喂乳鸽每天达十几次之多，10日龄左右可以慢步行走。待到15日龄时，羽毛已基本长齐，活动自如。20～25日龄时，乳鸽已会在笼内四处活动，但此时仍不会自己啄食，依然靠亲鸽哺喂。此时已可上市出售。乳鸽阶段生长速度快，饲料转化率高（2:1）。例如王鸽的生长速度为：出壳体重16～22g，1周龄147g，2周龄378g，3周龄446g，4周龄607g，30日龄610g。

（3）对温度的要求 乳鸽体温调节能力尚未完善，初孵化出壳的乳鸽，体温较成鸽的体温高2～3℃，需待绒毛更换、飞羽长满之后体温才接近成鸽的正常值（41.8℃），此时才能逐渐适应外界气温的变化。所以初生的乳鸽必须依赖亲鸽的体温来保温，而人工育雏时，乳鸽必须进行人工保温，才可免于冻死。

2. 乳鸽的管理

（1）调教亲鸽哺喂乳鸽 乳鸽出生体重仅18～22g，无自食能力，本能地用头部接触亲鸽腹部或嗉囊。待24h才知道饥饿，但一般4～5h需要由亲鸽哺喂。个别亲鸽尤其初产亲鸽，或抱性不强的亲鸽，无哺育经验，这时需要及时调教，即把乳鸽的喙小心地插入亲鸽的口腔中，经多次重复后，亲鸽一般就会哺育乳鸽。若经过调教后仍不会哺乳者，应迅速找出原因并采取相应措施，母性极差的予以淘汰，对失去照顾的乳鸽可采用并窝或人工哺育的方法。对于患病的亲鸽，不宜让乳鸽接受哺喂，除将亲鸽及时隔离、对症治疗外，也同样将乳鸽调出并窝。

（2）注意调换饲料 1周之后，亲鸽喂给乳鸽的乳状食糜料会变为半颗粒料。饲料转变最容易引起消化不良，发生嗉囊炎、肠炎或死亡等现象。这几天是乳鸽的一个难关。给亲鸽最好饲喂颗粒较小的豆类、谷物类，或加工成小颗粒料或将谷物类、豆类浸泡晾干再喂。为预防起见，每天可给乳鸽喂半小片酵母之类的健胃药，帮助消化。

（3）喂保健砂 在哺育阶段，除了给亲鸽整日供应保健砂外，还要人工给乳鸽添喂粒状保健砂。5日龄时，每天喂1次，每次喂1粒，随着日龄的增大而适当增加。10日龄以后，每天喂2次，每天喂2～3粒。这样做虽然麻烦，但能弥补乳鸽消化功能不完善，使它的肠胃保持旺盛的消化和良好的吸收状态，使乳鸽正常生长。

（4）及时更换巢窝垫料 乳鸽3～4日龄后，食量日增，消化能力极强，排出大量黏稠粪便，很容易污染巢窝。同时，其生长速度很快，但抵抗力极差。尤其是乳鸽下巢盘后，亲鸽减少对乳鸽的呵护。因此，乳鸽的生活环境一定要清洁、干燥、卫生，定期铲除鸽粪，及时更换垫料（草或麻布片），保持清洁干燥。此外，还应定期带鸽消毒。天气阴雨潮湿时，在舍内铺洒生石灰，以降低舍内湿度，避免细菌滋生。

（5）注意防寒保暖 随着乳鸽日龄增大，哺食量的增加，亲鸽开始离巢觅食，缩短了保温时间。10 日龄左右，乳鸽的羽毛虽已长出，但对外界温度调节能力差，特别是在春季、冬季，要注意加厚巢窝中的垫料。

（6）调并乳鸽 调并乳鸽是提高种鸽的生产水平的有效措施之一。通常先出壳那只乳鸽长得较快，或有个别亲鸽每次先喂同一只乳鸽，先受喂的这只乳鸽同样长得较快。所以往往同一窝的两只乳鸽大小差异很大，遇到上述情况，应在乳鸽会站之前将巢盆中乳鸽位置调换一下，这样亲鸽往往可先喂小的 1 只乳鸽，使两者均能喂好，同步生长。实践表明，并窝后，不带雏的种鸽可以提早 10 天左右又产下一窝蛋，可以缩短产蛋期，可以提高种鸽的产蛋率 50% 左右。另一方面使一部分产蛋能力低，但具良好的孵化哺育性能的种鸽得到充分利用，这也是提高鸽群生产率的有效措施。若 1 窝孵出 1 只或 1 对乳鸽中中途死亡 1 只，均可将此单只乳鸽合并到日龄相同或相近、大小相似的其他单雏或双雏窝内饲养。另外，这样做也可避免发生因仅剩下 1 只乳鸽往往被亲鸽喂得过饱而引起嗉囊积食等消化不良现象。

（7）保姆鸽辅育 生产力旺盛的种鸽 15 天左右又要产第 2 窝蛋，这时可以借助保姆鸽辅育，将刚出壳的乳鸽移走，充分发挥高产鸽的优势，提高产量。

（8）及时出巢 乳鸽的上市时间宜掌握在 25 ~ 28 日龄为宜。乳鸽如提前到 20 日龄左右上市，因乳鸽的脂肪含水量高，体重达不到最高；如延长至 30 日龄以后上市，乳鸽离开亲鸽后，长毛、飞翔和运动量增加等，会使乳鸽体重下降 4% ~ 6%，对消费者和饲养者均不利。一般情况下，通过精心饲养，出壳 20 天左右的乳鸽，体重能达到 400g，再经过 5 ~ 7 天育肥，体重可在 500g 以上，这时乳鸽的脂肪含量和体重已到达高峰，是出售的理想时期。留种的乳鸽 28 日龄也离巢另养，否则，将会影响亲鸽产蛋和孵化，不利生产。

3. 乳鸽的提早断乳及肉用仔鸽的人工灌饲技术

（1）提早断乳 乳鸽在 20 ~ 25 日龄时可分为肉用鸽和留种用

鸽。根据用途不同，需采取不同的管理方式。20～25日龄后，乳鸽已能在笼内活动，但还不能自己啄食，仍然依靠亲鸽哺喂。因此，乳鸽饥饿时用自己的喙去碰亲鸽或用身体摩擦亲鸽讨食，这时亲鸽会开始强迫乳鸽独立生活，做出不愿意照料乳鸽的动作。此时，在管理上应增加蛋白质饲料的供应，但每次放料不能太多而将乳鸽喂得太饱。留作种用的乳鸽可继续留在亲鸽身边，待25～30日龄能独立生活时，及时捉离亲鸽。准备上市的肉用乳鸽（15日龄的乳鸽），体重可达400g左右，羽毛已基本长齐，可以捉离巢盆，并取出提前断乳，采用人工灌饲育肥。

（2）人工灌饲育肥乳鸽的选择 在我国，大都采用15～20日龄的乳鸽，体形大（体重350～500g），肌肉丰满、皮肤白嫩、健康无伤残的乳鸽育肥。25～30日龄以上，体重小于350g，毛粗皮黑，伤残有病，则不被采用。鸽龄小和体重小的，育肥的日子可以长些。随着养鸽经验的积累，乳鸽10日龄后就可断乳，进行人工育肥，如果育雏技能较好，则可提前在7日龄进行育肥。

（3）采用强制育肥技术设施 育肥鸽舍的样式和结构可仿照一般鸽舍，但高度适当矮些，窗户可少些、小些，能用窗帘遮光，空气要流通清爽，湿度要低，地面铺砖或水泥，天冷时要能加热保温，保持在25℃左右。用于育肥仔鸽的设备有育肥床、育肥笼、浸料盆、灌喂机等。强制育肥仔鸽时，大部分采用育肥床。我国南方地区常采用的育肥鸽舍，每幢长5m、宽3m，门开于鸽舍一端的正中。在鸽舍内靠前墙和后墙处各设一条长5m、宽0.7m、深0.05m的水沟，育肥床就放在水沟的上面，仔鸽排出的粪便自然落进水沟里。在鸽舍正中设一宽1.6m的工作通道。这样的鸽舍每幢可容纳育肥仔鸽400只，若用脚踏式灌喂机进行强制灌喂，一个饲养员就可承担。

（4）育肥用饲料 育肥用的饲料因灌喂方法不同而有差异，一般以小粒籽实比较适用，如粟、糙米、小麦、高粱、玉米、荞麦、花生、大豆、野豌豆、油菜籽等。为便于灌饲，蚕豆等大粒籽实应破碎后使用。有时玉米等也可破碎成小粒，如果玉米等不影响使用，也可不破碎。为了使谷类、豆类籽实充分浸透泡软，一般可在水中浸泡一昼夜。

乳鸽育肥用日粮配方尚不统一。有单用粟米一种的，也有用粟米加野豌豆的，有用小麦加高粱的，也有用小麦加花生或小麦加野豌豆、大豆的。有先用烤豆喂1星期后，再用荞麦加大豆粉（豆粉占1/3，荞麦在豆粉开始有些沸腾时加入）的。更有为了使鸽肉鲜美而每天给仔鸽加喂少量草莓的。在我国，育肥用日粮的组成大都为：玉米50%，糙米15%，小麦10%，豆类25%。

日粮的饲料形态有全粉状、全粒状和粉粒混合3种。日粮的饲料调制分生浸和煮熟两种。粉状日粮的优点是消化吸收快，便于利用饼粕等廉价副产品，有助于提高仔鸽日增重并可降低饲料成本，其缺点是湿料在夏季容易酸败。煮熟的日粮籽实软熟，也具有粉状日粮的优点，其缺点是浪费时间和要消耗燃料，如果煮得太多当天用不完，容易造成饲料酸败变质而造成浪费。比较理想的是生浸全粒日粮。近年来，肉鸽饲养规模较大的鸽场已实施全价颗粒饲料喂养，营养全面又省工省时。采用灌饲育肥时，冬季用的日粮营养价值应更高些，尤其是要含能量多些。另外，灌喂时日粮的水温不得低于25℃。为此，要配备专门烧热水的炉灶和锅。

（5）灌喂方法 肉用仔鸽的强制育肥像填鸭一样采用强迫进食。一般每天强迫进食2次，每次给1只仔鸽灌喂50～100g食料（水料各半或料稍多）。每次灌喂后半小时左右，可将窗帘放下，让仔鸽安静休息和睡觉。若在仔鸽咽喉部出现伤痕，应该仔细从事或改进操作。强制灌喂常用以下几种方式。

1）吊桶灌饲。吊桶可用金属或塑料制作，玻璃的也可以，但容易打破（图6-1）。将饲料粉碎成粉状，并用热水办成糊状（也可煮熟），待冷却后便倒入吊桶中。灌饲时左手抓住吊桶透明胶管末端，右手将乳鸽的嘴掰开并接到透明胶管末端，左手松开弹簧夹，这时半固体、半流质的糊状料就流入嗉囊内。这种方法设备简单，操作容易。

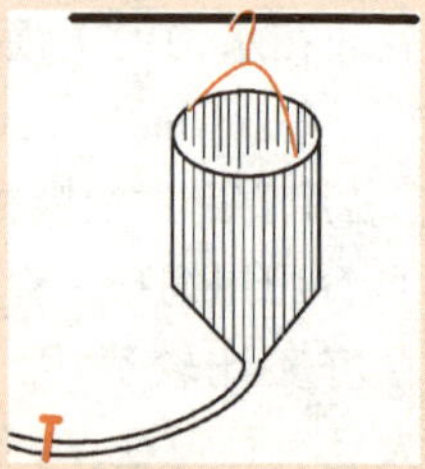

图6-1 乳鸽吊桶灌喂器

2）灌饲机灌饲。灌饲机用填鸭的灌喂机改装而成（图 6-2、彩图 27）。使用时，先将浸泡好的小粒籽实或碎粒料连同适量的水一起装入灌喂机的盛料漏斗内。然后，左手捉住仔鸽，右手把鸽嘴张开并使之对准灌喂机的出料口，再以右脚踩动开关，饲料及水便会灌入仔鸽嗉囊内。每踩动开关 1 次，可填喂 1 只仔鸽。一般一架灌喂机每小时可填喂 300 ~ 500 只仔鸽。脚踏式灌饲器适于大型或中型商品鸽场强制育肥仔鸽时使用，但填喂时要小心谨慎，动作要轻且敏捷，避免灌喂机的出料口损伤仔鸽的口腔和舌头。

3）打气筒灌饲。将饲料装在改装后的打气筒内，通过推打气筒把饲料注入仔鸽嗉囊内（图 6-3、彩图 28）。饲料的形状和调制方法应视方便程度和饲养效果来决定。

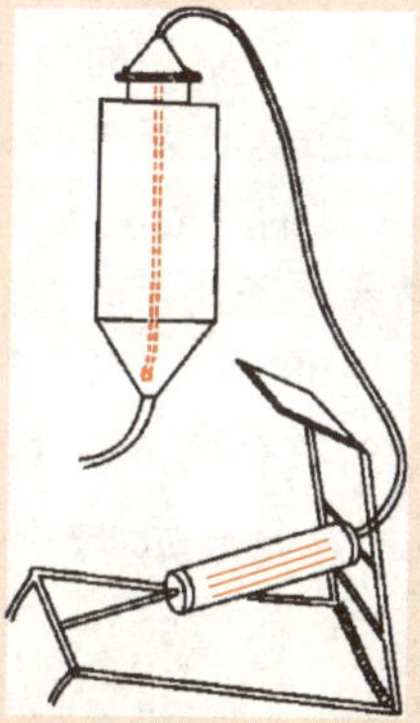

图 6-2　鸽脚踏式灌喂器

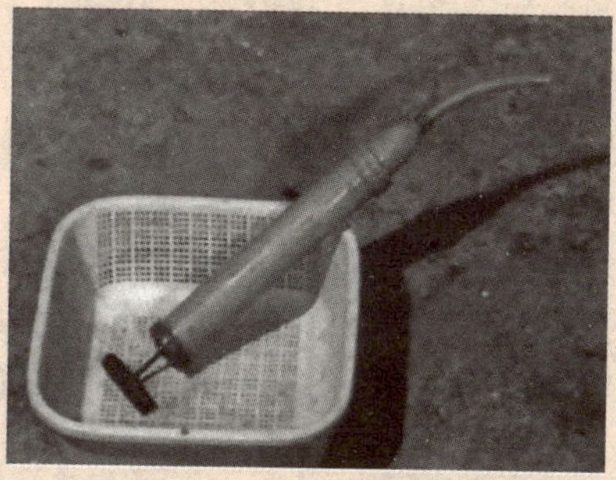

图 6-3　手工打气筒

4）手塞法。这种方式与我国老式填鸭时所采用的方法相仿，适用于抢救 15 ~ 20 日龄、失去亲鸽哺喂的少量仔鸽。具体操作方法是：把大粒籽实（如花生或大豆等）煮熟或浸软（如玉米等）后填饲。一般大粒籽实所含的营养相当于小粒籽实的数倍，用手拿着塞起来也比小粒籽实方便。也可以把几种粉料混在一起加些水搓成似花生般大小，以一只手把乳鸽嘴张开，另一只手拿饲料塞进仔鸽嘴里使其自然吞咽，或用手指把饲料挤入嗉囊内。等到嗉囊有些鼓满，说明大概已塞饱了。必要时可再喂些水，也可以试着把鸽嘴强按在水中使乳鸽自己学会饮水。

三 童鸽的饲养管理

童鸽年龄一般为1~2月龄。对其饲养管理的好坏，会影响到鸽子将来的各项经济性能，故必须进行精心培育。一方面可用于对外提供优良种鸽，获得较高的经济效益；另一方面用于更新、补充和扩大自身的种鸽群。

1. 童鸽的选育

留种童鸽除了遗传亲代毛色、体形外，主要还有优于亲代的生产性能，如高产蛋率、高受精率、高孵化出雏率，强的抗病力，高存活率，生长速度快等优点。童鸽留种必须从有完整记录的鸽群中挑选，从高于平均生产水平的个体中挑选，个体不宜太肥大，也不留太瘦小的鸽子。凡外表有明显缺陷，如翼羽过长、腿上有毛、趾上有残疾、五官不正的不能留种，生产性能低于平均水平的也不能留种。如今商品鸽利用杂交优势的较多，毛色已不成为选留标准（但纯种繁育必须强调毛色遗传），但生产性能不佳的一般淘汰不留。工厂化肉鸽生产，一般只考虑高产蛋、高受精率、子代生长快、成活率高的鸽，对于产鸽的就巢性、亲鸽的哺乳性可忽视，但留种鸽必须是处于最佳繁殖年龄的2~4岁龄的产鸽。对符合选留条件的乳鸽，在1周龄时就要戴上脚环，记载好足环号码、羽毛特征、体重、性别、出生年月、亲代生产性能等原始资料。

2. 提供良好的环境条件

离巢后的童鸽，由哺育转为独立生活，生活环境变化较大，此时适应能力和抗病能力差，食欲和消化能力都差，易患病，这个阶段如果饲养管理不善就会导致鸽死亡率高，因此，除加强管理外，一般应放到专门饲养笼环境下饲养。1~2月龄的童鸽要求饲养环境达到安静、卫生、干燥条件，冬季要有保暖措施，夏季要通风良好，除防蚊、绳、鼠害外，还要重视以下几点。

（1）适当延长亲鸽哺育时间 大群笼养鸽场，常将30日龄左右的乳鸽迁入童鸽舍，迫使其早日独立生活，但此时由于童鸽觅食能力差，加上环境突然改变，对童鸽是很不利的。因此，若条件许可，适当地延长3~5天，即在亲鸽孵出下一对乳鸽前3~5天，再将乳鸽迁入童鸽舍。这样亲鸽仍可得到有效的休息，但这必须根据每对种鸽的具体情况而定。

（2）建立保育舍 舍内设立保育床，每张保育床的规格一般为长200cm、高85cm（其中含脚高50cm），保育床侧面（网眼5cm左右）与床底（网眼3cm左右）为铁丝网结构。保育床铁丝网外悬挂食槽、保健砂杯和饮水槽（杯），以免鸽粪污染。每张床可养鸽15～20对，而且要配备责任心强的饲养员精心管理。保育床上饲养15天后，可将童鸽从保育床移到网上平养，每群30～50对，舍外要围出鸽舍面积2倍以上的运动场和飞翔空间，并设置合适的栖架，使鸽子白天有一定的空间飞翔运动，晚间有舒适的栖身处。运动场要阳光充足，舍内要冬暖夏凉。要注意给刚离开亲鸽的童鸽保暖，天气暖和时，若鸽的食欲、饮欲及精神状态良好，可让鸽到运动场上活动和晒太阳，时间从短到长以至整日自由进出。下雨天将鸽赶入舍内，避免雨水淋湿羽毛引起感冒。另外，童鸽平养的饲养密度以3对/m^2为宜。如果密度太大，鸽子频繁飞翔，脱落的羽毛和尘埃就会侵入呼吸系统，引起呼吸器管发炎。

3. 精心饲养

童鸽消化系统的功能尚未完善，消化饲料的能力较差，所以，颗粒大的饲料应先压碎成小颗粒，按比例配好后，浸泡12～24h后再喂给，最好喂以全价颗粒饲料。但不管采用哪一种饲料和食槽，都要保证每只鸽有一个位置进行采食。日粮结构：蛋白质饲料（豆类料）占30%，能量饲料（玉米、高粱、小麦等）占70%。喂料要定时、定质和定量，一般每天喂3～4次，每天日粮每只以40g计。有些离巢的童鸽根本不会采食。还有一些童鸽虽然也会自寻食物，但往往只能啄起食物，而不能吞食。所以，最初几天要将饲料颗粒小、表面粗糙的碎玉米、小麦等撒在饲料盆上，训练幼鸽啄食，或人工塞喂，直到它们能独立采食为止。此外应供给充足的清洁饮水。在喂水时，有的童鸽开始可能不会自动饮水，这个时候一定要进行人工帮助，可在其口渴时，左手持鸽右手将其头轻轻按向水面，当它的喙接触到水后立即放开，如此重复几次。

4. 注意童鸽换羽期的管理

50日龄以后童鸽就开始换羽。第1根主翼羽首先脱落，以后每隔15~20天换下1根，同时，副主翼羽和其他部位的羽毛也先后脱落更换。根据饲养观察，换羽期童鸽的生理变化较大，机体对外界环境的抵抗力较弱，容易引起疾病，如毛滴虫和念珠菌病的发病率和死亡率都很高，还易引起球虫病、肠道疾病等的感染。所以，50~80日龄的幼鸽发病率和死亡率是整个肉鸽饲养过程中最高的。在此期间应做到：

（1）提高饲料的质量 适当提高饲料中含硫氨基酸的比例及保健砂中的石膏和硫黄比例，以利于童鸽脱羽和长羽。

（2）药物预防 离巢的幼鸽抗病力差，要经常适当加喂钙片、复合维生素B、鱼肝油、酵母片等药物，以预防及治疗软骨病和消化不良等病症。换羽期的童鸽对外界的变化极为敏感，易产生应激反应和呼吸道感染，通常交替使用乳酸环丙沙星、氟哌酸5%粉剂、土霉素等有效药物。做好鸽群疾病的防治工作，是保证童鸽正常生长发育和提高成活率的关键。

5. 加强环境卫生清扫

对食槽和水槽除每天清洗外，应定期进行消毒。及时清除粪便，清扫脱换的羽毛。对鸽台及周围环境应定期进行喷雾消毒。经常对鸽舍灭虫、灭鼠，尽可能加强环境卫生清扫，减少疾病的传播途径。

四 育成鸽的饲养管理

育成鸽又叫青年鸽或后备鸽，通常指2~6月龄的鸽，育成鸽3月龄时，第二性征有所表现，器官发育显著，爱飞好斗，争夺栖架，新陈代谢相对加强。育成鸽的饲养管理水平是决定能否培育成种鸽的重要因素。因为育成鸽饲养得好坏，直接影响到种鸽的生产性能及使用年限。

1. 育成鸽的生理特点

育成鸽时期是鸽骨骼生长发育的主要阶段，消化器官发育显著，第二性征逐渐明显，新陈代谢相对加强，适应了坚实的籽实饲料，体形接近成鸽，已进入身体壮实、能相互追逐、打斗、争食、争栖架、爱飞翔的活泼期，食欲增加，生理及生长发育已进入旺盛期。鸽长到6月龄左右，大多已性成熟，鸽的主翼羽大部分更换到最后一根，这时应做好准备工作，以备转入产鸽饲养阶段。

2. 离地网养或地面平养

育成鸽活泼好动，是鸽一生中生命力最旺盛阶段，这时就转入离地网养或地面平养的方式，力求让它们多晒太阳，尽情地运动，以增强其体质。

3. 适当限饲

育成鸽新陈代谢旺盛，消化能力强，这个时期应适当限制饲喂，防止采食过多和过肥，否则常会出现早产、无精蛋多、畸形蛋多等不良现象，导致繁殖力下降。从延长种鸽的利用年限和降低饲料成本考虑，限制饲养完全必要。此期间，一般粗蛋白含量达14%即可满足青年鸽需要，而能量需达到11.495~12.97MJ/kg，因为青年鸽活动量较大。限制饲养的日粮结构为：豆类饲料占20%，能量饲料占80%，其中能量饲料之所以较高，是因为促进新羽毛的生长。每天喂2次，每只每天喂料量35g。在换羽期可加喂少量火麻仁、石膏、油菜籽或少量硫黄粉添加剂将有助于换羽过程的加速完成。青年鸽时期是鸽骨骼系统发育的旺盛阶段，注意饲料中钙、磷含量及配合比例。养至5~6月龄的青年鸽，生长发育已趋成熟，主翼羽毛已全部更换。为了使其成熟相对一致，开产整齐，种蛋质量好，应及时调整日粮比例，增加豆类蛋白质饲料喂量。豆类饲料占25%~30%，能量词料占70%~75%，同时在保健砂中要适当增加多种维生素和微量元素。每天喂2次，每只每天喂40g。

4. 保证清洁饮水

水对鸽子影响很大，如果缺水12h以上，对育成鸽的生长将有不良影响；而缺水36h以上时，将导致鸽体新陈代谢严重紊乱，死亡数明显上升。夏季1只青年鸽饮水高峰时，每日饮水量可达120mL，这也是鸽体抗热应激的有效反应；冬季1只青年鸽一般需饮水50mL左右。

5. 分群饲养

在一般情况下，此阶段鸽子还未完全达到性成熟，雄鸽在3月龄左右开始表现雄性，而雌鸽在5月龄以后才接受交配。所以通常在4月龄时要进行雌、雄鸽分群饲养，防止早配，影响体质，减少种鸽使用年限。分群饲养时，同一性别的鸽子也应小栏饲养，每栏

50只左右（也有100只的）。雄鸽饲养密度应小些，因为雄鸽在性成熟后会互相追逐、殴斗，密度过大会使鸽被啄伤或啄死。另外，饲养在同一栏里的鸽子的品种和日龄应相同或相近，以便于管理。

6. 合理光照

对于开放式饲养及半开放式饲养的鸽舍，自然光照即可，夏季给予适当遮阴。对于封闭式鸽舍，给予7h光照，15～20lx的光照强度即可，既可避免早熟又有利于后备种鸽的充分发育。

7. 适当洗浴

鸽子十分喜爱洗浴，育成鸽一般都为群养，因此可以进行洗浴。洗浴一般安排在晴天的10：00～15：00进行。

8. 选优去劣

育成鸽长到5月龄时，根据种用鸽的要求将不符合要求的育成鸽淘汰，作育肥用。

9. 进行驱虫

在接近5月龄时，从生物学上讲，消化道的寄生虫在鸽体内正处于成虫阶段，极易驱杀。这时，应对所有育成鸽全部投药驱虫，并将排出粪便彻底清扫出鸽舍，隔2周后再投药1次，较彻底驱除寄生虫。

五 种鸽的饲养管理

由育成鸽转入配对后的鸽称为种鸽。配对进入产蛋和孵育仔鸽的种鸽称为亲鸽。也有专家将已配对投产的种鸽称为生产鸽或简称产鸽。

1. 配对期的饲养管理

（1）适时配对 育成鸽饲养到150～160日龄后，应全面驱虫1次，再去劣存优，准备投产。新配对好的鸽要戴上有编号的足环，足环编号和巢箱编号要一致，并做好记录，以便查对。对初配对头几天的种鸽，饲养员要每天观察几次，发现个别配对不当或配错了的种鸽应及时拆散重配。

（2）做好认巢训练 对于大笼群养的种鸽，还必须在配对笼中进行归巢训练，即关在配对笼中饲养3～5天，待其和睦相处，再任其自由进出。认巢训练是一件颇费工时的事，又必须有能禁闭鸽的巢箱设备。所以，如果不是育种用或不是将来采取笼养的种鸽，而且是采取群养生产商品肉鸽的鸽群，最好让它们先自行配对，配好对后佩戴上配对足环并最好转移到另一鸽舍内饲养，剩下未能配成对的或配对不合适的（如有较近的血缘关系）则再进行人为配对。

（3）做好产蛋前准备 饲养员应注意观察种鸽的繁殖动态。当雄鸽在笼内周围积极寻找杂物，将羽毛带入巢盆，雌鸽又较长时间蹲伏于巢盆中，甚至喂食也不愿离巢，这是雌鸽即将产蛋的先兆，在巢盆内需放入麻袋片，让雌鸽产蛋。对于有些雌鸽把蛋产于巢盆外，应把雌鸽赶入巢盆内产蛋。

（4）做好饲料过渡 饲料不足和管理不善的鸽场，会造成产单蛋现象，严重时独雏率高达30%，为此，这阶段要逐渐将种鸽饲料、保健砂从青年鸽过渡到种鸽的营养要求。配对鸽子对营养的要求要高些，代谢能达11.72～12.14MJ/kg，粗蛋白质为15%～16%。在1周内由青年鸽料过渡到种鸽料，具体做法如下：头两天青年鸽料占70%，种鸽料占30%，混合均匀后饲喂。第3天后青年鸽料及种鸽料各占50%。后两天青年鸽料占30%而种鸽料占70%。1周后就可喂要求的种鸽料，保健砂也如此。对临近产蛋的生产鸽应及早提高日粮的营养水平，调高豆类的比例，供给充足的保健砂并加喂蛋壳等含磷、钙的矿物质，以提高鸽蛋重量与蛋壳的强度，减少孵化时鸽蛋的破损和提高初生乳鸽的体重。

（5）注意光照 配对的种鸽仅在自然光照下，已不能满足其生理要求，必须增加人工辅助光照。在自然光照基础上，通过人工辅助逐渐延长光照，7天后使鸽子的光照达到17h，鸽的光照强度在20～25lx。

2. 孵化期的饲养管理

（1）准备巢盆 配对种鸽熟悉自己的鸽笼和巢房后就开始产蛋。因此，在产蛋前，应及时在笼内合适的地方放上巢盆，巢盆内放防腐垫料，使其保暖、柔软。垫料最好用双层麻布，麻布下垫谷壳或木屑，形似锅底状。

（2）检查产蛋情况 种鸽在配种后7～8天就陆续产蛋。雌鸽每窝产2枚蛋，第1枚蛋大约在17：00～18：00产出，约隔46h后，即第 3 天 15：00 ~16：00 产第 2 枚蛋，产过第 2 枚蛋后即开始孵化。如果是人工孵化，一旦产下蛋，立即取走，当雌鸽生下 2 枚蛋后，不经过哺乳阶段，会提前性成熟，在早春 4 ~5 月会形成产蛋高潮。若同一产蛋期，同窝发现 4 ~5 枚蛋，大多是二雌配对产蛋，肯定是无精蛋，不必入孵，全部当食用蛋，二雌立即分开，重新结合配对。

（3）做好环境管理 为了有利于雌鸽专心产蛋、抱窝，应创造安静的环境，这对初产鸽尤为重要。可在笼的四周围上一层深色的布，挡住它们的视线，避免强光的照射和邻舍的干扰，使雌鸽专心孵化。同时要保证孵蛋的雌鸽有冬暖夏凉、干燥的良好环境，并认真灭鼠和避免蛇、猫的危害。对于不安心抱窝的群养育年鸽可采取强制措施，把它们关在巢房内，不让其外出活动，甚至可把饲料和饮水都放在巢里。

（4）科学饲喂 种鸽孵化 10 天左右，由于活动少，采食量下降。孵化期供给的饲粮中要增加蛋白质饲料的比例，日粮蛋白质含量为 18%，代谢能为 12.669MJ/kg，少喂多餐，每天喂 4 次。每天供给新鲜保健砂，并在保健砂中添加一些氨基酸和健胃药、鱼肝油等。饮水每天换 1 次，夏天 2 次，不能断水。

（5）防止雌、雄鸽争相孵化 经产鸽，尤其是老龄鸽，就巢性强，故雌、雄互换孵化失去规律性。常常争着孵蛋而使两只鸽重叠压在一起。有时频繁受挤压，鸽蛋在孵化 1 周后，当蛋壳被胚胎吸收变形之后极易被压挤破壳，造成严重损失，这是孵单蛋出单雏的主要原因之一。为此，应及时将老龄鸽予以淘汰。

（6）定期照蛋 产蛋后应先检查每窝蛋的质量，及时淘汰畸形蛋。在孵化期内至少进行两次照蛋，及时挑出无精蛋或死胚蛋，并把那些单枚蛋合并成双枚蛋再孵。并蛋时要注意两枚蛋的孵化时间要相同或相近。照蛋时间：第 1 次照蛋时间是孵化的 5 天，第 2 次是孵化的 10 天。遇到一窝只有 1 只乳鸽时，也可进行并窝哺喂。并窝时，来自两窝的乳鸽日龄以相差不超过 3 天为宜。

（7）助产 鸽蛋一般孵化 18 天出雏，如遇虽已啄壳但又不能出壳的，应人工帮助出壳。方法是先把鸽蛋钝端的蛋壳揭去，把鸽头稍微拉出，再放回让亲鸽孵化，如仍旧不能出壳可等血液和蛋黄收进后，把整只乳鸽拉出蛋壳。乳鸽出壳后，亲鸽会自行把蛋壳丢到巢箱外。如蛋壳仍留在巢盆内，养鸽者应帮助拿出，以免弄伤乳鸽。

（8）保护初孵乳鸽 孵化结束后，及时补充、更换污染垫料，除去弃壳、死胚蛋等污物。刚出壳两三天内的乳鸽容易被亲鸽踩伤或压死，所以，巢草要整理成碗状，对待亲鸽要态度和善和动作轻快，被压死的乳鸽要及时拿走，被踩伤的乳鸽要及早治疗，并视情况进行适当并窝。连续几窝表现出产蛋和孵蛋性能很差的亲鸽，甚至根本不产蛋的亲鸽，可考虑予以淘汰或淘汰其中一只表现不好的。若根本不产蛋是由于同性配对造成的，应拆对重配。有血缘关系的，也应拆对重配。

3. 哺育期的饲养管理

当亲鸽孵化至后期，嗉囊内开始分泌鸽乳，乳鸽出壳后，亲鸽以鸽乳哺喂乳鸽，在此期间的管理要求除做好乳鸽期的“三调”工作（调教、调换、调并）外，还必须注意水和保健砂的正常供应。稍有缺水，亲鸽便无法哺育乳鸽。对于产蛋和孵蛋性能都很好而仅哺育性能差的亲鸽，可以考虑让其专门产蛋和孵蛋。

（1）日粮的饲喂 喂给营养丰富而全面的日粮，以保证亲鸽有良好的体力来兼顾哺育和孵化两项工作，使仔鸽能继续正常生长发育。出壳后的乳鸽4～5日龄后，亲鸽对乳鸽除喂鸽乳外还开始补喂籽实饲料，而且逐日加量，至乳鸽2周龄后基本过渡到全喂籽实饲料，因此，种鸽的采食量明显增加，饲料的需要量比亲鸽非育雏期的采食量要增加数倍。不仅所喂饲料的数量多，而且要选择蛋白质含量高的饲料喂，如用红小豆、豌豆、小麦及糙米等优质饲料喂种鸽才能保证乳鸽的产量。水和保健砂更不能缺少，稍微缺水，亲鸽便无法哺育乳鸽，亲鸽日粮中的粗蛋白质不应低于14%，粗脂肪不低于3%，代谢能不低于12.9MJ/kg。

（2）检查哺乳情况 一般情况下，幼雏出壳后2h，亲鸽会口对口地给乳鸽灌气，目的是使幼雏适应并接受鸽乳，再过2h，亲鸽就会正式给幼雏灌喂很稀的鸽乳。但有个别亲鸽，特别是初产亲鸽，在乳鸽出壳后4～6h内仍不会给乳鸽喂鸽乳，这就应检查原因，若是亲鸽有病则应及时隔离治疗，若是亲鸽没有经验则给予调教。另外，要注意两只乳鸽是否有差异，一般雄鸽争食强，吃得多，另外先喂的乳鸽吃得多，发现两只有差异，应将大的一只捉出放一边，让小的多吃，几天后差异缩小再任其哺喂。产鸽在乳鸽出壳后平均约3周（14~28天）会产下第2窝蛋，此时应另安一只洁净柔软草窝供产蛋用，可将有乳鸽的巢移到网上，放至食槽边，供乳鸽学开食。

(3) 注意观察 对由于哺育仔鸽而迅速消瘦、衰弱下来的亲鸽，应查明其原因，对症下药地予以纠正，使它们能持续地投入生产。在繁殖季节，在正常情况下，仔鸽不管是中途死亡或中途拿走还是自然断乳，只要巢中没有仔鸽了，在1~2周内，亲鸽大都又再产1窝蛋，所以，应在仔鸽离巢或拿走蛋后，抓紧时间及时清扫和消毒巢箱、笼和巢盘，以迎接下一个生产周期。

(4) 保护高产鸽 繁殖性能好的亲鸽，在上窝仔鸽15~18日龄时便会产第2窝蛋（彩图29）。这时，亲鸽就既要继续哺育第1窝乳鸽，又要同时承担孵化第2窝蛋的任务。此时，除应喂给营养丰富而全面的口粮以保证亲鸽有足够的体力来兼顾哺育和孵化两项工作外，笼养的种鸽，把有蛋的巢盆放在笼内上半部的小铁架内，把有乳鸽的巢盆放在笼内下半部的笼底上，使亲鸽能安心孵蛋，免受仔鸽的索食干扰及不被仔鸽把蛋踩脏踩破；采用巢箱群养的鸽子，把蛋和仔鸽分隔在相邻的两个巢箱内，便可完全避免仔鸽的干扰。如亲鸽体力不支而无法兼顾两项工作者，或亲鸽只顾孵蛋而置仔鸽于不顾者，必须把第2窝蛋拿走，使亲鸽集中精力照顾上一窝仔鸽，免得第2窝蛋没孵上几天，而上一窝仔鸽却迅速消瘦下来和无力站立活动。如有条件者，可采用人工哺育或强制育肥，使亲鸽集中精力孵蛋，有利于它们节省和恢复体力。

(5) 产鸽不肯哺育的原因及其处理措施

1）亲鸽或乳鸽有病：乳鸽有病时亲鸽少喂或不肯喂仔，补喂营养性料，及时医治好乳鸽。

2）亲鸽饥饿：保证饲料质量和数量，特别是哺育乳鸽阶段。

3）亲鸽哺喂性能差或同窝死仔1只：对哺喂性差的亲鸽需人工补喂乳鸽，满足乳鸽营养需要。对死仔的亲鸽，观察1~2天有异常情况时将剩余一只并给其他鸽代喂。

4）保健砂质量差或不足：调整配方，平时按需要量添加，满足鸽的需要。配好的保健砂散于阴凉干燥的地方，保持新鲜干燥。

4. 换羽期的饲养管理

每年的夏末秋初，鸽要换羽 1 次，时间长达 1～2 个月。换羽期间，大部分种鸽停止产蛋。对种鸽来讲，换羽是其本身的一种自然生理现象。换羽期内，原来配成对的亲鸽，换羽常有迟早和快慢的不同，因而换羽早和快的到发情时，如果是群养鸽，可能会互相另找配偶而重新配对，导致整个鸽群的原有秩序被打乱，影响了换羽后的正常生产；如果是笼养鸽，只好等另一只鸽也换羽完毕和发情时才能进入交配和产蛋期，也不利于早日投入正常生产。

（1）强制换羽 为了缩短休产期和保证换羽后的正常生产，应在鸽群普遍换羽时减少饲料喂量和降低饲料质量，或在换羽高峰期停止喂料而只给饮水，迫使鸽群因营养不足而在比较集中的短时期内迅速换羽。待鸽群基本上换羽完毕，要逐渐恢复原来的饲养水平并有所提高，日粮中宜加些火麻仁、向日葵仁、油菜籽、芝麻等有助于羽毛生长和恢复体力的饲料，促使早日进入生产。俄罗斯强制换羽的饲料和饲养制度见表 6-3。群养鸽中，如有个别亲鸽在换羽期仍边换羽边孵蛋育雏的，应将它们关起来，并给予营养丰富全面的日粮，免得在对鸽群实施强制换羽的措施时，使这些亲鸽和仔鸽遭到严重损害。

表 6-3 俄罗斯鸽强制换羽期饲料和饲养制度

时间/天	饲料/（g/天）	水	日照	时间/天	饲料/（g/天）	水	日照
1.5	0	自由饮水	0.5h	7	35（大麦）	自由饮水	全天
2	15（大麦）	自由饮水	2h	8	35（大麦）	自由饮水	全天
3	25（大麦）	自由饮水	2h	9	35（大麦）	自由饮水	全天
4	25（大麦）	自由饮水	全天	10	35（大麦）	自由饮水	全天
5	35（大麦）	自由饮水	全天	11	供应充足谷粒料	自由饮水	全天
6	35（大麦）	自由饮水	全天	12		自由饮水	全天

（2）调整鸽群 由于种鸽在换羽期普遍停产，再加换羽期比较长，所以，最好利用这段时间对它们进行一次整顿，全面检查它们的生产情况，结合生产记录资料进行综合评定，把生产性能差的亲鸽予以淘汰，另从种用生长鸽中挑选体格健壮、体形优美的后备种鸽予以补充。如发现企图另找配偶的鸽，应将原来配对的两只亲鸽捉起来关在一起，等整个鸽群都已换羽完毕和进入交配产蛋阶段时再放出来。如原来就有计划打算拆对重新配对的亲鸽，利用这一机会重新配对也是可取的。

（3）做好消毒工作 在换羽期，对鸽舍、飞棚、巢箱、鸽笼、巢盆等场所和用具进行一次全面彻底的清洁消毒，使种鸽在换羽后有一个清新舒适的环境。

5. 种鸽的常见异常情况及处理

在肉鸽生产中，特别是有一定规模的大中型鸽场，由于饲养员、饲料、药物、环境气候等因素的影响，有时会出现不正常的生产情况。为减少异常生产现象出现，必须采取相应的措施。在肉鸽生产过程中经常会遇到的不正常情况及其处理措施见表6-4～表6-6。

表6-4 种鸽同窝不和及其处理措施

异常现象	处理措施
配对不准确	配种时需细心区分雌雄，保证准确配对，对难分辨的种鸽，可适当推迟配对。配对2～3天还无法生活在一起的鸽，需拆散后配给合适的鸽
雌、雄鸽因体形、性情差别过大，上笼后不和	需重新选择体形、性情差异不大的雌、雄鸽进行调配
由于人为并蛋并仔，过度孵蛋哺育乳鸽时会增重雌、雄鸽的负担，易引起过度疲劳；雌、雄鸽中有一方过于懒惰，一方需长期担负起孵蛋及喂仔的任务引起过度疲劳	合理进行并蛋并仔，对雌、雄鸽进行合理调配，做到勤配勤、懒配懒，以减少疲劳症的发生

（续）

异常现象	处理措施
雄鸽的性欲过于旺盛，雌鸽的性欲冷淡或者相反，雌、雄鸽得不到性满足引起不和	调配性欲相当的鸽，避免性压抑引起两鸽不和
双方发生某些疾病时引起生理机能紊乱，性情发生改变导致两鸽不发	及时医治疾病，对治愈后两鸽仍不和者应重新调配给合适的鸽

表6-5 种鸽产蛋、孵化异常原因及其处理措施

停止产蛋	种鸽不孵化	无精蛋增多	死胚蛋增多
产鸽患慢性肠炎、鸽痘、念珠菌病、慢性呼吸道病时易引起停产。平时应搞好清洁卫生，定期预防，减少疾病发生，有病及时医治不得拖延。对消瘦产鸽补给合适的饲料	产鸽自身孵化性能差。对产蛋性能特别好者可把蛋并给其他合适鸽孵化，不能做保姆鸽者应予以淘汰	外界干扰与刺激。天气剧变时需及时做好保护工作。定时灭鼠以减少鼠害。平时留心观察配种周期，在配种时尽量少走动，保持安静的环境	产鸽中途不孵蛋。保持外界环境安静，减少兽害，预防疾病，保持鸽有旺盛的精力，不使鸽过度疲劳
产鸽过肥时，可在一段时间内减少料的饲喂量或并给仔鸽带喂，体质恢复正常时饲喂正常料量	种鸽对外界环境不适应。平时及时做好保护工作，防寒保温，通风消毒，保证蛋及巢周清洁干净，及时灭鼠，减少鼠害。尽力保持四周环境安静	鸽肛门四周毛过长。若鸽肛门周围毛过长过密会影响配种受精，一般肛门四周毛过长或过密者需剪掉	蛋巢及巢垫布肮脏潮湿，巢垫布不够厚。保持蛋巢布干净干燥，脏或潮湿的应及时更换。冬季与春季加厚巢垫布，增加保温性，防止温度过低冻死胚蛋

（续）

停止产蛋	种鸽不孵化	无精蛋增多	死胚蛋增多
高产的鸽及经常连续孵化3个蛋、哺喂3只仔的亲鸽易引起过度疲劳，体质机能降低，从而降低生殖机能。对高产鸽可间隔地把其仔鸽并给其他鸽带喂，减轻负担，平时做到合理并蛋并仔，避免引起产鸽过度疲劳		保健砂和饲料不合格。缺乏蛋白质、维生素A、维生素D、维生素E、维生素B_1、维生素B_2、维生素B_6及矿物元素锰、锌、碘等时，易产生无精蛋	维生素及矿物质不平衡。饲料配合及配制保健砂时保证维生素、矿物质需要量及平衡。要经常检查保健砂质量，发现质量差时及时纠正
卵巢等生殖道病引起卵巢分泌卵子机能停止或降低。常检查雌鸽腹部并触摸其柔软度，观察雌鸽肛门的排泄物形状，发现异常情况及时对症下药。经治疗后无繁殖意义的需淘汰。产鸽接种疫苗时引起生殖机能紊乱而停产一段时间，一般疫苗应在仔鸽或青年鸽期间接种完毕。治疗疾病的某些药物如磺胺脒等用量过大或长时间用时易引起停产。在治疗疾病时尽量选用效果好且副作用较低的药物，避免应激作用引起生殖机能紊乱	产鸽发生疾病。采取有力措施预防，减少疾病发生。有病及时医治，不孵者把蛋并给其他鸽代孵	生殖道疾病。应积极预防，及时治疗，对已无使用价值者应予淘汰	近亲繁殖及胎位不正，助产不正确。引种或留种时需做好记录，防止出现近亲交配现象。外界刺激会造成胚胎胎位不正，无法去壳，助产时需细心，位置、小孔、血管等方面均需要精心护理

（续）

停止产蛋	种鸽不孵化	无精蛋增多	死胚蛋增多
换羽期间停产。应尽量缩短换羽时间，加快换羽速度，缩短停产时间		雄鸽性欲差。对性欲差的雄鸽喂给丙酸睾丸素，淘汰老龄鸽。未成熟鸽待成熟后再上笼。过肥鸽减少喂料量或并给仔鸽带喂减肥	蛋壳过厚、过薄及年龄。确保钙、磷比例合适，无生殖道疾病，使蛋壳厚度适宜。加强对初产鸽及老鸽的检查，不孵化时需及时并给其他鸽孵化，以防死胎
产鸽年老后生殖机能降低或消失。一般5年以上或年产仔8只以下者均需淘汰；一般雌鸽的肛门变为紫蓝色并干燥或呈石灰状时，表明无产蛋利用价值，需淘汰			

表6-6　产鸽多病的原因及其处理措施

原　因	处理措施
饲料质量差，营养不平衡	严格按配料的原则进行配合
管理不善、卫生差	日常管理工作要做好，各种预防保护措施要跟上
水质不干净或饮水不足	保证水质稳定且干净，常换水、清洗饮水槽，定期用高锰酸钾清洗消毒。保证供应充足的饮水
保健砂质量差，矿物元素不平衡	配制保健砂需确保质量和喂量，保证矿物质等能满足需求
蚊鼠等过多	定时灭鼠灭蚊
过度疲劳	高产鸽连续带孵3蛋或连续哺喂3仔者易患疾病。合理调配生产，对高产鸽应实施并蛋孵化或并仔哺喂

第三节　提高商品肉鸽生产力的措施

一　提高产蛋率

一只生产性能好的雌鸽，可年产蛋8～10对。若大群养鸽，平均7对就是较高水平了，但往往不易做到，因为影响产蛋率的因素很多（如鸽的品种、龄期、个体素质、营养水平、鸽舍鸽笼的设置和规格、环境气候、饲养管理及鸽病干扰等）且不易控制。因此，为了提高产蛋率，应重点做好以下工作：选择产蛋率高的品种和个体，淘汰低产鸽（包括老鸽、因病长期瘦弱的鸽）。给予全价优质的饲料和保健砂，以提高其营养水平，改善其身体素质，尤其是哺乳乳鸽期间又快要产蛋的生产鸽，更要保证高蛋白的豆类供应充足（占饲料的30%左右），此时最好能加喂夜餐。饲料要含有足量的维生素A、维生素E和维生素B_2（一般每只成鸽每天需要维生素A 200国际单位、维生素E 1mg、维生素B_2 1.2mg），否则产蛋率会下降。但要注意不要长期大量喂给维生素A（如鱼肝油），若长期超过正常量的40～100倍时会出现毒性。鸽舍应有适宜的光照，不要阴暗潮湿。若有雌鸽因发生生殖器官的疾患（如输卵管炎或输卵管分泌机能降低等）而产砂壳蛋或软壳蛋者，在给予抗生素治疗的同时应适量给予维生素D_3和钙质（如蚝壳粉等）。孵蛋后第5天照蛋，两枚蛋均无精者马上除去，如只有1枚蛋受精，则将此受精蛋与其他鸽同期的受精蛋合并，以促使这一无蛋可孵的雌鸽早日产蛋。

二 提高受精率

蛋的受精率高低，既与种鸽有关，也与外界因素有关。因此，必须根据鸽场具体情况，找出影响受精率的原因，采取下列针对性措施：淘汰过老、性欲衰退和长期瘦弱的种鸽；注意创造适宜的配种环境和条件，避免配种时受其他雄鸽的冲击和干扰，单笼饲养的鸽生产力一般比小群（30～40对）舍内饲养的高，主要原因是配种时不受干扰，若是小群舍内饲养者，鸽笼门前的跳板应适当宽些，以利其配种；喂给足量全价饲料，有必要时补充维生素E和火麻仁；雌鸽有输卵管炎时（常就巢假产蛋及排出炎性分泌物质等）会影响精子的活力，应给予土霉素等抗生素连续治疗数天，无效者淘汰；雄、雌鸽配对后长期产无精蛋而又年轻健壮者，可进行分离并重新组合配偶，这样做有时可提高其受精率；初产鸽的第1、2对蛋其受精率一般较低，即使受精，其孵出的小雏也比较弱，不宜作种用；长期阴雨天气可影响受精率；光照和运动是提高受精率很重要的外因，尤其是单栏笼养鸽，在鸽舍建筑时要考虑到光照和运动，每对有40cm×50cm面积的小运动场为宜。

三 提高孵化率

影响孵化率的因素有内因和外因。内因如蛋中缺胚胎发育的某些必需物质（如维生素 A、维生素 D 等），即使蛋已受精，也会使胚胎发育不良，甚至出现死胚。外因如病原微生物侵入蛋内，或种蛋受冻、蛋壳破裂等也会造成死胚或弱雏。因此，要提高孵化率应注意解决下列问题：生产鸽的饲料和保健砂必须营养全面和配合恰当，这样才能使其产的蛋中具有能满足胚胎生长发育所需的各种物质，不致造成死胚。若饲料中的维生素 A、维生素 D、维生素 E、维生素 B_2、维生素 B_{12}、维生素 B_5、维生素 B_7 和亚油酸，以及钙、磷、锌、锰等不足时，会降低孵化率。蛋壳薄时，不仅易碎裂且蛋内水分蒸发也过快，影响胚胎的正常物质代谢，孵化率也低。

防止近亲繁殖，否则会出现较多的死胚蛋，后代的种质不良。寒冷季节应注意鸽舍保暖，防止贼风进入，勿使种蛋受冻，蛋盘应有保温设施，可用麻袋布料作垫料。蛋盘及其周围要保持清洁干净，蛋壳不要污染鸽粪，污染时要小心清除。孵化时要有安静的环境，不让邻鸽干扰。若是铁丝笼的，应在蛋盘旁（靠邻鸽一边）增设一防护板，不让乳鸽干扰亲鸽孵蛋，将蛋盘与乳鸽隔开，使乳鸽不易接近孵蛋的鸽，若亲鸽孵蛋时不安宁，不但易使蛋受冻且会使蛋破损。初产雌鸽和老鸽所产的蛋孵化率低，生产盛期的青年鸽所产的蛋孵化率高，应将老鸽淘汰。孵化 10 天左右应作第 2 次照蛋，主要是检查是否死胎，死胎应及时清除，并且采取并蛋孵化，让提前终止孵化的鸽能及时早产蛋。孵蛋 18 天时，若有因胚弱而破壳困难者，应人工帮助破壳，但不要一次剥壳过多，以免断裂血管而造成出血，应逐步多次帮助破壳为宜。

四 提高乳鸽成活率

乳鸽体质幼弱，抗病力差，而且依赖亲鸽哺育。初生幼雏需亲鸽保温。如果管理不善、饲料不宜、亲鸽有病都会影响乳鸽的生长发育，甚至导致死亡。要提高成活率，务必做好下列几项工作：初生幼雏未长羽毛，寒冷季节要注意鸽舍防风保暖，以免受凉生病；春季与夏季多雨季节，注意保持鸽舍干燥，特别是巢盘垫料切勿潮湿，否则微生物（尤其真菌）易于繁殖而导致疾病的发生；炎热盛夏，注意鸽舍通风散热，以免中暑。

初生幼雏，体小幼弱，亲鸽常孵育保护，此阶段切勿让邻鸽干扰，否则亲鸽易将幼雏抓伤踏死。这种情况在铁丝笼养鸽中较常见。

育雏的巢盘、垫料必须保持干燥且每天清除其中粪便；若有鸽螨、鸽虱和鸽蝇幼虫滋生于巢盘及其周围时，更要及时灭虫。

8～24日龄的乳鸽，生长发育最快，此阶段务必保证饲料的质和量，减少或去掉有壳谷料，增加绿豆和去壳小麦，并且要整天供应饲料、保健砂和清洁的饮水，晚上亮灯喂料喂水1次，好让亲鸽尽量喂饱乳鸽。有条件最好增喂一些青料，可帮助消化，加速发育，增强抗病力。

做好防病治病工作。应采取“预防为主，防治结合”的方针，着重做好平时的防治工作，即经常检查饲料和饮水情况，不得使用陈旧变质饲料，饲料和饮水不让粪便污染。引入种鸽需隔离观察14～21天，无病者才合群。搞好清洁卫生，勤清粪便，定期消毒。防蛇防鼠，禁止外人、畜禽、野鸟进入鸽舍。每天细心观察乳鸽、亲鸽的精神状态、食欲和粪便，表现异常立即诊疗，留意发病苗头，务必早期治疗。亲鸽有病，乳鸽和亲鸽同时给药。有鸽痘发生的鸽场，出壳3～7天的乳鸽最好接种鸽痘疫苗。严重的传染病流行时，应马上采取紧急防疫措施，死鸽要严格处理。

五 做好生产记录

在养鸽生产过程中，做好各种记录对反映生产、指导生产、改善经营管理等有很大的意义。记录表格，可根据需要自行设计（表6-7～表6-9）。

表6-7 留种登记表

留种年月	留种鸽					亲鸽						祖父母鸽						备注
	品种	足环号	月龄	体重/g	羽装	品种	足环号	月龄	体重/g	羽装	产仔数/只	品种	足环号	月龄	体重/g	羽装	产仔数/只	

表 6-8　幼鸽动态表

鸽舍号　　　　　　　　　　　　饲养员　　　　　　　　　年

日期（月/日）	鸽群动态					成活率（%）	合格率（%）	饲料消耗		备注
	入舍/只	出售/只	配对/对	残次/只	死亡/只			累计用料量/kg	每只每日耗料/kg	

表 6-9　种鸽生产记录

配对年月　　　　　雄
雌　　　足环编号　体重/g　　羽装

日期（月/日）	产蛋/只	出雏/只	留种/只	出售/只	残次/只	窝重/g	死仔/只	无精蛋/个	死胚蛋/个	备注

——第七章——
鸽产品加工、储藏与运输

第一节　肉鸽的屠宰、分级与包装

生产出符合标准的肉鸽后，就要进行标准化加工，以免人为造成鸽肉品质低下，使符合标准的好鸽卖不到好价钱，从而收不到应有的经济效益。乳鸽屠宰加工的无公害标准可参考《禽屠宰分割安全产品质量认证评审准则》（SB/T 10366—2012）的要求，执行屠宰加工环节的卫生检疫、安全指标检测、有毒有害物质残留检测及生产环境卫生监测。屠宰加工与运输环节做到冷链配送，确保加工与运输环节不污染、不变质。加工过程中不使用任何化学合成的防腐剂、添加剂及人工色素。养殖场、屠宰加工厂、销售点统一使用无公害乳鸽标志。无公害乳鸽屠宰、加工过程中用水量很大，对水质有着严格的要求，应参照《无公害食品　畜禽产品加工用水水质》（NY 5028—2008）标准。

一　屠宰前的准备

1. 了解疫情，严格检疫

乳鸽必须来自非疫区，并且有产地防疫站的检疫证书。收购乳鸽前，检疫人员应深入收集地区、鸽场，了解该地、该场肉鸽的定期检疫、预防接种、饲养管理及有无疫情等情况，通过调查分析，确定为非疫区肉鸽后方可收集。

2. 乳鸽的收集标准

乳鸽的最佳屠宰时间为25~28日龄，但由于乳鸽的生长速度快慢不同，个体重各不相同，为此，屠宰前必须挑选。一般选体重在500g以上，有一定的羽毛，无病、无残、胸肌饱满的乳鸽，其肥度标准是以手指从背部向胸部抓过，拇指与中指的距离2~3cm为准；乳鸽屠宰后去掉羽毛、血和内脏，净膛重达350g以上的都可入选。识别是否为25~30日龄乳鸽的方法为一是看乳鸽的头部和颈部，尚有少量分布稀疏的黄色胎毛（绒毛）即符合要求；如果绒毛已经消失，羽毛颜色变深且随年龄增大而越漂亮，有光泽，说明已超过1月龄了。未满20日龄的乳鸽头部长满尖细的乳毛，背上和翅膀的羽毛未长齐，颜色较浅。二是看肉鸽两肋的针羽，羽鞘已长齐并“开花”的乳鸽，屠宰后易于脱落，是最佳宰杀时间，早于这个时期，针羽不易拔出，迟于这个时期，肉质变硬，商品价值下降。近几年，我国市场收购乳鸽分为4级：一级，体重在650g以上；二级，体重为600~650g；三级，体重为500~600g；四级，体重为400~500g。整批收购乳鸽要求体重不能相差太多，一、二级鸽应占80%以上，三级鸽占15%~18%。

3. 乳鸽的收集时间

乳鸽的收集最好是在屠宰前的早晨（一般在屠宰前10h）。收集乳鸽前，停止喂食，不仅节省饲料，并且屠宰鸽的嗉囊中的食物较易清洗。将收集的乳鸽放在专作运输的鸽笼内，其高度为15~18cm，尽量减少或禁止其活动，以保证其休息和有利于安全。

4. 屠宰前检疫

乳鸽屠宰前要有专门的技术人员进行检查。被屠宰的肉鸽必须是无病、无残的。禁止屠宰有病、有残的乳鸽。屠宰前的检查必须严格，以确保商品的质量。

二 屠宰工艺

1. 致昏

肉鸽个体虽小，但好挣扎，由于头、颈的扭曲，两翅的煽动，极易造成屠宰车间的污染。此外，由于鸽过度挣扎会造成肌糖原的大量消耗，影响宰后肉的成熟，所以，在放血前应予以致昏。致昏的方法很多，但目前多采用电麻致昏法。研究结果和实践证明，若采用交流电致昏法，以50V的电压，60Hz的频率，放血效果较好；

若采用直流电致昏法，以90V的电压，放血的效果好；若采用脉冲直流电，则以100V电压致昏法，480Hz的频率，放血效果最好。3种方法中以直流电的致昏法效果最佳。为克服电麻所致的淤血、出血现象，国外正在试验应用高压、低频率的致昏法，主要目的是减少电击时间。

2. 放血

在保证放血充分的前提下，尽可能地保持胴体完整，减少放血处的污染，以利于保藏。常用的放血方法有：

（1）颈部放血法 用左手捏住乳鸽的翅和腿，头部朝下，右手拿小刀在乳鸽头下颌的前颈部横切一刀（如同杀鸡方法），将颈静脉、气管切断，此法放血较快，操作简便，放血很充分。其缺点是切口大，降低商品美观和耐储性。颈部放血法适合于中小型鸽场。

（2）动脉放血法 在乳鸽头部左侧，耳垂后切开小口，切断颈动脉的颅面分支放血。此法较口腔放血简便，放血很充分，放血时间在1～1.5min，出血量占体重的2%。但如果放血不全，则鸽肉发紫，影响外观，降低商品价值，不耐储藏。

（3）直刺颈部法 用铁皮制作一个长18cm的圆锥形铁罐，挂在一个固定的铁架上（图7-1）（一般高140cm，长150cm），铁罐上口直径13cm，下口直径3cm，各铁罐相距5～7.5cm。屠宰时将乳鸽的头部朝下，倒放入圆锥形铁罐内，头伸出圆锥形铁罐下部的小口外。屠宰者用小刀伸进鸽口内，通过上腭直刺脑部，然后将小刀稍作旋转，再拔出小刀，乳鸽的血液可以通过颈部血管流出口外。鸽血用桶

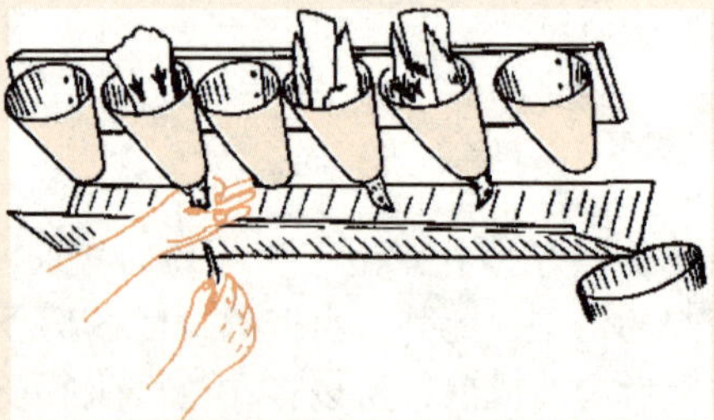

图7-1 肉鸽屠宰架

收集，可以利用。这样屠宰时乳鸽翅膀和双脚不能扑动挣扎，血液流出较完全，较少遗留紫血斑，而且节省时间。

3. 冲洗

乳鸽宰后应洗净鸽嘴两旁的血液，洗掉脚上的脏物，接着用一条软导管或医用吸球吸水，灌进乳鸽嗉囊内，用手指轻按嗉囊，再将胴体头部向下，用手将乳鸽嗉囊的水和食物挤出。把乳鸽放在屠宰架上倒吊几分钟，让水充分排尽，以待拔毛。

4. 煺毛

屠宰好的乳鸽应尽快拔毛。如果放置时间过长，鸽体僵硬，较难将毛拔掉。乳鸽煺毛可用干拔毛和湿拔毛两种方法。

（1）干拔毛 屠宰后拔毛越快，越容易拔掉。翅膀毛和尾巴毛应首先拔掉，并且应笔直顺拔。翅膀的肌肉特别容易撕裂，应小心拔毛。背部和胸部羽毛斜逆着拔容易拔掉。如果有小羽和针羽，也必须拔光。干拔毛法可以最大限度地保持鸽体和羽毛的质量，但由于该法不易掌握，工效低，不便于机械化大批量加工，所以此拔毛法用得很少。

（2）湿拔毛 用62～65℃的水烫10～30s，鸽胴体皮肤变红且柔软，稍凉后再拔毛，每只拔毛需40s左右。一般翅膀毛和尾毛应首先拔除，但翅膀处易撕裂，应加以小心。背部和胸部羽毛应斜逆着拔。如有针羽也必须拔尽，以保证外观质美。浸烫水温必须严格控制，水温太高，易使鸽皮肤脱落，颜色变深且缺乏光泽，影响外观，降低售价；水温过低则羽毛不易脱离。此外，浸烫时间不能太长，过长或过短都会造成与水温过高或过低一样的后果。浸烫水最好为流水，若为池水浸烫，则应注意换水（2h换1次），以免浸烫水污浊而污染鸽体。机械烧毛后尚需人工将残毛（尤其是小毛）拔除干净。

不论湿拔毛法还是干拔毛法，都要求不要把皮肤和肌肉撕裂，否则容易造成细菌感染，不耐储藏，而且影响美观。在烫毛时温度不能过高，不然在冷却后，肉质变色，不易保存。

5. 净膛

按去除内脏的程度不同，有3种净膛形式。

(1) 全净膛 从胸骨末端至肛门中线切开腹壁或从右胸下肋骨处开口，除肺和肾脏保留外，其余脏器全部取出，同时去除嗉囊。出口的全净膛乳鸽还有去头、去爪的标准要求。

(2) 半净膛 在鸽体后腹部剪开一小口（2~3cm），取出内脏，去掉肠，除去肌胃中内容物及内全皮，用清水清洗内脏，然后将内脏整理好后装入小型塑料袋，塞入腹腔内或夹在翅膀下（这是出口标准）。目前，内销的半净腔乳鸽，只抽掉肠和嗉囊。

(3) 不净膛 脱毛后的鸽体不作任何净膛处理均保留在体腔内。

6. 胴体的修整

鸽胴体的修整通常分湿修和干修。

(1) 湿修 湿修时，最好使用有一定压力的净水冲刷，将附着在胴体表面的羽毛、血、粪等污物尽量冲洗干净。若是全自动生产线，可用洗禽机清洗。如是半自动生产线，则可将净膛后的胴体放在清水池中清洗。采用这种湿修方法时，要注意勤换池水，以免造成胴体被水中的微生物污染。

(2) 干修 就是用刀、剪将胴体上的病变组织、机械损伤组织、游离的脂肪等割掉，并将残毛拔掉，最后用剪刀从跗关节处将后肢剪下。

7. 冷却和干燥

(1) 冷却处理 乳鸽经过上述处理后，为使乳鸽肉质保持在最佳状态，消除鸽酮体的余热，应及时进行冷却处理。具体处理方法是将乳鸽放入水中浸泡，水温在4℃左右，可采用自动流水和加水的降温方法。乳鸽浸泡时间为10~15min，鸽胴体温度降至10℃左右即完成冷却处理工作。

(2) 干燥处理 为了保证鸽体称重、分级准确，冷却处理后要进行干燥。通常是将乳鸽从水中捞出，摊放在台面上，让其自然干燥20min左右，也可用风扇吹干。要加快干燥还可用干布将鸽体擦干，还应注意擦干鸽的脚爪和腹腔内、肛门等部位的水。完成鸽体干燥，可保证鸽体重量的准确以保证鸽体的称重、分级工作。

三 称重和分级

根据市场需求，要求鸽体大小均匀，每只鸽体都必须称重。鸽称重后，按其重量分等级，不同重量的鸽分别包装，按不同价格出售。

鸽肉分级标准是：

（1）顶级 A：501g以上，B：450～500g，C：400～500g。

（2）一级 A：351～399g，B：301～350g。

（3）二级 251～300g。

（4）三级 201～250g。

目前，国内市场需求的是顶级鸽，而一级、二级、三级鸽除出口外，国内销售量不大。为此，生产时应注重顶级鸽的生产。

在进行称重和分级的同时，把带有伤痕、皮破、瘦小、皮肤暗色或有其他残缺的个体剔除，另作处理。

四 鸽体包装

合格的鸽体应进行造型，将鸽头掖于左翅下，将左、右翅紧贴两侧，双脚应弯曲后塞于腹腔内。然后将每只鸽体用保鲜无毒塑料袋或塑料纸包装。必须将袋紧贴鸽身，将袋内空气挤出，把袋口扎紧。在称重、分级过程中，一定要注意清洁卫生。

第二节 鸽肉的储藏与运输

一 鸽肉的冷藏

乳鸽称重后按级别分级放置，按出口或销售的要求包装后，为保留乳鸽的鲜美味道，要立即进入－20～－40℃的速冻库进行速冻，冻结时间48～72h，产品中心温度达到－15℃时，可从速冻库转到冷藏库，冷藏库温度在－18℃以下，产品保持在－15℃以下，昼夜温差不超过±1℃，产品保储安全期为6个月。储藏前，应对冷藏室进行全面检查，防止因断电或冷藏设备故障而造成经济损失。如冷藏室放有其他肉制品，一定要妥善处理，防止鸽肉变味。乳鸽胴体储放时间过长，色泽会变暗，影响美观，所以不宜长期存放，应在价格合适时尽快出售。

二 冷库的卫生管理

冷库是进行鸽肉冷冻加工和储存的场所，其建筑设备的卫生状况与鸽肉卫生质量有着密切关系。冷库应远离污染源。修建冷库时，应当考虑防霉、防鼠、设备卫生及安全问题。冷库的卫生管理包括冷库建筑设备的卫生、冷冻加工和冷藏的卫生，以及冷库的消毒、除霉、灭鼠等工作。

1. 防鼠

要求冷库的地基深，用石头和混凝土铸成，库内墙里应有1m高的护墙铁丝网，每个冷冻间的门口要准备好挡板防鼠。

2. 防霉

要求冷藏库的内墙最好用防霉涂料涂布。

3. 设备卫生

库内照明灯应加保护罩。吊轨要防止生锈落屑，滑轮加油要适量，以免油污滴在肉上。冷库内的架子、钩子、冷冻盘、小车等用具和设备应用不锈钢制成或镀防锈层。库内垫板要清洁，定期更换洗刷，晾晒灭菌。

4. 安全措施

冷库的安全措施要齐全，应有防火、防走电、防跑氨和报警等设施。

三 鸽肉的运输

屠宰后的乳鸽经包装、冷冻加工后便可装箱。销售包装以装10kg为准，在包装箱底部要衬大塑料袋，逐个放入已冻乳鸽，按等级装箱，要求分级准确，不准窜级、混装。装箱完毕后，及时折好口袋，把纸箱盖好，封好口。用捆箱带扎成“井”字形，再在纸箱上规定的部位盖章，印好生产厂代号、品名、净重、生产日期字样，字迹要清晰易认，以上工作完成后待运。运输要用专用食品冷藏运输车，一般温度控制在-5℃左右，运输时应密切注意鸽肉的变化和运输时储存箱的制冷程度，防止运输途中鸽肉因解冻而变质。

第八章 肉鸽场建设与环境控制

肉鸽场场址的正确选择，不仅关系到经济效益的高低，而且是事关养殖成败的关键之一。良好的建筑设计应能满足肉鸽生长发育的具体要求，能保证场区具有较好的小气候条件，便于严格执行各项卫生防疫制度和措施，有效地组织肉鸽场的生产，建立良好的生产环境，使肉鸽免受周围环境污染因素对场区的危害，并且不对周围环境产生污染。因此，在肉鸽养殖之前应做好周密的计划，选择最适合的地点、科学规划后建设肉鸽场。

第一节 场址选择及规划布局

一 选择适宜场址

养鸽场场址的选择直接关系到以后种鸽的生产水平、效益的取得和鸽场的发展，可以说是办好鸽场的第一步。肉鸽场的场址选择与建筑设计，必须遵循因地制宜的原则，一方面根据当地的自然条件等进行调查研究；另一方面，根据当地的社会情况（经济情况、居民情况、交通、动力、文化设施）等综合考虑，进行科学的可行性分析。正确地选定场址，需注意以下几个方面。

1. 气候条件

气候条件方面主要考虑年均气温，最高、最低气温，冬季、春季与全年主导风向等。

2. 地形地势

肉鸽场的场地应选在地势稍高、干燥平坦、排水良好、向阳背风的地方，并尽量避开耕地。要保证场地土壤未被传染病、寄生虫病污染。鸽场场地的土质以沙壤土为宜。为了便于场区的绿化，土壤应有一定的肥沃性。黏土、砾土不宜建场。必须明确指出的是：排水不良，易遭水淹的低洼地绝对不能建造肉鸽场。平原地区应选建在地势平坦、开阔、地势较高、地下水位低（以低于建筑物地基深度 0.5m 为宜）的地方。如果在山区建场，不宜选在昼夜温差过大的山顶，或通风不良和潮湿的山谷深洼地，而应选择在半山腰处建场。同时，山腰坡度不宜太陡，也不能崎岖不平。在靠近河流、湖泊地区建场，为防水淹，所选场地应比当地历年水文资料中最高水位高出 1~2m，以确保安全。

3. 方向朝南

肉鸽场朝向以坐北朝南最为理想。这种朝向的肉鸽舍冬季吸热好，夏季通风，但又晒不到太阳，具有冬暖夏凉的特点，有利于提高产蛋率。如果找不到朝南的地址，朝东南或朝东也可以，但绝对不能朝西或朝北。朝西和朝北的肉鸽舍，夏季迎太阳西晒，舍内气温高，不但影响产蛋，还易造成肉鸽中暑死亡；冬季迎西北风，肉鸽舍保温困难，肉鸽耗料多。所以朝西和朝北的肉鸽舍，与朝南的肉鸽舍比较，用同样方法饲养，死亡率明显较高，饲料消耗增多，经济效益差。

4. 保证水质良好，水量充足

肉鸽日常生活离不开水，水源应保证充足。肉鸽场的用水量主要应考虑肉鸽的饮用水、饲料调制、肉鸽舍和用具的洗涤等。饮水卫生应符合国家有关标准的要求，水源附近应没有屠宰场和排放污水的工厂，离居民点也要远一些，以保持水质干净、不受污染。肉鸽场的排水是一个重要问题，应对当地的排水系统有所了解，如排水方式、纳污能力、污水能否处理等，要从长远考虑。

5. 交通方便

肉鸽场最好不要与养鸡场、养鸭场及产生噪声的厂矿和有废气、废水污染的企业为邻，以免疫病传染和噪声干扰、污染等对种鸽生产的影响。由于肉鸽场的产品和饲料的运输量较大，因此在考虑防疫隔离的同时，也要选择肉鸽场附近有良好交通运输条件，离转运站近的地方建场，从而便于运送饲料和产品，从而降低运输费用。但不能在车站、码头或交通要道的旁边建造，否则不利于防疫卫生，而且环境杂乱，容易引起肉鸽的应激反应，影响鸽生长、产蛋和孵化。一般肉鸽场距干线公路、村镇居民点及其他畜牧场都要超过1km。肉鸽场距大型化工厂、矿厂不少于3km。

二 规划布局

新建肉鸽场的建筑物种类和数量取决于肉鸽场的性质和规模。对于农村规模比较小的养殖户来说，由于建筑物种类和数量较少，其布局要求不严，可因地而建。但对一些规模较大的肉鸽场来说，由于建筑物种类和数量较多，布局一定要科学合理。

一般肉鸽场的建筑物应包括种鸽舍、育成鸽舍、人工哺育室、乳鸽屠宰间、库房、办公室、兽医室、宿舍等。各类建筑物的布局要便于管理，有利于疫病防治。在设计肉鸽场的布局时，应着重考虑以下四方面：一要便于搞好卫生防疫工作，规划时要充分考虑风向和地势的关系；二是生产区应按作业的流程顺序安排；三要便于管理，有利于提高工作效率，照顾各区间的相互联系；四要降低基建投资费用。

具体规划时，要将肉鸽场各种房舍分区规划，就地势高低和主导风向，将各种房舍依防疫需要的先后次序，进行合理安排(图8-1)。如果地势和风向不一致，按防疫要求不好处理，则以风向为主，地势服从风向。按主导风向考虑，行政区应设在生产区风向平行的一侧，生活区应设在行政区之后。生产区必须与行政区、生活区隔离，运输饲料的道路必须与运输粪便的道路分开。根据肉鸽群的经济价值与抗病能力排序，按照场内风向与防疫环境的优越程度依次为：种鸽舍→商品鸽舍；人工哺育室→育成鸽舍→成年鸽舍。为便于作业考虑，饲料仓库应位于生产区和行政区之间，并尽可能接近耗料最多的成年鸽舍。从防疫角度考虑，场内道路应分清洁道和非清洁道。两者互不交叉，清洁道用于运输活鸽、饲料、产品，非清洁道用于运输粪便、死鸽等污物。各个区之间应有30～50m的隔离带，并在中间种植花草，尤其是生产区，一定要有围墙，加强卫生防疫工作，进入生产区必须换衣、换鞋、消毒。生活区和生产区之间应保持一定距离。行政区和生活区应设在与生产区风向平行的另一侧，距生产区80m以上为好。堆粪场应设在地势较低的下风方向，最好距生产区250m以上，如果堆粪场距生产区过近，则应经常清理，不应大量、过久地堆放粪便，以便尽可能减少粪便污染。这种布局目的在于保证生产区和病鸽粪便处理区的不良气味、噪声、粪便和污水不致因风向或地势而污染居民生活环境，以及因传染病出现而使疫情蔓延，同时也可防止闲杂人员的乱串而影响肉鸽场的卫生防疫工作。

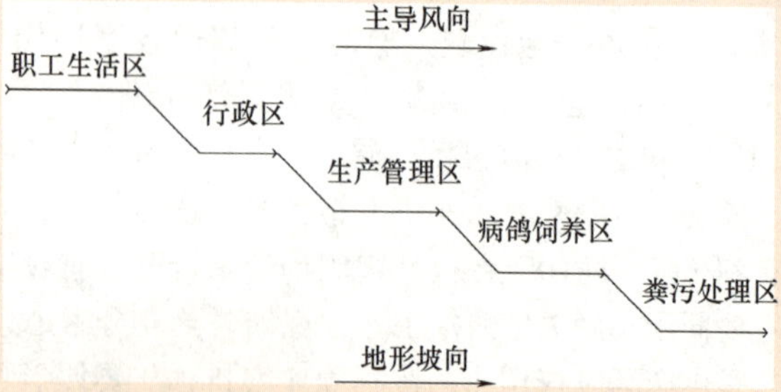

图8-1　肉鸽场按地势、风向分区规划示意图

第二节　鸽舍建设

鸽舍是肉鸽繁殖生产、生长和栖息的场所，设计上一定要符合鸽的生物学特性要求，还应经济实用。根据肉鸽具有喜干燥、通风，忌闷热、阴暗、潮湿等习性，在设计鸽舍时，不仅要考虑鸽舍的空气新鲜、阳光充足、地面干燥、冬暖夏凉、清洁安静，而且鸽舍应坐北朝南，门东向为好，要便于饲养管理，又要能防兽害。在建筑材料上应因地制宜，尽量降低成本，农户养殖时可利用闲置房舍改建，只要满足养鸽的基本条件都是可以的。

一　鸽舍的基本要求

鸽舍是肉鸽繁殖生产、生长和栖息的场所，鸽舍适用与否对鸽的健康和生产性能都有很大影响。建造鸽舍时，既要考虑式样美观，又要讲究经济实用。

1. 通风良好

根据肉鸽怕潮湿、怕闷热、怕阴暗、怕脏等特点，鸽舍应尽量建造于地势高、干燥、平坦的沙质土地上。鸽舍要有足够的窗户，以保证鸽舍内通风良好、空气新鲜。一般窗户面积与鸽舍地面面积的比例不应小于1:6。如果鸽舍跨度大，可在屋顶安装通风管，管下部安上通风控制闸门，必要时开闸通风。建造鸽舍时既要注意到室内通风，又要避免贼风的侵袭。冬季寒流的突然袭击易使鸽子感冒，甚至冻死乳鸽。为此，鸽舍以坐北朝南为好，并且要求两面有墙，朝南的一面可全敞开或半敞开，后墙设有窗户（可根据需要关闭或开启）。这样既能保证空气新鲜，又能做到冬暖夏凉，有利于鸽的生长与发育。

2. 具有保温防暑性能

肉鸽虽具抗寒、较耐高温的能力，但只有在适宜的环境温度下才可能充分发挥较高的生产水平。应根据当地气候条件设计鸽舍，北方相对寒冷，要建造冬季易防风、防雪、保暖的笼舍。南方温度较高，则以通风降温为主，也要注意台风的袭击。有条件的应把舍内温度控制在10～25℃适温范围内。

3. 适宜的高度

鸽舍应有适当高度，群养鸽舍的笼位高度以一人多高为好，这样既便于清扫鸽笼，又便于捕捉鸽子。鸽舍过高增加造价，冬季不易保暖，而且还会给清扫、消毒带来不便；太矮则空气流通差，夏季闷热。通常大型鸽舍的檐高不应低于2.5m。

4. 保证充足阳光

鸽舍内的光线不能太暗。种鸽如长期饲养于过分阴暗的房舍，会影响鸽子对钙的吸收，不利于骨铬的生长，易导致种鸽发生软骨症，严重影响种鸽的生产性能，甚至丧失生产能力。较明亮的环境有利于鸽子的生长发育和正常繁殖。为此，鸽舍应尽量坐北向南，以利采光。同时还要保证窗户达到一定的采光面积，有时尚需开设天窗，以便于采光。生产鸽舍还应安装照明设施，必要时可以人工补充光照。

5. 防潮湿

鸽舍应建在地势较高的地方，四周设排水沟。鸽舍的地面以水泥地面为好，同时还应有一定的坡度，并设有排水沟。这样既便于清扫消毒，又可防止地面积聚污水、粪便，使鸽舍保持清洁干燥。

6. 便于消毒防疫

场址选择远离其他饲养区、人居区。鸽舍要求路面光滑，地面干整无缝隙，以便冲洗消毒。笼舍设计要易清扫、易消毒，鸽舍入口处应设有消毒池，窗户有防兽和防鼠网。

7. 环境安静

建造鸽舍时除要考虑到舍内的环境舒适外，还应考虑到鸽舍周围的环境。如水源要充足、无污染，周围要安静，没有噪声。高频噪声会影响种鸽的正常繁殖。

8. 因陋就简，尽量减少基建投资

养殖业属于高投入低回报的行业，无论是规模养殖还是家庭饲养，都不可贪大求多，增加基建投资。同样，建造肉鸽舍也应本着因地制宜、因陋就简、就地取材的原则，尽可能降低鸽舍的建造成本。在总体计划的前提下，若资金不足，则不一定一步到位，可分段实施，逐渐扩大，逐步到位，即以鸽养鸽，使养鸽规模逐渐扩大。为了降低基建投资，还可充分利用闲置的房屋及暂不养鸡、养猪的房舍作适当改造后使用。只要具备地势高深、通风良好、光线充足、可防御鼠蛇等敌害的房舍即可养鸽。当资金、技术、市场等条件具备后，再筹建整齐的鸽舍。此外，就农户来说，可利用自家的闲置空房、楼顶空坪等发展庭院养殖，只要能摆放鸽笼，就能养肉鸽，养上30~50对，不耽搁农活，又可以增加收入。

二 鸽舍的形式与种类

1. 鸽舍的形式

我国地域宽广，南北、东西跨度较大，气候的差异悬殊。南方气温偏高，一年四季气温差异不很悬殊，但湿度较大，因而在建筑鸽舍时应考虑以通风为主，保温为辅的原则；而北方四季气温变化显著，尤其冬季温度很低，因而在建筑鸽舍时应以保温为主，当然

通风也不容忽视。因此考虑到以上因素，从鸽舍的通风、保暖性能方面可将鸽舍分为开放式、封闭式和半封闭式3种类型。

（1）开放式鸽舍 此种鸽舍四面无墙，用石棉瓦、塑料瓦、油毡等搭成屋顶，屋顶由屋架和四周的柱子架起，即一般意义上的棚舍（图8-2）。此种造价最低，通风良好，宜作散养鸽舍，但只适用于温暖地区。但这种鸽舍的不足之处是防蚊蝇和气雾消毒、免疫等较困难，在蚊蝇较多季节，要考虑在四周安装上纱网。

图8-2 开放式鸽舍

（2）封闭式鸽舍 鸽舍四面有墙，上有严密的屋顶，舍内与外界相对分离，形成局部的小气候环境，在鸽舍长轴纵墙设置门窗，舍内放置笼架，与封闭式鸡舍类似。有些鸽舍顶部还安装排气塔窗。鸽舍门口设一小房间，其作用除供饲养人员休息和放置一些常用的饲料、饲具外，还用于防止严寒季节冷空气直接进入鸽舍，对冷空气起到预热的作用（图8-3）。合格的封闭式鸽舍可做到对环境的控制，可人为根据需要，进行温度、湿度、通风、光照的调控，但鸽舍的造价较高。利用闲旧房舍改造作鸽舍时，应考虑改进通风、光照和增加保温防寒设备。

（3）半开放式鸽舍 此种类型的鸽舍是在开放式鸽舍的基本形式上加砌围墙，围墙的高度为舍高的一半（图8-4）。此种鸽舍通风及光照效果较好，造价较低，但寒冷季节不易保持温度，比较适合我国南方和北方气温适中的广大地区。若在冬季舍内温度低于10℃时，

图8-3 封闭式鸽舍

图8-4 半开放式鸽舍

鸽舍四周的上半部可用塑料薄膜围住，以提高舍温，但在建造时应考虑换气装置。

2. 鸽舍的种类

根据鸽场养鸽的目的及饲养鸽的不同年龄分类，通常分为种鸽舍、生产鸽舍和青年鸽舍三大类。

（1）种鸽舍 种鸽舍是专门用于饲养良种鸽的，种鸽舍多选择小群离地群养的方式，种鸽舍以小间为宜，每间 $20m^2$ 左右，可饲养种鸽 20 对，并提供良好的环境条件，其优点是种鸽活动范围大，能使种鸽获得充足的阳光和新鲜的空气。此种种鸽舍由于设有运动场，可使种鸽运动量增大，从而增强种鸽体质，增强抗病能力，提高生产性能，培育优良的后代，使留种鸽的体形、体重和生产力等方面能保持或超过亲代的生产性能，从而达到种用的目的。这种鸽舍投资较大，成本也较高，饲养管理较不方便，不易观察、记载每对鸽子的动态及生产情况。若管理不善时，还会引发传染病。另外，由于是群养，在配种、孵化时易受到其他鸽子的干扰。

（2）生产鸽舍 生产鸽舍是专门用于饲养肉鸽以提供商品乳鸽的，多采用每对产鸽单独笼养方式。所谓笼养就是把已经配好对的生产种鸽一对一对地分别关养，让它们住、食、饮分开。具有结构简单，造价低廉，鸽群安全，管理方便等优点。这种鸽舍的形式大致有如下两种：

1）双列式内外笼鸽舍。这种鸽舍一般为砖瓦结构，人字形屋架，屋顶设钟楼或气楼（图 8-5），檐南高北低，南高 2.8m，北高 2.5m，两边屋檐各宽 60cm。舍内宽 3m，中央是 0.8～0.9m 宽的走道，走道两头是鸽舍门，供人员进出。走道两侧各安装一排四层的

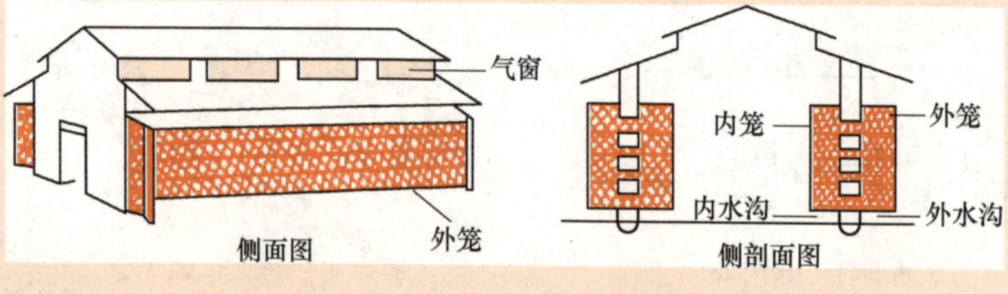

图 8-5 双列内外笼生产鸽舍

重叠式铁丝网笼。最下层的笼底离地面 20 ~ 50cm。每个笼分两部分：位于墙内侧的一半称内笼，其规格为 50cm × 40cm × 40cm；位于墙外部分叫外笼，其规格为 60cm × 40cm × 40cm；内外笼之间有一个中门供鸽出入，中门规格为 20cm × 15cm。

2）双列式单笼鸽舍。其结构与双列式基本相似。人字形屋顶，舍高 2 ~ 3m，舍正中一条 1m 左右的工作走道，走道两侧各有一排 3 层或 4 层结构的鸽笼，其规格为 60cm × 60cm × 55cm。两头是鸽舍大门，南北墙上开窗。这种鸽舍造价较低，目前普遍采用（图 8-6、图 8-7）。

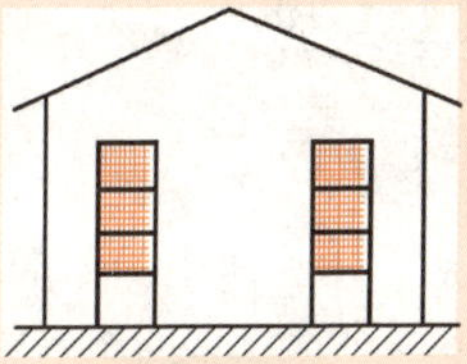

图 8-6 双列式单笼生产鸽舍

图 8-7 双列式单笼鸽舍（开放式）

（3）青年鸽舍 青年鸽舍又称育成鸽舍或后备种鸽舍，是专门饲养 1 ~5 月龄青年鸽的鸽舍。青年鸽舍属群养鸽舍，一般以单列式平房为多（图 8-8）。也可利用旧房改建。一栋鸽舍或一个单间鸽舍内的一群鸽共用一个食槽和同一个饮水器。如果养产鸽，则舍内要有旋转柜式鸽笼供其繁殖。单列式平房，每幢宽 5 ~ 5. 2m，长 12 ~ 18m，檐高 2. 5m，舍内分隔成4 ~ 6 个小间，并留小门与走道相通，便于饲养人员饲喂和管理，每间可养 50 对青年鸽。舍内地面以大红砖或三合土为好，要求地面光滑而整洁，潮湿天气时不冒水。地面要比运动场地面高 30 ~ 40cm，以保持栖息环境的干燥。条件好的可在舍内及室外运动场离地 40 ~ 50cm 处铺设一层铁丝网或竹片，便于鸽子在网上活动，亦即离地群养鸽舍，使鸽子不接触地面，减少鸽子与粪便的接触，可预防寄生虫病，有利于鸽体的卫生和健康。与鸽舍相邻的室外作为运动场，其顶部和四周用木条、竹片或铁丝网、尼龙网围成，以利青年鸽的运动，并获得充足的阳光及新鲜的空气，这样有利于鸽的生长发育（图8-8）。按鸽舍与运动场之间的畅通程度不同，又分以下两种。

1）封闭式群养鸽舍。鸽舍的四面都有墙体，其中向阳的一面设门窗，鸽通过此窗来进出于鸽舍与运动场之间。此种适用于北方地区。

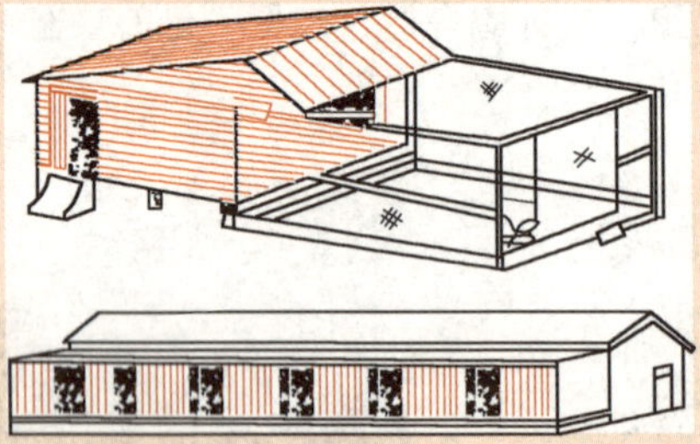

图8-8 青年鸽群养鸽舍

2）前敞式群养鸽舍。东、西、北三面是墙体，向阳的一面敞开直接通向运动场。此种适用于南方地区。

三 鸽舍的大小与布局

1. 鸽舍面积大小

鸽舍的面积大小要依据其饲养方式来确定。一般可按每平方米饲养6只的标准，单间规格最好为4m×2.6m，一单间养产鸽30～32对。国外有些养鸽场认为一幢鸽舍为150～200m² 合适。我国各地每幢鸽舍的规格各不相同，就我国的实际情况而言，以120m² 大小较为适宜，适合饲养300对产鸽，正好是一个饲养员所能承担的饲养管理的工作量。

2. 鸽舍布局

在建场时要布局合理，在布局时，既要考虑到养鸽场的生产工艺流程，改善劳动条件，降低劳动强度，又要有利于卫生防疫。鸽舍与鸽舍之间要相距至少5m，这样才有利于防疫、排污和防火。饲料间要靠近鸽舍，并设在主导风向的上风位。治疗室、隔离室应远离鸽舍，并位于下风位，这样才有利于防疫。除以上介绍的 3 种鸽舍外还建一个育雏室，以备暂养离乳鸽。按风向和地势由上向下依次为办公室、饲料间、种鸽舍（或生产鸽舍）、童鸽舍、隔离治疗室等。

第三节 养鸽设备

一 鸽笼

鸽笼是生产鸽、种鸽一生所在的场所。因而鸽笼空间一定要足够大，要保证鸽子在其中活动自如，生活舒适。另外，笼舍大多由铁丝或钢丝焊接而成，若焊接点不光滑、不平整，就会划伤鸽体，同时也会划伤饲养人员，从而带来不必要的麻烦。因此，要选择牢固、光滑、平整的鸽笼来饲养肉鸽。

【提示】 有些养殖户为了节约养殖空间，饲养鸽数多，使得每个笼子的空间变小，这样常会引起肉鸽的不适，影响它们正常的生活习性，从而也会影响到繁殖性能、产蛋率、育雏率，这样反而得不偿失。

1. 群养生产鸽笼

群养鸽笼可以砖砌、竹片、木材和金属网制作，多采用柜式多层鸽笼。群养鸽笼规格多样，要根据鸽舍面积来考虑其大小长短，一般采用 3 层或 4 ~ 5 层，每层设置数量不等的巢房，一个巢房供 1 对种鸽居住（图 8-9）。巢房规格为高 33cm、深 45cm、宽 45cm，巢房的中线从里向外 30cm 处，放置 1 块薄隔板，将巢房分成两个小室。此隔板在繁殖时才放上，平时拿开。在两室内各放一个巢盆。巢房正前方设笼门。个体或饲养专业户一般因地制宜建造竹制鸽笼或用木条制框架，周围及上下均可用小竹条围密成笼，有的框架则用钢筋制作，然后周围用铁丝网密成笼。

2. 笼养生产鸽笼

笼养生产鸽笼是封闭式的，这种鸽笼要有巢盆、食槽、饮水器和保健砂杯等，供生产鸽栖息、过夜、产蛋、孵化和育雏。条件好的还要单独开辟运动间。

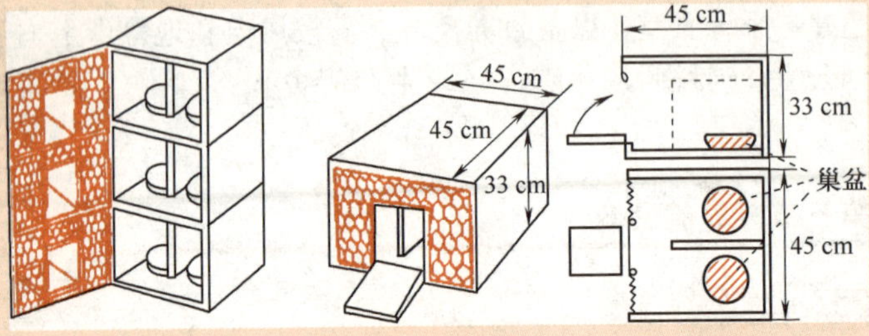

图 8-9　柜式群养鸽笼

（1）单个箱式鸽笼　单个箱式鸽笼的规格为高 50cm、宽 50cm、深 55～70cm。笼子正面中间位置为笼门，笼门左右两侧悬挂水槽、食槽及保健砂杯（图 8-10）。为提高饲养密度，单个箱可以制成立体式结构，有 3 层 6 个单笼一组的，也有 3 层 9 个单笼一组的，或 4 层 12 个单笼一组的，上下层之间有抽粪板，防止下层鸽被上层鸽粪污染（彩图 30）。

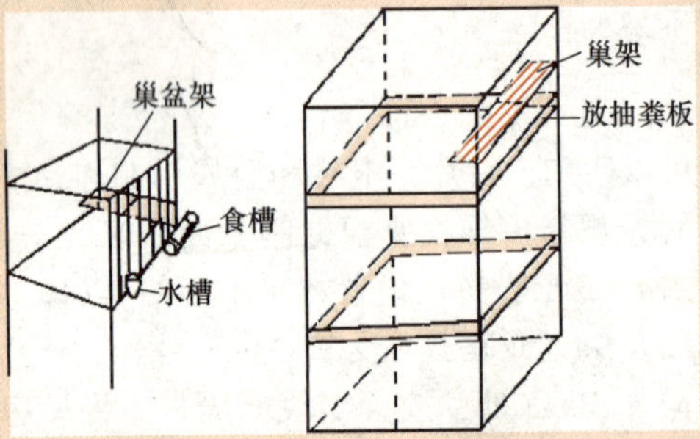

图 8-10　单个箱式鸽笼

（2）内外双笼式鸽笼　此种鸽笼又称阴阳鸽笼。内外双笼式鸽笼有室外笼和室内笼组成（图 8-11）。室外笼是鸽子运动和配种的场所，一般规格为宽 50cm（或 60cm）、高 45cm、深 60cm（或 40cm），外笼悬挂水槽或水杯，有条件的还可以在外笼顶层架设自来水管，水管底面装上喷水器，供鸽洗浴用。室内笼作为鸽采食、产蛋和孵化育雏的场所，一般规格为宽 50cm（或 60cm）、高 45cm、深

60cm（或40cm）。鸽笼由铁丝网制成，内外门及内外笼正面用直径4～6mm的贴条直向间隔，每根的间距约4cm，以便于鸽子采食和饮水。其他部分可用3cm×3cm的铁丝网或竹条、木条制作。室内笼，在外笼4层垂直重叠，在室内靠墙边安装4层室内笼，在室外檐下靠墙同样安4层室外笼，相对应的内外笼之间的隔墙上开一宽15cm的通道。内外笼笼底距地面均为20cm，内外分别设排水沟，以便于冲洗鸽粪。

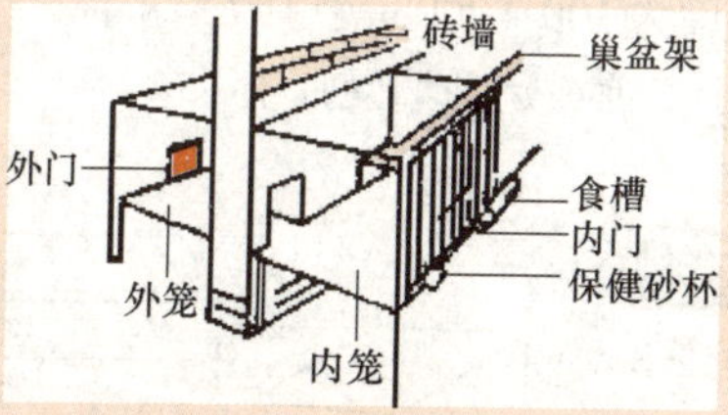

图8-11　内外双笼式鸽笼

二 巢盆

鸽具有营巢、孵蛋、育雏的习性，为使其后代获得较高的存活率，就应满足其生活条件。鸽在人工养殖条件下，用人工巢代替鸽巢。人工鸽巢由巢盆和垫料组成。巢盆可使用方形或圆形的塑料盆，大型鸽场的多层柜式笼多采用固定的多孔塑料小盆作巢盆，其规格大小为直径20～26cm，盆深8～10cm，不可过大或过小，也不可过深或过浅（图8-12）。巢盆应有一定的重量，否则易打翻而降低孵化率。巢盆内最好放上柔软、保暖且通气性能好的垫料，从而有利于提高孵化率。

图8-12　巢盆

垫料是巢盆内不可缺少的部分，它不仅具有保暖作用，而且松软具有缓冲作用，可以提高生产鸽繁殖率。常用的垫料有木屑、稻草、干草、谷壳、麻布片、泡棉等，生产中可根据当地资源选用。

不论用何种垫料，必须干燥、干净，垫料厚度为2～3cm。更换垫料要勤。有的养殖户常用野干草垫料将其编成一个小窝在产蛋前放入巢盆内，效果较好。

三 食槽

食槽即饲槽，食槽的式样多种多样（图8-13）。它要求鸽易采食，浪费少，保洁时间间隔长，成本低，并且管理操作方便，一般用竹筒、木板、锌铁皮、塑料或纤维板制作。育成鸽和群养鸽多采用长食槽，一般长度为100～200cm，高6～8cm，底宽5cm，上口宽7cm，使用时悬挂于笼前或运动场网片上。

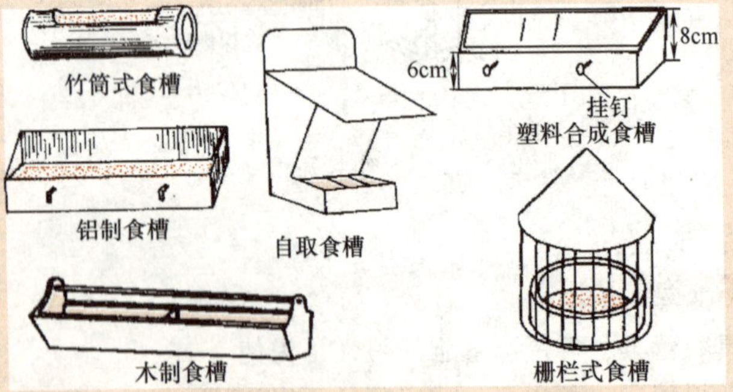

图8-13　各式食槽

笼养生产鸽多采用短食槽，一般长度18～20cm，底宽5cm，上口宽7cm，前高8cm，后高6cm，生产中1对鸽子1个食槽，悬挂于笼前小门下方。另外，也可采用规格为长40cm、宽10cm、深8cm的食槽，此种食槽槽长的1/4盛放保健砂，余下部分盛放饲料，平挂于笼外的笼壁上，骑挂于两个鸽笼之间，供相邻两对产鸽使用。

四 饮水槽与饮水器

无论式样如何，饮水槽与饮水器都要求能够保持水的清洁，防止鸽粪的污染，水的深度在3cm以上，而且添水方便，清洗与消毒方便，并且价格便宜，经济耐用，使用方便。

1. 笼养鸽的饮水器

笼养鸽饮水器有杯式、槽式和水管饮水器 3 种。但常用槽式饮水器，这种饮水器由铁皮或塑料制成，高约 5cm，上口宽 6cm，底宽 4cm，长度与笼舍长度一样。其式样如图 8-14 所示。

2. 群养鸽和童鸽饮水器

这种饮水器要能保证鸽持续不断地饮到水，而又使鸽的脚不踏进饮水器，其粪便和羽毛不易落入水中。目前常用的是塑料饮水器（图 8-14），它一次可盛水 2 500 ~ 5 000mL，而且使用方便，又能经常保持饮水清洁。

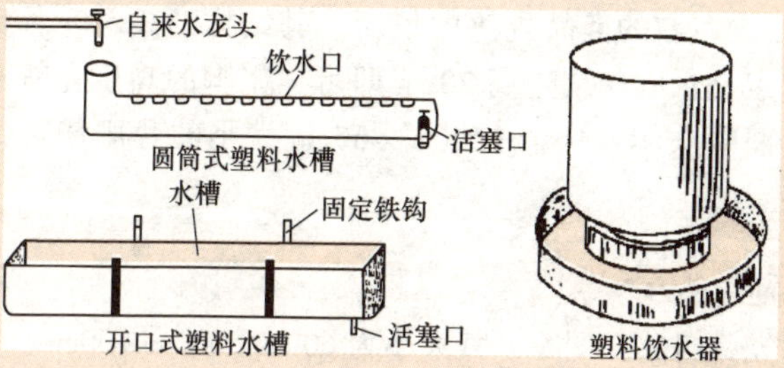

图 8-14　各式饮水槽与饮水器

3. 乳头饮水器

乳头饮水器在养鸡业中广泛使用，现肉鸽饲养也已有使用（彩图 31）。使用乳头饮水器可减少疫病传播，节约用水，减少饲养员清洗水槽及加水的工作，也可增加饲养员的定额，提高效率。

五 保健砂杯

保健砂也称盐土，是鸽生存不可少的饲料添加物。盛放保健砂的用具最好用陶瓷、木材或塑料制品制作，不要用金属做，因为金属容易与保健砂发生化学反应。常用的塑料保健砂杯（彩图 32），深 5 ~ 8cm，上口直径 6cm，内装保健砂挂在笼子外侧，能使鸽吃到即可。也有的在食槽的 1/4 部分放隔板，放保健砂供鸽食用。

六 栖架

栖架是供鸽子登高栖息用的，主要用于群养和青年鸽，供鸽在夜晚、白天和下雨天栖息用。栖架制作很简单，可用竹竿和木条制成，其长度可根据鸽舍和运动场的大小而定，通常是长 2～4m，宽 0.6～1m，一般在两根木棍或方木上每隔 20～30cm 钉一根粗 1～1.5cm 的竹竿或木条即可，要求最低的竹竿离地面 40cm，以防受潮。

七 育种床和育肥床

育种床是培育种鸽的，育肥床是用来育肥商品乳鸽的。育种床无一定规格要求，一般可以长 120cm，宽 65cm，床周边高 40cm，床脚高 30～50cm，由金属结构或竹木制成。育种床上面可加铁丝网或竹丝网盖。此种规格的育种床可育养童鸽 6 对或 7 对。育肥床是饲养 20 天左右的商品乳鸽的场所。其结构形式与育种床基本相同，不同点是育肥床周边高 20cm 即可，床脚的高度比育种床略高些，便于灌喂操作。一个 120cm×65cm 大小的育肥床可饲养乳鸽 20 对左右。

八 配对笼

配对笼又叫鸽交配笼，其大小为 60cm×30cm×30cm，是一个长方体的网笼，正中央设有可抽移的栅栏，将整个笼暂时分割两半。把一雄一雌放进笼的两侧，使两鸽相望，日久生情后，抽掉栅栏让其配对，然后移入产鸽鸽舍。

九 乳鸽人工哺饲工具

进行人工哺育可缩短亲鸽自然哺育乳鸽时间，提前进入下一个繁殖期，增加全年产鸽数。乳鸽人工哺饲工具有以下几种。

1. 注射筒灌饲器

将 20mL 或 50mL 的注射器去针头，改装成小容量灌饲器。操作需两人进行，每次仅能喂 1～2 只乳鸽。

2. 吊桶式灌饲器

在塑料桶底部开一直径 30～50mm 的孔，连接长约 1m 的透明胶管，用弹簧夹封闭管口控制出料。将桶悬挂在育雏笼的前方，通过吊绳上端的滑轮，可以左右移动吊桶，依次灌饲各笼乳鸽。吊桶式灌饲器容量较大，适用于规模较大的鸽场。

3. 脚踏式灌饲器

脚踏式灌饲器参照填鸭机改装而成，一般选用不锈钢制作，具有使用方便，速度快，饲喂量准确的优点。

4. 塑料瓶灌饲器

用500mL或1 000mL塑料瓶，瓶口塞上橡皮塞或用塑料瓶的瓶盖封口。在塞或盖上开一直径30～50mm的小孔，插入5～10cm的橡胶管，在塞或盖处另插一针头至瓶内，作进气用。通过挤压的办法给鸽灌饲。

5. 吸球灌饲器

根据乳鸽日龄选择不同大小的医用吸球制作而成。使用时将吸球内的空气排尽，吸入适量的食糜，再将吸球口放入乳鸽食道，挤压吸球使食糜进入乳鸽嗉囊内。

十 捕鸽网

一个养鸽场总免不了捕鸽。如果是改建鸽舍，房舍高大，徒手捕捉困难，就借助捕捉网来抓捕。捕鸽网网口直径30cm左右，网深40cm左右，网口用粗铁丝或竹条做成圆形，并固定在一根竹竿上（图8-15）。捕捉时动作要准要快，尽量减少鸽群惊扰。

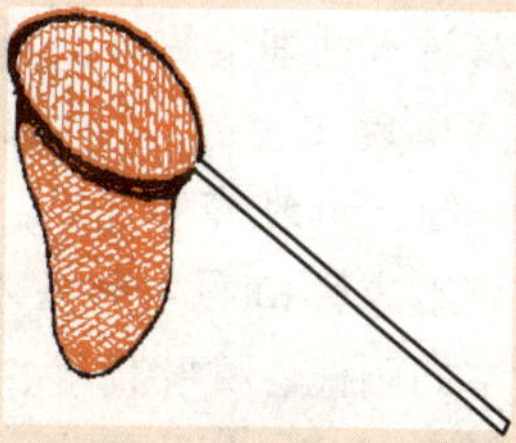

图8-15 捕鸽网

第四节 环境控制及粪污处理

外界环境是肉鸽的生存条件，肉鸽与外界环境经常进行着物质交换和能量交换。肉鸽依赖外界环境而生活、生长、繁殖和生产各种产品。但并不是所有的环境条件对肉鸽的生存和生产都是有利的，只有符合肉鸽要求，满足肉鸽需要的适宜环境条件才能有利于肉鸽健康生长，才能保证肉鸽更好地繁殖和生产。

一 场区的环境管理

肉鸽场是一个较大的污染源，产生大量的废弃物，如粪尿、污水、病死肉鸽等，同时也会招来和滋生大量的传播媒介。加之许多肉鸽场的肉鸽舍密集和规划布局不合理，导致肉鸽场污染严重、卫生质量差、病原微生物和媒介类昆虫大量滋生繁殖，极易发生疾病，特别是传染病。采取措施保持肉鸽场环境清洁卫生、空气洁净新鲜、减少污染和病原微生物滋生繁殖，有利于维持肉鸽群健康，减少疾病的发生。

1. 合理规划设计

科学地进行规划布局是保证肉鸽场安全的基础。肉鸽场必须分区规划，科学布局肉鸽舍和道路，配备必需的保护设施，以使肉鸽群的季节性应激较小。肉鸽场周围建立隔离墙、防疫沟，内部功能区各区域间应有绿化带和围墙严格分离，并且四周要有防疫沟，仅留两条通道，一条是饲养员和饲料等正常进入的清洁道，物品一般只进不出，另一条是处理肉鸽粪和淘汰肉鸽群的脏道，一般只出不进，两道不能交叉。为了保持场区和肉鸽舍环境良好，肉鸽舍之间应保持适宜的距离。肉鸽场入口和肉鸽舍入口设立消毒池、配套粪污及污水处理设施等，并制订严格的卫生防疫管理制度。

2. 绿化

绿化可改善小气候，净化空气，并且具有卫生和防火作用。在场界周边种植乔木和灌木混合林带，乔木如杨树、柳树、松树等，灌木如刺槐、榆叶梅等，特别是场界的西侧和北侧，混合林带种植宽度应在10m以上，以起到防风阻沙的作用。场区隔离林带常用杨树、槐树、柳树等，两侧种以灌木，总宽度为3～5m，主要用以分隔场区和防火。场内外道路两旁的绿化需根据道路宽度选择树种，一般常用树冠整齐的乔木和亚乔木及某些树冠呈锥形、枝条开阔、整齐的树种。为保证自然采光，在建筑物的采光地段，不宜种植枝叶过密、过于高大的树种。运动场的南侧和西侧可选枝叶开阔、生长势强、冬季落叶后枝条稀疏的树种，如杨树、槐树、枫树等，设1～2行的遮阴林。

3. 水源保护

肉鸽场水源要远离污染源，位置要选择远离生产区的管理区，水源周围50m内不得设置储粪场、渗漏厕所，水井设在地势高处，防止雨水、污水倒流引起污染。定期检测水质，发现问题及时处理。

4. 废弃物处理

废弃物处理包括粪尿处理、污水处理、尸体和垫料处理。粪和尿可通过腐热堆肥或高温烘干，待高温杀灭病原菌后再作复合肥料或饲料的原料，还可制造沼气。肉鸽场必须专设排水设施，以便及时排除雨水、雪水及生产污水。污水处理可通过沉淀、过滤和固液分离法将其中的有机物等固体物分离出来，进而浇灌果树或养鱼；或者用酸碱中和，再用胶体等有机物来凝结沉淀；或者直接向污水中加入漂白粉生成次氯酸而进行消毒。尸体和垫料一般携带较多病原菌，可通过100℃高温处理或直接焚烧。

5. 灭鼠灭虫

鼠是人、畜禽多种传染病的传播媒介。鼠还盗食饲料和肉鸽蛋，咬死乳鸽，咬坏物品，污染饲料和饮水，危害极大。肉鸽场易滋生蚊、蝇等有害昆虫，骚扰人、禽和传播疾病，给人、禽健康带来危害。肉鸽场必须应采取综合措施，加强灭鼠、杀虫工作。

6. 环境消毒

消毒可以预防和阻止疫病发生、传播和蔓延。肉鸽场需有严格的消毒制度，要定期开展场内外环境、肉鸽体、饮用水等不同形式的消毒。使用的消毒药应安全、高效、低毒、低残留、对人与畜禽无害，常见的如氢氧化钠、过氧乙酸、石灰乳、漂白粉、苯酚、高锰酸钾等。由于消毒药的性状和作用不同，消毒对象和使用方法不一致，药物残留时间也不尽相同，使用时要根据药物特性和应用对象认真加以选择。

二 鸽舍的环境管理

肉鸽舍是肉鸽生活和生产的场所。肉鸽舍的环境直接影响肉鸽的健康和生产性能的发挥，生产中许多疾病的发生都与肉鸽舍环境不良有密切关系，只有了解和掌握肉鸽舍环境对肉鸽的作用和影响，控制好肉鸽舍环境，才能保证肉鸽健康，提高生产性能。对肉鸽群健康影响较大的环境因素主要有温热环境、有害气体、微粒、微生物及噪声等。

（1）温热环境控制 温热环境是影响肉鸽群健康和生产力的重要因素，决定环境温热程度的主要因素是气温。温热环境可以通过热调节对肉鸽产生影响，也可以通过饲料、植物的生长、化学成分和季节性供应及寄生虫和其他疫病的发生和传播间接对肉鸽的健康和生产力发生作用。

肉鸽机体在一定范围的环境温度下，通过自身的热调节过程能够保持体温恒定。舍内温度过高时，肉鸽体内热量的散失困难，体内蓄热，导致体温升高，发生热应激，严重的导致热射病引起死亡。温度过高时，幼雏表现为远离热源、两翅和嘴张开、呼吸加深加快、采食量减少、饮水量增加、精神差。若幼雏长时间处于高温环境，则肉鸽群体质减弱、生长缓慢、易患呼吸道疾病和啄癖。舍内温度过低时，如果饲料供应充足，肉鸽有活动机会，对育成后期和成年肉鸽危害较小，但对雏鸽影响较大。

【提示】 低温能严重影响雏鸽的健康甚至死亡，低温时雏肉鸽表现为：互相拥挤叠堆，绒毛直立，身体蜷缩，尽量靠近热源，不愿采食，饮水减少，发出尖叫声。温度过低时，幼鸽易患感冒、拉稀等疾病，尚未吸收完的卵黄也因低温而不能正常继续吸收，鸽腹部大，体弱，甚至死亡。

肉鸽舍内温度控制措施如下。

1）提高肉鸽舍外围护结构的保温隔热性能。加强肉鸽舍保温隔热性能的设计，这是改善肉鸽舍环境的基础。建筑保温隔热性能良好的鸽舍是最经济、最有效的。

2）适宜的饲养密度。寒冷季节可以适当提高饲养密度，炎热季节降低饲养密度。

3）适宜的通风量。适量的通风是调节舍内温度的有效措施。夏季进行强制通风，增加通风量，驱除舍内的积热，避免温度过高。冬季减少通风量，避免温度大幅下降。

4）供温设备要稳定可靠。供温设备应能满足一年四季的需要，特别是满足冬季的供温需要。新安装的供温设备一定要试温，观察能不能达到育雏温度，以及达到育雏温度的时间，温度是否稳定，受季节气候影响的大小等。

（2）湿度控制 环境湿度变化不能单独对肉鸽产生多大的影响，

但与温度、气流等因素一起对肉鸽产生一定影响。

【提示】高温高湿环境中，肉鸽的抵抗力降低，传染病的发生率提高，热应激更严重。低温高湿时，肉鸽机体散热更容易，肉鸽体感到更加寒冷，加剧了冷应激，肉鸽易患感冒性疾病、风湿症、关节炎、肌肉炎、神经痛及消化道疾病（下痢）等。

肉鸽舍内湿度的改善措施如下。

1）湿度低时，可采取向地面洒水或用喷雾器喷水，在供暖炉上放置水壶或水锅等措施。育雏时喷水一定要喷热水，避免因喷水引起温度大幅下降或凉水喷在雏肉鸽身上引起伤风感冒。

2）湿度高时，特别是夏季，可以提高气流速度，增加通风换气量来驱除舍内多余的水汽，降低湿度，同时也可以驱除舍内的积热，降低舍内温度，缓解热应激。冬季高湿时，提高舍内温度，同时注意适当通风换气。

（3）气流控制 气流对肉鸽健康的影响主要体现在寒冷和炎热的极端环境中。若肉鸽舍寒冷，温度低，此时再增加气流速度，则增加肉鸽体散热，冷应激更严重。冷风直吹肉鸽体，使鸽伤风着凉，特别是“贼风”危害更大。鸽舍温度高，舍内气流不均匀，存在死角，部分肉鸽只会遭受更严重的热应激。肉鸽舍内气流的改善措施为：通风口要均匀设置，不产生死角；冬季防止冷风直吹肉鸽体，避免“贼风”。

（4）有害气体控制 肉鸽舍内肉鸽群密集，呼吸、排泄物和生产过程的有机物分解，有害气体成分要比舍外空气成分复杂。肉鸽舍中的有害气体主要有氨气、硫化氢、二氧化碳、一氧化碳和甲烷。在规模养肉鸽生产中，这些气体污染肉鸽舍环境，引起肉鸽群发病或生产性能下降，降低肉鸽的生产效益。消除有害气体危害，应加强防潮管理，保持舍内干燥；若为地面平养，则在肉鸽舍地面铺上垫料，并保持垫料清洁卫生；保证适量的通风，特别注意冬季的通风换气，处理好保温和空气新鲜的关系；及时清理污物和杂物，排出舍内的污水，加强环境的消毒等。也可选用过磷酸钙、丝兰属植物提取物等进行化学消除。应加强场址选择和合理布局，避免工业废气污染；合理设计肉鸽场和肉鸽舍的排水系统，粪尿、污水处理设施。

(5) 微粒控制 微粒是以固体或液体微小颗粒的形式存在于空气中的分散胶体。肉鸽舍中的微粒来源于肉鸽的活动、咳嗽、鸣叫，以及饲养管理过程，如清扫地面、分发饲料、饲喂及通风除臭等机械设备运行。微粒控制首先应改善肉鸽舍和肉鸽场周围地面状况，实行全面的绿化。肉鸽场应远离饲料加工厂，分发饲料和饲喂、更换和翻动垫草动作要轻。肉鸽舍地面干净，禁止干扫，保持适宜的湿度有利于尘埃沉降，必要时安装过滤器。

【提示】 微粒落在皮肤上，可与皮脂腺、皮屑、微生物混合在一起，引起皮肤发痒、发炎。落在眼结膜上引起尘埃性结膜炎。微粒还可以吸附空气中的水汽、氨、硫化氢、细菌和病毒等有毒有害物质，造成黏膜损伤，引起血液中毒及各种疾病的发生。

(6) 噪声控制

肉鸽对噪声比较敏感，特别是比较强的噪声作用于肉鸽体会引起严重的应激反应，不仅能影响生产，而且使鸽正常的生理功能失调，免疫力和抵抗力下降，危害健康，甚至导致死亡。因此，肉鸽场应建在安静的地方，远离噪声大的地方。生产中尽量使用噪声小的设备。场区周围种植林带，以有效地隔声。

三 鸽粪的饲料价值与处理

1. 规模化鸽场粪污处理的必要性

受规模化养鸽喂养方式和鸽采食习惯的影响，鸽粪混有15%左右掉落的饲料颗粒原料，所以鸽粪具有很高的营养价值，是一种良好的再生性饲料。鸽粪含粗蛋白约25%，纯蛋白10%，总氨基酸约8%，并且各种氨基酸比较平衡，此外，还含有丰富的维生素B族和多种微量元素。所以，鸽粪是廉价的低能蛋白饲料，用鸽粪代替部分蛋白饲料，再补充一些能量饲料，能大大提高畜牧养殖业的经济效益，而且能减少污染，净化环境，形成生态产业链。同样，鸽粪还可经发酵制成高档优质有机肥料或进一步制成无机生物配方肥（简称生物肥），带来很好的经济效益、生态效益和社会效益。例如，一个万对鸽场，每日有鸽粪 1 233kg 左右，这些鸽粪若不及时处理，每月就有约 40t。鸽粪需很大一个堆场，其发酵散发的气味，随风可污染附近居民居住环境，如果鸽粪成年累月地排放到附近河里、田里，会致使河流变黑发臭，耕地将会被严重破坏，造成日趋严重的环境污染。随着规模化的饲养，鸽粪的利用价值越来越大，并且经过加工处理的鸽粪饲料营养成分不低于其他禽畜粪。另外，鸽粪饲料喂畜禽还有预防某些疾病的效果。

2. 鸽粪的饲料价值

鸽粪中残存着丰富的许多未被消化吸收和利用的营养成分（表 8-1），可将它的饲料价值广泛地应用于生产中。国外有人将干燥鸽粪成分与猪、禽饲料成分作比较，在干燥鸽粪中，必需氨基酸成分比黄玉米、大麦等要高，足够替代部分原粮，它富含钙、磷，可以代替一定量的石灰石、牡蛎壳，但干燥鸽粪纤维质含量较大，作为猪、反刍畜的原料，其用量要受到限制。用作饲料的干燥鸽粪应来自不投药物的笼养鸽的未经稀释粪便，其粗蛋白含量应在 25% 以上，粗纤维在 15% 以下，灰分在 30% 以下，含水量在 5% 以上，任何物质的含量不能超过有害量，不含有铁丝、玻璃碎片、铁钉等异物，要保证干燥鸽粪清洁卫生，不含大量细菌，无臭味，不能含杀虫剂和残留药物，以及其他有害或不合法的成分，干燥后的含水量必须在 12% 以下。家畜或家禽在屠宰前 15 天内不可饲喂干燥鸽粪饲料，以免肉中含残留味。

据报道，鸽粪在水产养殖方面的应用前景非常可观，鸽粪主要用于养殖塘鲺鱼与罗非鱼。将鸽粪进行一定的加工处理后，用来喂鱼，鱼可上市，鱼塘泥用来栽培果树、蔬菜和绿化带，既解决了处理鸽粪的人力、物力，又增加了额外收入，提高了经济效益。具体做法为，先用 EM 原液处理，EM 原液与鸽粪的比例为 1∶200，两者混匀，存放一周后再投喂鱼类。此法操作简单、效果好，特别是对提高鱼的成活率、改善鱼的肉质，增产效果明显。

鸽粪喂猪安全可行，对猪的采食、生长、肉质等方面无不良影响。利用鸽粪喂猪，不但能大大地降低养猪的饲料成本，而且及时清理鸽舍内鸽粪，对控制鸽场环境卫生、预防一些虫媒传播疾病有较好的作用。鸽粪喂猪用量为猪饲料的25%~35%，增重效果好。

表8-1　干燥鸽粪的成分分析

成分	含量(%)	成分	含量(%)	成分	含量(%)	成分	含量(%)
粗蛋白质	24.30	氯	0.991	丙氨酸	0.66	赖氨酸	0.49
全氨基酸	8.76	铜	0.005	精氨酸	0.37	甲硫氨酸	0.10
可溶含氮物	39.55	铁	0.257	天冬氨酸	1.03	苯丙氨酸	0.39
含水量	7.83	镁	0.475	半胱氨酸	—	脯氨酸	0.51
粗脂肪	2.13	锰	0.031	谷氨酰胺酸	1.33	丝氨酸	0.53
粗纤维	13.72	钾	1.905	甘氨酸	0.90	苏氨酸	0.48
灰分	25.90	钠	0.870	组氨酸	0.18	酪氨酸	0.30
钙	7.78	锌	0.042	异亮氨酸	0.41	缬氨酸	0.53
磷	2.56			亮氨酸	0.71	色氨酸	0.53

3. 鸽粪的处理

随着养鸽业工厂化、自动化生产的不断提高，环境污染的公害日益严重，粪便处理、粪便无害化要求越来越高。

（1）鸽粪处理的基本要求　对鸽粪处理的要求是尽量减少鸽粪的水分，另外尽可能降低鸽舍内的湿度、氨气和硫化氢的浓度。鸽舍通风换气不良、饮水器涌水、洗浴盆水外溢、饲料中食盐过高，都能增加鸽粪中含水量，使清粪工作难度增加，潮湿的鸽粪中大量氨气浓度增加，对环境污染危害更大。正常的鸽粪含水量为74%左右，干燥后的鸽粪还含有12%的水分，一旦鸽舍潮湿，鸽粪的臭气会更浓，对人的危害更大。

（2）鸽粪的处理方法

1）干燥

①地面干燥。鸽粪可单独或掺入一定比例的麦麸（20%左右），摊在向阳、干净的地方自然干燥，防止雨淋。干燥后可保存待用。注意水分要低于12%。

②塑料大棚干燥。将鸽粪平铺于塑料大棚地面上，厚约2cm，

直至干燥。

2）发酵。鸽粪65%、草粉20%、糠麸15%，使水分保持在60%左右（用手握紧而不出水），放入塑料袋内（每袋可装100～200kg）压实、密封，不留死角、不漏气、不漏水。一般经4～8周后可以利用。

3）化学处理。进行化学处理的鸽粪要尽早收集，同39%的甲醛（福尔马林）混合处理，福尔马林的添加量以干鸽粪的0.7%计算。混匀放置3h后即可利用。化学处理法除了其他的作用外，还有降低蛋白质溶解度的作用，可提高蛋白质的利用率。

4）做沼气池。鸽粪中能量远比猪粪等高，建立鸽粪处理生态工程，造就一个粪便无害化处理的物质良性循环。一个万对种鸽场，每年约有500t鸽粪，上千吨污水，可建一个小型沼气发酵装置，即一个$3m^3$的预热罐，一个$20m^3$的沼气池，全年约产沼气$10\ 000m^3$，折合标准煤8t，可以解决全场生活用煤。沼化过的沼渣，营养成分丰富了近1倍，各类氨基酸基本达到原饲料水平。经防疫部门检验，大肠杆菌、沙门氏菌等未发现，虫卵也极少见，利用沼渣、沼水可以喂猪、喂鱼，整个生态工程的投资，3年即可全部回收。

第九章 肉鸽疾病防治

鸽的疾病可分为传染病、寄生虫病和普通病三大类。在生产实践中，应贯彻“防重于治”的方针。鸽病是养鸽业的大敌，养鸽的成败很大程度上取决于鸽病综合防治工作的效果。随着集约化养鸽业的发展，鸽病预防更为重要。如果疏于防范，往往会使整群乃至整个鸽场毁于一旦，造成巨大的经济损失。因此，应引起养鸽者的高度重视，采取切实可行的防治措施，尽可能地控制和杜绝鸽病的发生，确保养鸽业的健康发展，保证养鸽生产者的经济效益。

第一节 鸽病的特点与防治原则

一 鸽病的特点

1. 鸽病呈群发性

目前，肉鸽生产多采取不同程度的规模化或集约化的饲养方式。此种方式饲养场地集中、饲粮统一和管理一体，所以在疫病一经传入或发生时，均呈现群发性，其中尤以传染病、寄生虫病、中毒性疾病和营养代谢性疾病尤为明显。对此类疾病的防治应坚持预防为主、防治并进的原则，以防止疾病的发生及控制疾病的蔓延扩散。

2. 鸽病传染迅速

多数鸽病具有传播迅速、蔓延广和发病快的特点，如鸽瘟、球虫病、污染饲料中毒和药物中毒等，都会在短时期内集中发生或流行。所以，当疾病出现时，应立即通过临床症状、解剖检查、流行病学调查等进行综合性检查分析，做出初步（印象）的定性诊断，即明确是传染病、寄生虫病还是中毒性疾病，然后，尽早采取相应的紧急措施，以控制疫情，防止疾病的扩散蔓延，减少损失。

二 防治原则

1. 防止交叉感染

多数鸽传染病和生虫病的病原为家禽、野禽共患性病原。如果肉鸽与其他禽类同场饲养或接触，或与飞鸟、野禽接触均可能引起疾病的传播（染），从而引起感染发病乃至流行。鸽场应做好引种检疫、定期检疫和驱虫工作，及时淘汰、处理阳性鸽。与此同时，应禁止饲养其他禽类，防止野禽进入。

2. 避免环境污染引发鸽病暴发

肉鸽疾病的暴发流行与外源病原的进入及饲料、水源的污染直接相关。如鸽场内残存病原微生物或寄生虫，带毒（菌）野禽进入场内，以及饲料和水源被病原体、农药等污染，都会引发疾病。因此，鸽场建设时就应科学选择场址，做好环境和水源的勘察；建立和完善各种卫生防疫规章制度；一旦发生疫病后，及时采取坚决的清场和彻底消毒措施，以防止病原微生物残存。

3. 免疫接种能有效防止鸽传染病发生

特异性免疫接种是有效防止鸽传染病发生的重要手段。频繁使用抗生素等药物防治可引发耐药性菌株的产生而失去效果，并且对公共卫生的危害极大。因此，世界卫生组织（WHO）和一些国家不提倡采用药物预防，而主张以生物制剂防治疾病。

第二节 肉鸽场日常卫生管理及疾病防控技术

一 科学的饲养管理

1. 创造良好的生活环境

鸽舍要按照鸽群在不同生长阶段的生理特点，控制适当的温度、湿度、光照、通风和饲养密度，便于隔离、消毒，保证饲养环境的安静，尽量减少各种应激反应，防止惊群的发生。管理程序也要符合肉鸽不同生长阶段的生理特点，以满足肉鸽的生长发育需要。搞好鸽群生活环境的清洁卫生，就是要清除病原菌生存和繁殖的适宜环境条件。

（1）通风　鸽舍应保持舍内通风良好、空气新鲜、卫生清洁。鸽舍内通风换气不良，空气污秽，或者饲养密度过大，均可造成氧气不足，氨、二氧化碳和硫化氢等有害气体含量迅速增加，导致鸽正常生理机能失调、抵抗力下降，严重的会招致疾病发生。按规定，鸽舍内的氨含量不应超过20μL/L，二氧化碳含量不超过3 000μL/L（相当于0.3%），硫化氢含量不得超过10μL/L。据此，必须保持舍内通风换气设备完好，经常清除舍内粪尿污物，实行合理的饲养密度，以保证有害气体不超限。

（2）温度与湿度　鸽舍内的温度应维持适当，不可骤变。鸽舍内湿度过高或过低，都会招致鸽体质衰弱，发育不良，抵抗力降低，对疾病的易感性增强。通常鸽舍的湿度也可利用通风换气和调整饲养密度的方法进行调节。

（3）饲料与饮水　鸽饲料的质和量都直接关系到鸽的生长发育和健康。鸽饲料要求营养丰富、新鲜清洁，不同发育阶段的饲粮要全价营养，数量要充足。对鸽饲料的具体要求是：储存时间不长，无污染，无霉变腐烂，饲料多样及全价营养；饲喂要充分满足鸽的需要，以满足其生长发育快、繁殖力强和能量消耗大的要求。

水占鸽体重的50%～60%，若饮水不足，则会引发鸽食欲下降，生长停止乃至危及生命。通常供鸽饮用的水以自来水或井水为宜，干净的活河水也可用，污秽的河水、塘水禁止使用。在夏季为了预防传染病和寄生虫病的发生，可在水中加入0.01%的高锰酸钾。

2. 满足营养需要，确保饲料质量

疾病的发生与发展，与鸽群体质强弱有关，而鸽群体质强弱，与鸽的营养状况有着直接的关系。在饲养管理过程中，要根据肉鸽的品种、大小、强弱不同，分群饲养，按其不同生长阶段的营养需要，供给相应的饲料。在做到饲料全价性的同时，采取科学的饲喂方法，以保证鸽体的营养需要。

3. 做好灭鼠杀虫工作

常见的蚊蝇和双翅类吸血昆虫是多种寄生虫病和传染病的活的传染媒介，鼠类也是许多鸽传染病的传播媒介和传染源，它们在偷吃饲料时常以其排泄物污染饲料和食槽来传播疾病，因此要清除鸽舍周围的垃圾和杂物，铲除蚊蝇和鼠等的藏身场所和滋生地，用物理方法和化学药物杀虫灭鼠，在预防鸽传染病和杀灭寄生虫方面具有重要意义。

4. 做好日常观察工作

为了避免疫情或病情的扩大或蔓延，对病鸽的早期发现非常重要，饲养员或兽医技术人员必须在每天早晨、中午、傍晚仔细观察鸽群，逐日观察并记录鸽群的采食量、饮水表现、粪便情况、精神状况、活动情况、呼吸情况等，统计发病和死亡情况，对鸽病做到“早发现、早诊断、早治疗”，以减少经济损失。鸽群日常观察内容见表9-1。

表9-1　鸽群日常观察内容

观察项目	健康鸽	病鸽
鸽群精神状态及活动情况	精神饱满，活动敏捷，动作协调灵活	精神萎靡，行动缓慢，离群独居，垂头缩颈
采食和饮水	食欲旺盛，抢着吃食，饮水正常	往往食欲不振或废绝，饮水增加或不饮水，亲鸽不哺喂乳鸽
眼睛	眼睛明亮有神，无眼泪和眼屎	两眼无神，或闭眼沉睡，眼睑肿胀，附有眼屎
喙	干净	常因鼻孔有分泌物而污秽
羽毛	干净，有光泽	松乱，污秽不洁
体躯	身体结实，胸肌饱满，握在手中有坚实感和弹性感	消瘦，胸肌变小，握在手中挣扎无力
皮肤	一般呈白色，而且可见皮肤底下血管	皮肤发绀，或有赘生物、肿胀，局部皮温升高或冷湿（润）
粪便	粪便颇像小的田螺肉，略呈螺旋样，软硬度适中，粪便末端有白色的尿酸盐附着，呈灰黄色、灰褐色或黄褐色	粪便含水量少时呈颗粒状，含水量多时呈稀糊状，颜色呈白色、黄白色、黄绿色或灰褐色，血样或硫黄样，恶臭难闻

（续）

观察项目	健康鸽	病鸽
呼吸状况	呼吸平稳，每分钟 30～40 次，呼出的气体没有异味，呼吸时不发出声音	呼吸次数增多，并发咳嗽、喘气、呼噜音或喉音，呼出的气体带有异味

二 做好肉鸽场日常卫生工作

日常卫生包括环境卫生、饲料卫生、饮水卫生和用具卫生。

1. 环境卫生

必须对鸽场包括小环境（房舍、场地、笼器具、空间、饲料和饮用水源等）在内的整个环境不断地进行改善、更新和净化。鸽舍必须勤于打扫，每天至少 1 次。同时要定期进行消毒灭菌，包括对食槽、饮水器、保健砂杯的清洗和消毒。通常夏季与秋季每隔 3 日进行 1 次，冬季与春季每周进行 1 次。平时应确保鸽舍内有充足的阳光，适当的通风，夏日防暑，冬日防寒，还应注意做好杀虫灭鼠工作，并且禁止外来动物特别是禽类进入，以及更换饲料和饮用水等。

2. 饲料卫生

饲料卫生应严格执行其卫生标准，要求干净、新鲜、无杂质和异物、不含有毒物质或可以转化为毒素的化学成分，不能发霉变质或被霉菌毒素所污染等。饲粮要营养全价，以满足不同发育阶段的需要。饲喂量要充足，以满足鸽生长发育快、繁殖力强、消耗能量大等特点的要求。如果饲料单一、营养价值不全，轻则引发食欲减低、影响鸽的健康，重则发生某些营养缺乏症和抵抗力下降，易于感染各种疫病。同时还要注意饲料在加工、储藏、运输过程中场地和设备的清洁卫生，防止饲料被污染。

3. 饮水卫生

饮水卫生对鸽群来讲是非常重要的，因为鸽以颗粒谷物为食，所以每日早晚必须各饮 1 次水，夏季应在中午增加 1 次饮水，每次饮水前应先把剩余的水倒掉，再把水槽清洗后加入新鲜水，必要时还可在饮水中加入 0.01% 的高锰酸钾等。所饮用的水要求外观清亮透明，无异味，无杂质，pH应接近中性，水质硬度、矿物质含量及大肠杆菌指数不能超标。随着经济的发展，特别在我国的现阶段，水在自然循环过程中经常受到自然的和人为的影响而严重污染，养殖场（户）对饮用水应定期进行检测监督。

4. 用具卫生

鸽的用具包括巢箱、饲槽、水盆和水浴盆等，其卫生状况直接或间接与疾病发生、流行有关，故必须经常进行洗刷、消毒，尤其在夏季更为重要。经洗刷干净的用具可以在日光下暴晒消毒，也可用新洁尔灭液浸泡消毒或煮沸消毒后晾干，并存放在清洁的环境中。

三 粪便的清理与堆放

粪便等是病原微生物生存和繁殖的主要场所，粪便不可在鸽舍内长期堆积，夏季与秋季每3天应清理1次，冬季与春季每周清理1次，粪便清理后，应用生石灰或草木灰进行地面消毒。小型肉鸽场多采用人工清理，大型的肉鸽场则以机械化清粪方式为主。

将清理的肉鸽粪便集成堆是处理肉鸽粪便经济而实用的方法，同时也是进行粪便生物消毒的一种方法。这种方法可使鸽粪发酵熟化，温度高达70℃以上，并能维持数天，能杀灭各种病原菌、寄生虫卵及蝇蛆等。整个发酵过程在夏天为10天左右，冬天为两个月左右。堆积发酵后的肉鸽粪便是上好的农田优质肥料。此种方法处理粪便量大，适应性强，基本没有设备投资，成本较低，而且减少了恶臭的生成。

四 鸽场、鸽舍及工作人员的消毒与卫生

消毒是清除、杀灭传染源排放于外环境中（场地、植被、水源、饲料、空气、房舍、用具、动物等）的病原体（菌、毒、虫等）的一种综合性措施，也是切断疾病传播途径、阻止疾病扩散蔓延的重要手段，是疾病综合性防治措施中的重要组成部分。肉鸽场（舍）应定期进行消毒，一般应做到每周1次。结合平时的饲养管理，对料槽、水槽、保健砂杯、鸽笼、鸽舍内的墙壁和地面、舍外的交通道路、运动场地、建筑物、大门入口、鸽舍的进出口等进行消毒，以预防传染病的发生。消毒前须彻底清扫场、舍内外。空鸽舍消毒

时，先将舍内粪便、垫料、尘土、污物等全部清扫干净，然后用水冲洗附着在墙壁、地面上的有机质，再用10%～20%的石灰乳或2%～3%的热氢氧化钠水进行喷洒消毒。通常一对种鸽在笼舍内生活、利用3～5年，由此导致笼舍内空气污秽、粉尘飞扬、病原体众多，以及鸽体表带尘、带菌不少，既影响鸽的健康，也容易引发疾病，故必须定期对种鸽舍进行带鸽消毒。带鸽消毒时，要尽量选用无刺激性气味、无残毒、无腐蚀性的消毒剂进行消毒，如0.2%～0.5%的过氧乙酸，0.1%的新洁尔灭，0.5%～1%的漂白粉溶液等，每种消毒剂在连续使用2～3周后要进行更换，以免病原微生物产生耐药性而降低消毒效果。

鸽场的用具消毒指对养鸽场内刀、盆、盘、桶、饲槽、水槽、蛋巢、清扫用具等都要定期进行清洗消毒。通常先洗刷干净、晾干，然后浸泡在0.05%～0.1%的新洁尔灭溶液或0.1%的高锰酸钾溶液内2～3h，取出用清水冲洗干净，晾干后使用。

在车辆出入口处设一消毒池，内盛2%～4%的氢氧化钠液让车轮消毒通过，车体可用3%～5%的福尔马林喷雾消毒；人员出入口处设置脚踏消毒池，内盛5%的来苏儿液，让出入人员踏踩消毒，人体可用0.1%的新洁尔灭喷雾消毒。有条件的鸽场应在大门口处设喷淋装置，用0.3%的过氧乙酸或0.2%的次氯酸钠对来往车辆、器具等进行喷雾消毒，或用紫外线灯照射消毒。

工作人员进入鸽舍前必须更换衣帽、工作服、胶鞋等，有条件的鸽场应洗淋浴，然后彻底更衣，换上生产区专用的工作服和鞋帽，工作服应固定使用，定期清洗消毒，不得带出生产区。工作人员在场内要相对固定在各自的岗位上，不得互相串岗，严禁将生产区专用的工具、衣物等带出场外，也不能将与生产区工作无关的物品（特别是生禽、熟禽、蛋制品）带入。

五 建立健康种群，实施自繁自养

俗话说“好种出好苗”，要使幼鸽群健康无病，首先要引进品质优良、抗病力强的种鸽，建立健康的种群，以保障肉鸽的正常生产经营。种鸽场（群）应无沙门氏菌病、大肠杆菌病、支原体病、网状内皮组织增生症等垂直传染病，还应无巴氏杆菌病、鸽瘟（鸽新城疫）、鸽痘等水平传染性疫病。鸽寄生虫病，如球虫病、蛔虫病、螨病等也应严格控制。营养代谢性疾病（如维生素缺乏症，钙、磷缺乏症等）和中毒性疾病（如黄曲霉毒素中毒等）都可降低种鸽的体质、抗病力和繁殖能力，也要严格防止发生。规模化鸽场应定期对鸽群进行某些传染病的检疫。并采取相应措施，如扑杀、隔离治疗等，防止其在鸽群中扩大传播。

肉鸽传染病的暴发流行和寄生虫病的不断发生，几乎都是由于频繁引进或串换种鸽将病原带入引起的，据此有一定规模的鸽场应尽力在自养鸽群中选育留种，做到自繁自养，以防止外源疫病的发生。对于规模较小、尚无自繁自养条件的养鸽户，在必须采购引进或串换种鸽时，引进的种鸽，必须来自于健康和高产的种鸽群。外来鸽隔离观察 30 天后，未发现疾病的才允许混入原来的鸽群或鸽场，以保证鸽场的安全生产。

六 合理药物预防

对鸽群应用药物进行预防也是一项重要的防疫措施，在饲料、饮水或添加剂中加入某种既安全可靠又价格低廉的并有一定含量的抗菌药物或其他一些药物可以预防细菌性传染病和寄生虫病及其他内科疾病的发生，对促进鸽群的生长、增进鸽群体质及提高饲料的转化具有显著的效果。目前常用于生产的药物添加剂有磺胺类、抗生素类和呋喃类药物等，大多均可混于饮用水或拌入保健砂中进行口服，药物的使用比例一般为：磺胺类药物，预防量 0.1% ~0.2%，治疗量 0.2% ~0.5%；四环素族抗生素，预防量 0.01% ~0.03%，治疗量 0.05%；呋喃类药物，预防量 0.01% ~0.02%，治疗量 0.03% ~0.04%。一般连续用药 5 ~7 天。此外，诸如甲氧苄啶（TMP）、敌菌净（二甲氧苄氨嘧啶，DVD）等抗菌增效剂，既可使磺胺药增效，又能与四环素等抗生素起协同作用，增强抗菌效力。一般 TMP 按 1:5 比例与磺胺药混合使用，或 DVD 按 5:1 与磺胺药混合使用，可使磺胺药的抗菌效力提高几倍以上。然而，在保健砂中添加抗生素时，应同时减少饲料中的钙含量。

在鸽病的药物预防中，通常采取于饲料、饮水或保健砂中加入某种特定的安全药物进行群体预防，以达到在一定时间内使受到威胁的易感鸽不受到疾病的危害。如在易受到球虫感染的童鸽和青年鸽饲粮中添加适量的抗球虫药，就可防止球虫病的发生；又如在鸽饮水中加喂0.2%的硫酸铜，就可预防毛滴虫病；定期在饮水中加入适量的恩诺沙星、氟哌酸等抗菌药物，可有效地防止鸽腹泻、鸽霍乱等疾病的发生。

必须指出的是，在使用药物添加剂预防疾病发生中应绝对禁止乱用药，任何一种药物或同一类型的药物不得长期使用或使用过量。其理由有两个：一是在长时间使用后特别是在屠宰前使用后，产品中药物残留量超限，从而会影响人的健康和出口及国内市场销售；二是长期使用一种药物很容易引起体内一些病原性细菌、寄生虫形成耐药性菌株或虫株，从而影响防治效果，而耐药性菌株和虫株也会严重危害人类健康，后患无穷。

七 及时免疫接种，严防传染病发生

对健康鸽群实施免疫接种是激发肉鸽机体内产生特异性抵抗力，使其本来对某些传染病易感的鸽群转变为不易感鸽群的一种有效的防病方法。

1. 有计划地免疫接种

接种疫苗前应注意了解当地有无疫病流行，如发现遭受感染的鸽群应首先采取紧急防疫措施，但是必须要在明确诊断的基础上，选择使用针对该群鸽病的疫苗或血清。此外，还应了解和检查被接种鸽群的健康状况、日龄、饲养条件、营养状态等。对日龄较小、体质较弱或有慢性病的鸽，如果没有受到传染威胁，最好暂缓接种，以免接种后引起不良反应；对于有严重寄生虫感染的鸽群，应先驱虫；对饲养管理差的鸽群，接种后应注意改善和加强饲养管理，以确保防疫后能产生较强的免疫力。

2. 免疫接种的途径

对鸽免疫接种的途径，通常有饮水、滴鼻、点眼、气雾和肌内注射（如鸽新城疫疫苗等），一般弱毒活疫苗还可用于皮下刺种（新城疫中等毒力疫苗和低毒力疫苗），但灭活疫苗只能用于注射途径。免疫方法不同，其要求也不同，实际操作中应注意消除各种技术错误。注射免疫时要严格消毒注射器、针头、稀释液、疫苗瓶等，做到一鸽一针，针头不能过粗、过长，动作要轻巧利落；饮水免疫时首先要对鸽群停水1~2h，其次要掌握好饮水量，以保证每只鸽都能饮到而又不致水量过剩；点眼和滴鼻免疫时，一定要准确无误，切忌速度过快而导致疫苗未被吸收；气雾免疫时切忌雾滴过大、沉降过快，导致不能被鸽吸收。

通常可将免疫接种分为预防接种和紧急接种两种。

(1) 预防接种 预防接种是指在疫病未发生时，为了预防其发生而采取的计划性免疫接种。在预防接种时，应根据本地区、场、户及周围的疫情和流行特点及疫苗、免疫血清的性质和种类（苗型），再依据鸽群的体况、年龄组合，选择最安全、有效的疫苗与接种途径、剂量进行。近年来，之所以屡次出现免疫效果不佳或免疫失败，其原因主要是：第一，鸽的专用疫苗较少，主要使用鸡的疫苗，其中一些是非规程的中试产品，质量得不到保证；第二，免疫程序不合理，加上一味追求多联疫苗以图省事，有可能导致机体免疫应答失调；第三，通常雏禽的免疫功能较弱，而潜在感染因素也很复杂，故免疫效果欠佳就比较多见；第四，多年来，由于“畜禽防疫法”贯彻不力，疫病蔓延，加上乱用疫苗，有可能引发病原的变异而出现免疫效果不全乃至新毒株的出现。实践证明，预防接种只是防止疫病发生的重要手段之一，决非唯一办法。

(2) 紧急接种 紧急接种指在疫病发生时（后），为了迅速控制和扑灭疫病的流行，对疫区（场、户）、受威胁区（场、户）的未发病禽进行的一种免疫接种。从理论上讲，紧急接种应先接种免疫血清或卵黄抗体（被动免疫），经1~2周后再接种疫苗（主动免疫）。但在实践中，由于血清供应受到限制且价格高，卵黄抗体在现阶段又均属非正规产品等原因，故一般都选择毒力弱或无毒力株、免疫产期短（不超过7天）的疫苗直接接种免疫，对控制疫情扩大、减少经济损失的效果比较明显。

在紧急接种中，对鸽群的年龄和体况强弱组成，以及病的流行动态和疫苗、血清、卵黄抗体的性质等都要有所了解，并在接种后密切观察反应，对发病（潜伏感染而应激发病）鸽要及时采取隔离扑杀等措施，并作严密的消毒处理。

3. 常见的鸽疫苗

目前，我国对鸽的专用生物制品的研制开发很少，其专用制剂也不多，大部分都借用禽的生物制品特别是疫苗，但在使用时应先作少量鸽试验，证明安全后再进行大群免疫。适用于鸽的主要疫苗如下：

（1）鸽瘟油乳剂疫苗 鸽瘟油乳剂疫苗又称鸽Ⅰ型副黏病毒油乳剂疫苗或鸽新城疫油乳剂疫苗，是鸽新城疫（鸽瘟）的一种专用的安全有效的疫苗。颈部皮下注射的免疫效果优于肌内注射和翼下接种。

（2）鸡新城疫疫苗 对鸽的免疫效果较差，保护率不十分高，并且有一定的副作用。鸡新城疫疫苗种类、苗型很多，灭活苗和活苗都有，强毒力的和弱毒力的或无毒的疫苗全有。其中灭活疫苗能用于注射，弱毒活疫苗适用于饮水、滴鼻、点眼或气雾等途径。鸡新城疫Ⅰ系活疫苗是一种中等毒力苗，只适用于已经用F系或Lasota系苗免疫过的2月龄以上的禽，不得用于雏禽，主要适用于皮下刺种或肌内注射。鸡新城疫Lasota系活疫苗是弱毒力苗，有很多种，多适用于14日龄以内的雏禽饮水、滴鼻、点眼或气雾等途径免疫。

（3）鸽瘟活疫苗 对鸽有良好的免疫力，1日龄的乳鸽即可使用，方法是将翅膀张开拔去翼膜上的小羽毛，滴1～2滴稀释的疫苗后涂擦；或者用针头蘸取疫苗作皮下刺种3～4次即可，一般在接种后7～10天检查接种部，如出现针头大小的痘斑、结痂等表明接种成功。其免疫保护率可达90%以上。

（4）鸡痘鹌鹑化弱毒疫苗 此疫苗是禽类的通用苗，一般在翼内侧无血管处刺种。1月龄内雏禽刺种1针稀释苗，1月龄以上刺种2针稀释苗。刺种后4～6天，如有80%以上禽在刺种局部出现痘肿、水泡和结痂等表示接种成功。若接种部无反应或反应率低，应考虑重新接种。

（5）抗病（免疫）**血清与卵黄抗体** 此两种疫苗目前在我国养禽业中应用十分广，多用于紧急接种，对防病与治病都有短期效果，但抗病血清的成本较高而卵黄抗体低廉实用。眼下供应的非规程制品有新城疫高免血清和卵黄抗体、新城疫与传染性法氏囊二联高免血清和卵黄抗体等。

第三节 肉鸽疾病诊断与治疗技术

一 流行病学调查分析

流行病学调查主要是了解养鸽场的地理地貌和发病季节，环境及卫生状况，生物动态与疾病状况，场地设施和饲料、水源等外部情况；以及场内鸽群的体况和疾病及免疫抗体动态，发病、死亡及治疗等情况。通过流行病学调查，可以得到以下几方面的结果，从而为紧急防治措施的制订提供依据。

1. 初步明确病性

经过对动物流动、周围疫情及鸽群发病的数量、时间和速度，环境卫生及饲料、水源污染状况，以及治疗用药情况调查分析，可以得出是传染病、寄生虫病还是中毒性疾病；属急性病抑或慢性病等。

2. 提供进一步诊断的依据

在初步明确病性的基础上，结合临床表现、病理剖检特征，提供病原学与免疫学检查的病料和病因学化验分析的样本，从而进行确诊。

3. 了解鸽群生产性能状况

健康正常的鸽群其生产性能都有相对稳定的水平，如果发现鸽群增重缓慢、体况欠佳、产蛋量下降等现象，有可能是营养不良或慢性疾病侵袭的预兆。

4. 作为制订综合防治措施的基础

例如，可以根据场内外的动物流动、疫病监测与发生程度制订免疫预防计划；根据环境、卫生和来源状况制订兽医卫生防疫方案；根据饲料、水源和周围环境污染情况制订清理、保护措施等。

二 临床检查

1. 临床检查的基本方法

鸽病的临床检查是防治疾病的前提，要克服防治过程中的盲目性，就必须掌握鸽病诊断的基本方法和要点，以便准确地诊断鸽群各种类型的疾病，制订合理而有效的防控措施。对于出现临床表现的鸽群，利用人的感官直接对它们进行客观的观察和检查，结合流行病学调查，即构成了鸽病诊断的基本方法，主要包括问诊、视诊、触诊、听诊和嗅诊。

(1）问诊 问诊是鸽病临床诊断的重要内容之一，是指以询问的方式听取鸽的饲养管理人员关于病鸽发病情况和经过的介绍。问诊的主要内容包括：现病史、既往病史、鸽的平时饮食情况等。其中现病史应重点了解鸽发病的时间与地点、临床表现、发病的经过、饲养管理人员所估计的致病原因，鸽群中是否发生相同或相似疾病、邻近鸽场是否发生疾病流行、免疫接种情况等；既往病史主要了解病鸽与鸽群过去的患病情况、是否发生类似疾病、发病经过与转归、检疫情况；饲养管理情况主要了解饲料的种类、数量与质量，饲喂制度与方法，以及鸽场的卫生及环境条件等。

(2）视诊 视诊指用肉眼直接观察病鸽的整体状况或某些部位的状态，或利用各种诊断器具对鸽的口腔、肛门等部位变化进行诊断。

(3）触诊 触诊指用检查者的手检查鸽的体表状态，如皮肤表面温度、湿度，皮肤与皮下组织质地、弹性及硬度，以及局部病变的位置、大小、形态及其温度、内容性状、硬度或游动性及疼痛反应等。触诊鸽食道膨大部、内容物坚硬，则提示与食道膨大部阻塞有关；又如关节肿大，并且有热痛感，则提示关节有炎性肿胀。用手触摸鸽的胸部也可检查鸽的营养状况。生长发育良好的鸽，胸部较平，肌肉丰满；而胸骨如刀脊状，肌肉瘠薄的，则提示可能患有慢性消耗性疾病，或慢性寄生虫病，或是慢性传染病。

(4）听诊 在一般情况下，听诊指直接通过人的耳朵判断鸽的异常变化，主要听取鸽的呼吸动作中有无异常声音。健康鸽的呼吸有规律，而不闻声音，自鼻孔呼吸而闭嘴。如有呼吸道症状则出现甩鼻音、喘鸣音，即“呼嘶”、“呼噜”、“嘎嘎”等异常粗粝的呼吸音或啰音。

(5）嗅诊 嗅诊是应用检查者嗅觉能力嗅闻病鸽舍内及周围环境中有无有害气体，以及鸽饲料、垫料、分泌物、排泄物有无异常，以便客观地反映鸽的饲养管理、环境卫生状况，为诊断鸽的群发性疾病提供依据。例如，鸽舍氨味较浓，提示可能鸽群患有呼吸道疾病或肠道疾病；饲料、垫料有霉味提示鸽可能患曲霉菌病；粪便带有腥臭味则提示鸽可能患球虫病。

2. 临床检查的内容

临床检查主要观察鸽的外貌、行为习性和精神状态等异常变化，进行分析判断后做出初步（印象）的临床诊断。

（1）精神状态 健康鸽活泼、机灵，特别敏感，警觉性强，遇人即跳离飞开。若肉鸽出现反应迟钝，呆立不活泼，甚至卧伏于地或笼内，不吃不饮等症状，则表明有病。通常在发生传染病时，发病初期只出现少数或零星鸽异常，随病的发展异常鸽增加。患中毒病时，病发展更快，病鸽数量激增现象明显。

（2）体躯状态 健康鸽的全身羽毛洁净光泽，紧贴躯体，步态稳健，姿势优美，可自由采食、饮水和运动，飞跳自如有力；两肢关节、形态匀称，活动自如；脚爪红润而有光泽，爪干净无泥球。若见有被毛松乱无光泽，头颈歪斜，无食欲，肛门周围羽毛污秽（粪便），脚爪干枯、无光泽或有泥球；腿脚变形，关节肿胀，行走困难或跛行、麻痹、卧伏不起等现象均属病态。

（3）头颈部状态 健康鸽十分机警，头颈灵活，眼睛明亮有神、干净、无任何附着物，眼睑充分扩张；病鸽则出现流泪、失神或眼部附有分泌物，甚至眼结膜发炎潮红、眼睑肿胀下垂等症状。健康鸽的喙干净明亮，无流涎或附着物，口腔干洁、湿润、无异味；病鸽喙上常因鼻孔分泌物而污秽，常附有黏液、污秽物，口腔潮红或苍白，内有黏液、伪膜、溃疡或结节，常有异味。健康成鸽的鼻瘤呈新鲜白色、干净、有弹性，乳鸽的鼻瘤从肉色逐渐转变为白色；若鼻瘤污秽、潮湿、肿胀无弹性，手触有冷感；鼻孔干，时有浆性、黏性及脓性鼻液流出，则表明鸽患病。健康鸽进食后触摸有食物的自然感，进食3~4h后即出现由于饲料下移而嗉囊缩小；如果嗉囊内饲料下移缓慢乃至停止，触之有硬感、膨胀感或波动感，则属病态。

（4）粪便检查 健鸽粪如螺肉状，呈深灰色或带少许白色黏液的褐色；若粪便性状和颜色改变，呈糊状或水状，颜色呈绿色、白色、黑色或红色，肛门周围羽毛污染粪便、污秽，或者粪便干燥呈粒状，均为患病的症状。

（5）生理值检查 掌握鸽的正常生理值（表9-2、表9-3）对疾病的认识、分析和诊断、防治十分重要，从生理值的变化可查看到疾病的演变，给诊断提供客观数据与依据，也可洞察治疗的效果，及时修改治疗方案，以减少损失。

表9-2 鸽的正常生理指标（1）

性别	体温/℃	心率/（次/min）	呼吸/（次/min）	血液红细胞数/（万/mm^3）	血液白细胞数/（万/mm^3）	白细胞分类（%）					血红蛋白/（g/100mL）
						中性	淋巴	嗜酸	嗜碱	单核	
雌	40.5	120	30	3.23	13.05	20.3	65.8	2.2	2.6	6.9	15.97
雄	42.5	180	40	3.10	18.55	42.8	47.8	1.9	2.4	5.1	4.72

表9-3 鸽的正常生理指标（2）

项目	体重/g			食量/（g/天）	饮水量/（mL/天）			孵化期/天	保健砂量/（g/天）		
	轻型种	中型种（信鸽）	重型种		秋季和冬季	春季	夏季、哺乳期		青年鸽	产鸽（非哺乳期）	产鸽（哺乳期）
数值	250～300	450～500	800～1 000	20～100	20～30	30～40	50～60	17～18	2	3	3～4

三 病理解剖检查

通常经过病理解剖检查可获得对鸽病比较可靠的诊断，并提出比较合理的防治措施；同时，也可提供实验室检查（病原学、免疫学、病理组织学和化学分析）用的病料，有利于对疾病做出确诊。

1. 常见的病理学变化

凡肉鸽的器官组织受到各种原因（理化学、生物学、辐射等）作用后出现的异常变化（宏观的和微观的）通称为病变，常见的病变有下列几种：

（1）充血 充血是指器官局部组织区小动脉内血液量增多而显

现红色的景象，压迫血管时红色即可消退。

(2) 出血 器官组织内的血管破损、血液流出，呈现红色的区、斑或点，压（刮）而不退，通常称为出血区（弥漫性出血）、出血斑或出血点。如果微血管未破损，仅血管壁的渗透性改变而导致血细胞渗入组织中，称为渗透性出血。

(3) 肿大 实质器官的体积超过正常时的称为肿大。通常器官的边缘肥厚，当切开组织时刀口不闭合，诸如肝脏肿大、脾脏肿大等。

(4) 肿胀和水肿 当器官的局部组织内病理性渗出液增加，引起局部凸出、异常时称为肿胀或水肿，通常出现膨大、松软，切开呈胶冻样或有液体流出。

(5) 坏死 局部组织细胞死亡、变色称为坏死。局部坏死有块状、斑状和点状之分，常称为坏死块、坏死斑或坏死点。

(6) 溃疡 器官组织坏死后向深层发展，最后导致细胞崩解、组织溃烂，形成污秽、下凹的溃疡。

(7) 萎缩 病害器官、组织的体积小于正常的，并导致功能减退或丧失，称为萎缩。诸如法氏囊萎缩、肾脏萎缩等。

(8) 贫血 全身或实质器官或局部组织中的血液或红细胞明显减少称为贫血，贫血的器官组织通常丧失原来的色泽而显苍白。

2. 病理解剖检查的要求

在进行病情、病史的了解和现场调查的基础上，对病（死）鸽进行病理学的解剖检查十分必要。剖检时应逐只编号，做好记录。

(1) 准备好所需器械与工具 病理解剖检查时应备必要的器械药品，诸如剪刀、外科镊子、灭菌病料容器、消毒药液、载玻片、酒精灯等。

(2) 剖检对象 剖检病例应选择未经治疗的濒死鸽或刚死（不超4h）不久的鸽；剖检最好在进行流行病学调查（或了解）和临床检查（或了解）做出初步（印象）诊断后实行；剖检数量应根据初步的病性诊断、病况和鸽群结构确定，以获得规律病变结论为准。

(3) 正确掌握和运用鸽体剖检方法 若方法不熟练，操作不规范，不按顺序，乱剪乱割，影响观察，易造成误诊，贻误防治时机。

（4）防止疾病散播 从场（舍）运出病死鸽时，应用密闭、不漏水的容器（如塑料袋等）装载，以防病禽的羽毛、粪便或天然孔中的分泌物、排泄物沿途散落而污染场地。剖检地点最好是病理解剖室。如必须在野外或临时场地剖检时，应选择远离禽场（舍）、水源及人员来往较少的地方。病死鸽的血液、病理性渗出物和胃肠道内容物不要随便倒泼，应收集于适当的容器内，然后消毒处理，以免污染周围环境和土壤。剖检用过的器械、用具、解剖台，以及解剖处的地面都应注意洗涤清洁和消毒。如果需要采取病料做实验室（病原学、免疫学或病理组织学）检查，应在打开尸体后在无菌操作下先采取相应病料，然后再进行病理解剖检查。

【提示】 剖检后的尸体应深埋或焚化，或用高温处理后作饲料用，但必须保证消毒彻底和安全无害。

（5）做好自身防护 剖检时，剖检人员应穿上工作服和长筒靴鞋，戴上胶手套。剖检完毕，立即洗手消毒，更换工作服和靴鞋。在剖检过程中，手部如损伤出血，应立即停止工作，并用清水把手洗净，伤口处涂上碘酊或用0.05%的新洁尔灭冲洗消毒，戴上胶手套后再继续工作。解剖完毕后，对伤口再进行清洗消毒并作适当处理。

3. 病理解剖检查方法

首先检查病死鸽的外部状况，如羽毛、体况营养、可视膜（眼、鼻、嘴等）、脚爪和肛门周围的变化，并作详细记录。然后用消毒药液湿润尸体，作仰卧位固定，切开大腿与腹壁间的皮肤和筋膜，用力将两大腿向下压使两侧关节脱臼、两腿外展固定。随后用剪子自肛门处沿腹中线直剪至颈部，暴露腹腔、胸腔和内脏器官，并检查颈、胸、腹皮下变化和胸、腿肌肉病变。继而从嗉囊后端切断气管，取出腺胃、肌胃、肝、脾、肠等脏器，再摘下心脏、输卵管、卵巢或睾丸及肺和肾。再由嘴角向后剪开口腔，剖开喉头、气管、食道。最后剪开头部皮肤，打开脑颅骨，露出硬脑膜、软脑膜和脑组织。

4. 病理解剖检查内容

剖检时既可对尸体进行全面检查，也可根据流行病学调查和临床检查的诊断对特定器官组织作重点检查，有一定实践经验者往往采取后者，以争取时间。

（1）外部检查 解剖活的病禽前，应观察其有无运动失调、震颤、麻痹；羽毛、皮肤是否正常；视觉、呼吸有无障碍，以及精神状态和禽体肥瘦等。死禽放在方形瓷盆上进行检查。

1）天然孔的检查。注意口、鼻、眼等有无分泌物及其数量和性状；鼻窦有无肿胀，在鼻孔前将喙在上颌横向剪断，以手稍压鼻部，如有分泌物则即见流出；检视泄殖孔内黏膜的变化，内容物的性状及其周围羽毛有无粪污等情况。

2）皮肤的检查。注意头部及各处皮肤有无皮疹、创伤或肿胀。此外，尚应检查脚部有无趾瘤，关节有无肿胀，胸部龙骨有无变形、弯曲等。

（2）体腔内脏器官检查 剖开体腔后，首先检查各部位气囊及体腔各脏器的状态。

1）气囊 正常气囊膜薄、透明且有光泽，如见浑浊、增厚，或被渗出物覆盖，或有增生附着，即属异常。

2）心脏 注意其外观、形状、大小、心内膜的状态，然后打开两侧心房和心室，并检查心内膜、心肌的色泽、弹性和质地情况。

3）肺脏 观察其颜色和大小，指压检查其肺泡的虚实程度及组织内有无结节形成。然后再作切面检查，注意切面是否有大量血液或其他性质的液体流出，切面的颜色和结构有无异常。

4）肝脏 检查其被膜色泽、光洁及附着物，形状大小和硬度，以及出血、坏死灶和切面情况等。

5）脾脏 观察其色泽、大小，表面的结节病灶颜色、性质，以及切面情况等。

6）胃 将腺胃和肌胃一起剪开，注意腺胃、肌胃黏膜及内容物和寄生虫等情况，特别是腺胃乳头有无出血、溃疡灶。肌胃检查时要剥去角质层后观察。

7）肠管 检查肠系膜和浆膜充血、出血、结节和溃疡等病变及内容物、寄生虫等，特别要注意盲肠和泄殖腔的变化。

8）卵巢 注意检查有无肿胀变形、变色、变硬等，以及蛋鸽的卵黄等的形状、卵黄膜的色泽。

9）精巢　观察其大小、颜色、表面及切面的变化。

10）肾　注意肾的色泽、形状、大小及充血、增生或坏死病灶。输卵管内有无尿酸盐沉积等。

11）气管　注意检查自鼻腔至气管黏膜的色泽、内容物、充血、出血等病变。

12）脑　检查脑膜、脑实质有无充血、出血、水肿等变化。

13）上消化道　检查嘴外形和硬度，口腔、食道和嗉囊黏膜的色泽、附着物、坏死和溃疡病灶，以及嚷囊内容物的性状。

【提示】剖检病鸽最好在死后或濒死期进行。对于已经死亡的鸽子，越早剖检越好，因时间长了尸体易腐败，尤其夏季，使病理变化模糊不清，失去剖检意义。若暂时不剖检，可暂存放在4℃冰箱内。解剖活鸽应先放血致死。

四　鸽病治疗技术

鸽发生疾病要用药物治疗。为了方便鸽病的治疗和预防，鸽舍中应当经常备些常用的鸽病药和治疗器具。常用药具如下：红药水、碘酒、紫药水、医用消毒棉球（棍）、注射器及针头、小刀及剪刀缝合用具、橡皮吸水器、医用胶布、苯酚及高锰酸钾等消毒药品、硼酸软膏及消炎粉、土霉素、磺胺类药物及驱虫药物，以及打扫卫生用具等，做到有备无患。

不同的给药方法直接影响药物的吸收速度、药效出现的时间、药物作用的程度及药物在体内维持和排出的时间。因此，在用药时应根据鸽体生理特点或病理状况，结合药物的性质，恰当地选择给药途径。

1. 拌料给药

拌料给药即将药物均匀拌入饲料（或保健砂）中，让肉鸽采食时，同时吃进药物。使用前要先算出整群鸽的总体重，后算出全部用药总量，并拌入当天要饲喂的饲料中混匀，拌药的饲料量应在当天食完为止。这种方法必须把药物和饲料混合均匀，尤其对某些容易引起药物中毒或作用大的药物，更是如此。该法简便易行，节省人力，减少应激，效果可靠。它适用于安全营养药、保健药和助消化药物的投喂。

➡【提示】颗粒料或采用饲料原粮饲喂时不宜拌料给药，一般将药物拌入保健砂中。对于病重鸽或采食量过少的鸽子，不宜应用拌料给药。

2. 饮水给药

饮水给药是将药物按一定的浓度溶于水中，让鸽自由饮用。适用于短期投药、紧急治疗投药和鸽不吃料但还能饮水等情况。饮水要求清洁、不含杂质。饮水给药时应事先使鸽停水2～4h，以便鸽尽量在短时间内（一般要求在半小时内）饮完，以免药物效果下降。给药时要注意药物的浓度，应严格按药物使用浓度要求配制，避免浓度过高或过低。

➡【提示】饮水给药应注意药物的溶解度和稳定性，所用药物必须溶于水，并且溶解度高。采用自动饮水装置的养鸽场也不适用于饮水给药。

3. 填喂投药

打开鸽嘴，将胶丸或分成小块的药片，塞于咽喉部令其吞下。粉剂型药物可与玉米面或其他面粉用水混合制成小药团，喂填方法同上。如果下吞有困难可用水滴入口内助吞。此法适用于个别鸽发病和食欲废绝的病鸽。填药时不可误投喉腔，否则将发生窒息死亡。这种方法虽费时费力，但剂量准确，疗效较好。

4. 注射给药

注射给药分为皮下、肌肉、静脉、腹腔和嗉囊注射给药。注射用具必须经煮沸或高压灭菌消毒，或用一次性注射器。注射前用5%碘酒消毒注射部位，再用75%酒精脱碘消毒。注射后，局部用酒精消毒。

（1）皮下注射 将药液注入皮下。适用于刺激性较小的药物。

（2）肌内注射 将药液注入肌肉。多选择肌肉丰满部位，适用于药量少，无刺激或刺激性较小的药物。

（3）静脉注射 鸽的静脉注射部位在翅下静脉。适用于药量大、刺激性强的药物，多用于急性、危重病和严重脱水病例。

（4）腹腔注射 注射部位在腹部。适用于大剂量药液或静脉注射困难需补充液体的危重或脱水病例。

（5）嗉囊注射 将药物注射入嗉囊内，如果嗉囊积气，用注射器将气体抽出，排掉，再经嗉囊内注入其他治疗药物，多适用于嗉囊炎、嗉囊食带和嗉囊梗阻的疾病。

5. 喷雾给药

喷雾给药分两种方法，一种是将药溶于水中往鸽舍内喷雾，适于传染病给药，属体外用药；另一种是将药溶化于水中，用小喷雾器对准鸽的口腔，趁呼吸喉头张开时将药喷入，重复几次，给鸽以喘息时间。此法适用于肺炎、气管炎、上呼吸道感染。

6. 滴入给药

将药液吸入小滴管或注射器内，往食管或喉头气管内滴入药液1～2滴，重复几次，1日2次或根据用药情况而定。

7. 体表用药

此法所用的药物主要是外伤药和各种杀虫剂，如家禽患有虱、螨等体外寄生虫，啄肛和脚垫肿等外伤，可在体表涂抹或喷洒药物。

五 鸽群发生传染病的紧急措施

鸽群一旦发生传染病，应立即采取紧急措施，就地扑灭，防止疫情扩大。

1. 控制传染来源

当鸽群发生传染病或疑似传染病时，应立即向有关部门报告疫情，以便组织人力调查，共同会诊，确定病性，及时采取紧急防治措施。发病鸽场所有的鸽必须进行全面仔细检查，病鸽及可疑病鸽应立即隔离观察和治疗，这是控制传染源的重要措施。根据疫病种类和实际情况，划定疫区，进行封锁。在疫区封锁期间，应禁止活禽及其产品交易活动，直到最后一只病鸽痊愈（或死亡）后，经过该病的最长潜伏期，再无新的病例出现，经全面彻底消毒后，方可解除封锁。对同群尚未发病的鸽及其他受威胁的鸽群，要加强观察，注意疫情动态。可根据病的种类，进行隔离治疗或淘汰急宰。

2. 切断传染途径

病鸽及其隔离场所、用具、鸽舍、粪便及其他污染物等必须进行严格彻底消毒及无害化处理。病鸽尸体要焚烧或深埋，不得随意抛弃。没有治疗价值的病鸽，根据国家规定进行严格处理，如烧毁、深埋或化制后作工业原料等。

3. 保护易感鸽群

对假定健康鸽及受威胁的健康鸽应立即进行紧急免疫接种，保护鸽群免受传染。紧急接种是在发生传染病时，为了迅速控制和扑灭疾病的流行，而对疫群、疫区和受威胁地区尚未发病的鸽进行临时急性免疫接种。紧急接种除应用疫（菌）苗外，常使用高免血清进行被动免疫，而且能够立即生效，能迅速控制该病的流行。

【提示】 在疫区或疫群应用疫苗作紧急接种时，必须对所有受到传染威胁的鸽群进行观察和检查，对正常无病的鸽进行紧急接种时，对病鸽和可能已受到感染的潜伏期病鸽必须在严格消毒的情况下立即隔离，观察或淘汰处理，不宜再接种疫苗。

第四节　肉鸽的传染病

一　鸽新城疫

鸽新城疫又称鸽Ⅰ型副新病毒病、鸽Ⅰ型副黏病毒感染，俗称鸽瘟，是由鸽Ⅰ型副黏病毒引起的一种多种禽鸟类共患的高度接触传染性、高度致死性的传染病。临床上，以下痢、震颤、单侧性或双侧性腿麻痹为主要特征，慢性型和流行后期的病例有扭头、歪颈等神经症状。

1. 病原

此病的病原是鸽Ⅰ型副黏病毒，与鸡新城疫病毒的特性极其相似。该病毒抵抗力不强，一般的消毒药都可以将其杀死。

2. 流行特点

不同品种、年龄、性别的鸽，只要没有接种过新城疫苗的都易感。易感鸽通过与病鸽（鸡）或带毒鸽（鸡、野鸟等）的直接接触而被感染，也可通过被污染的饲料、饮水和用具等，经消化道、呼吸道、泌尿生殖道、眼结膜和创伤而感染，还可通过人类而感染。此病流行无明显的季节性，有高度传染性，传播迅速、发病率和死亡率都很高。在老的养鸽场流行就比较缓慢，发病率、死亡率较低；可能会出现个别鸽发病，病程长，有的可不死。有些鸽场成鸽不表现临床症状，只是乳鸽、幼鸽发病和大批死亡。

3. 临床症状

病鸽精神不振，食欲减退，饮欲大增，呼吸困难，鼻有黏液性分泌物；严重的水样下痢，呈黄白色或黄绿色，出现症状后急性死亡。可见单侧性翅膀或腿麻痹，伴有阵发性痉挛，头颈扭曲或向后仰，呈观星姿势。亲鸽发病后，不再喂乳鸽，嗉囊内积满大量食物。乳鸽感染此病后大量死亡，病鸽死亡率可达50%以上，青年鸽和产鸽死亡率相对较低。

4. 病理变化

口腔、喉头、气管内有多量黏液，以全身浆膜、黏膜出血为主要病理变化。腺胃乳头出血，食道和腺胃交界处及腺胃和肌胃交界处有条纹状出血或溃疡。小肠黏膜充血、出血，十二指肠下弯曲有枣核状烂斑。泄殖腔充血，有弥漫性出血点。脑膜充血，表面有少量出血点，脑实质水肿。肝脏肿大，有出血斑点。脾脏、肾脏肿大。

5. 防治

（1）预防 针对传染源，应严把引种关，严禁从疫区或病场购买种禽；购进种鸽后，必须严密隔离观察饲养至少2～3周，并定期进行疫情监测和免疫接种。由于此病既可由鸽Ⅰ型副黏病毒引起，也可由鸡新城疫病毒感染所致，因此，疫苗的选用应顾及这两方面。推荐的免疫程序是：2周龄时用新城疫Ⅳ系弱毒苗点眼、滴鼻或饮水；离窝转为青年鸽饲养时，同时接种鸡新城疫Ⅳ系弱毒苗和鸽Ⅰ型蜂胶佐剂灭活疫苗；配对上笼前以鸡新城疫Ⅳ系弱毒疫苗和鸽Ⅰ型副黏病毒病蜂胶佐剂灭活疫苗或鸽Ⅰ型副黏病毒病油佐剂灭活疫苗加强免疫1次，以后每半年或1年接种鸡新城疫Ⅳ系疫苗和鸽Ⅰ型副黏病毒病蜂胶佐剂灭活疫苗或鸽Ⅰ型副黏病毒油佐剂灭活疫苗一次。平时要加强鸽群的饲养管理，采取包括检疫、清洁卫生和消毒等在内的各项生物安全措施。当发生此病时，应立即封锁隔离鸽舍，并加强消毒，按规定应该焚烧病死鸽，如无条件焚烧，则应深埋病死鸽，此时应严禁出售或引进鸽子，以防扩大传染。

（2）治疗 此病在治疗上无特效药物，对商品鸽也无多大治疗价值，一般采取快速淘汰处理的办法以防止散毒，及时控制疫情。对发病初期的种鸽可用高免血清或高免卵黄抗体液作紧急接种，具有迅速控制疫情的作用。但有效期只有2周左右，应在2周内及时接种鸽禽Ⅰ型副黏病毒灭活疫苗和鸡新城疫Ⅳ系疫苗。此外，病毒唑、病毒灵及一些中草药制剂，结合抗菌药物适当应用，均有良好的辅助治疗作用和控制继发感染，促进病鸽群早日康复，减少经济损失。

二 鸽痘

此病的特征是在体表皮肤、口腔黏膜或眼结膜出现痘疹，因而影响运动、吞咽、呼吸。口腔黏膜或眼结膜上的痘疹，极易造成患鸽死亡。

1. 病原

此病病原是鸽痘病毒。此病毒对干燥、低温的抵抗力极强，在-15℃下可存活数年。常用的消毒药如2%氢氧化钠液、3%苯酚液和0.5%甲醛液分别在10min、30min、20min杀死。此病毒对热较为敏感，55℃ 30min、37℃ 24h即丧失感染力。

2. 流行特点

病鸽是主要传染源。病愈鸽能获得对此病的终生免疫，但多形成外观次品及幼鸽的生长发育不良。不同品种和年龄的鸽都可发生，但实际上幼龄鸽更为严重。此病发生有明显的季节性，在适于吸血昆虫如蚊、蜱生长繁殖和活动的温暖多湿季节，如南方每年的4~9月，北方6~11月是高发期，其他季节较少发生。此病主要经吸血昆虫的叮咬而传染，也可通过伤口接触而传播。鸽体中，痘痂内含病毒最多。拥挤、阴暗、潮湿、通风不良、体外寄生虫、啄癖或外伤、饲养管理不良和维生素缺乏等诱因，均可使此病加速发生或加重病情，如又有并发病发生，则可造成大批病鸽死亡。

3. 临床症状

病鸽精神不振，食欲减退，可随病变的减轻而恢复。但病变扩散全身时，则出现贫血、营养不良而死亡。发生眼痘时，出现结膜炎，流泪，乃至失明。病痘存在于口腔时，出现饮食、饮水困难；存在于喉头、气管黏膜时，则出现呼吸困难，张口呼吸，甚至窒息而死。根据病状和病变，以及受害部位的不同，可分为以下3个主型，偶发败血型。

（1）皮肤型 病变在体表皮肤，主要在鸽的头部及胫骨以下的脚部，但有时也出现在翅、背、肋及肛门周围的皮肤上。感染后5～6天，皮肤出现白色小丘疹，丘疹逐渐增大后，表面坏死稍带黄色凹陷，有些丘疹互相融合。丘疹出现3～5天后进入明显期，从痘中心开始出现暗红色糜烂，数日后结痂，痂皮约10天脱落。

（2）黏膜型 黏膜型又叫白喉型。开始喉头或气管出现湿润或突起，然后黏膜出现干酪样和不洁之物并为膜，并不易剥离。若病毒增殖进入血液形成病毒血症，容易向身体其他有伤部位转移发痘。眼睑边缘和眼睑内也可发生，如长在眼部，眼边粗糙，使眼睛不能张合。眼结膜潮红、肿胀和分泌物增多，随着病情的进一步发展，分泌物变成黏脓性，甚至变成干酪样的块状物，影响视力，有的上、下眼睑粘连，眼部肿大向外凸出或失明。

（3）混合型 以上两型症状并存。

（4）败血型 病鸽有严重全身症状，并随后发生肠炎，病鸽可迅速死亡；或急性症状消失后，转为慢性肠炎、腹泻、脱水，死于衰竭。

4. 病理变化

病死鸽与临诊所见相似，病变多见于腿、脚、眼睑或靠近喙角基部；口腔黏膜的病变有时可蔓延到气管、食道和肠道。肝、脾和肾常肿大。

5. 防治

（1）预防 防治此病最有效的方法是接种鸽痘疫苗，主要措施是搞好疫苗的接种。国内外已有致弱的鸽痘疫苗，免疫效果良好。常用的是弱毒疫苗，可在出壳当天的乳鸽中接种，无任何不良反应，接种后10～14天就可产生较强的免疫力，免疫期9个月。使用时，按疫苗瓶签上的要求加入生理盐水或冷开水。稀释后吸入注射器内，接上5号针头，在鸽的鼻瘤或翅下（乳鸽应在翅内侧，以免鼻上有损伤而使乳鸽采食时引起感染）用针尖蘸上疫苗，刺破2～3针即可。本法越早接种越好，在发病季节最好出壳当天接种。一旦鸽子发病，则不能再接种疫苗，这时应对未感染的鸽子紧急接种疫苗。在鸽痘疫苗一时短缺时，也可先用鸡痘疫苗代替。

（2）治疗 目前此病尚无特效治疗药物，但在隔离条件下采取下列措施以防止继发感染，从而降低死亡和减少损失。病鸽及时隔离，用镊子或剪刀剥去痘痂，用2%～4%的硼酸水洗涤，再涂上碘酒或紫药水，口腔伪膜剥除后，用0.1%高锰酸钾水清洗消毒，能促进痊愈。用时给患鸽口服四环素或其他广谱抗生素片，防止继发感染，对尽快痊愈有一定好处。群体补充维生素A增强抗病力。

三 鸽霍乱

鸽霍乱又称鸽出血性败血症（简称鸽出败），是一种由多杀性巴氏杆菌引起的所有家禽都可发生的急性败血性疾病。其特点是来势急、病情重、死亡快，发病率与死亡率都比较高。

1. 病原

此病病原为多杀性巴氏杆菌。该菌抵抗力不强，消毒药及干燥和日光均可很快杀死，5%～10%生石灰水、1%漂白粉液、1%氢氧化钠、2%～5%苯酚、3%来苏儿、0.1%过氧乙酸和70%酒精等均可在短时间内将其杀死。

2. 流行特点

多杀性巴氏杆菌对多种动物（家畜、禽类和野兽）和人类均有致病性。家禽可同时发病，通常以鸭最为严重，所有的鸽场都有可能发生此病，但以成鸽（产蛋鸽）为多见。此病一年四季均可发生，但在高温潮湿的夏、秋多雨季节和气候多变的春季较为常见。常呈散发或呈地方性流行发生。消化道和呼吸道是主要的感染途径，通过食入被污染的饲料、饮水和吸入被污染的空气而感染；人、用具和其他动物可成为机械带菌者。此病为条件性传染病，在饲养管理条件突然改变时，尤其是参赛的信鸽体力下降，或群养的鸽子饲养密度较大、通风不良，以及长途运输的鸽子容易暴发此病。

3. 临床症状

病鸽一般呈急性经过，病鸽先是精神委顿，羽毛蓬乱，不食或食欲减退，之后口、鼻流出具有泡沫的黏液。多数鸽体有剧烈的下痢，粪便呈灰白色、黄色或铜绿色。病鸽体温高达43～44℃，口渴，频频饮水。整个病程需1～3天，最终死于衰竭。

4. 病理变化

剖检可见各浆膜、皮下脂肪和心冠脂肪等处密布出血点；肝脏肿大，有针尖大小的坏死灶；十二指肠黏膜有明显的出血点和斑；心包发炎，心包积液增多；肺出血。

5. 防治

（1）预防 预防此病主要依靠防疫卫生措施和良好的饲养管理，首先应增强鸽体的抗病力，尽量消除可能降低鸽体抗病力的因素。鸽舍、用具和环境要定期消毒，每年还要定期进行预防接种，无论采用哪一种菌苗，所使用菌株的血清型必须与流行的菌株一致。有疫情威胁时，可注射抗血清、进行药物群防和采用菌苗接种。

（2）治疗 针对此病的治疗药物较多，现介绍几种疗效好、成本较低、使用方便的药物。首选药物为青霉素，每只鸽注射5万～8万单位，每日1次，连用3～5天。土霉素按25mg/kg体重肌内注射或按40mg/kg体重口服，每日2次，连用2～3天。在饲料中加入氟哌酸、环丙沙星或恩诺沙星等，每100kg饲料拌入预混剂350g（即含原粉7g），连喂2～3天，疗效很好；也可作饮水喂用，剂量为0.007%，连用3～5天，疗效很好。值得指出的是，高免抗禽霍乱血清（最好是鸽源的）以1～2mL/kg体重皮下注射1次，其疗效可维持约达2周，并起防治之效。

【提示】目前有不少养鸽户，在平时生怕鸽子患病，经常性地预防用药，如常选喹乙醇、磺胺类、土霉素、青霉素、链霉素等抗菌药物。由于这些药物的长期使用，本场的细菌会产生耐药性，当鸽子生病时，这些药物药效就不理想，必须找化验室做药敏实验，找出最敏感的药物使用。

四 鸽副伤寒

鸽副伤寒又称鸽沙门氏菌病，是由禽副伤寒沙门氏菌引起的一种常见传染病，其主要特征是下痢、关节炎和运动神经功能障碍。此病主要侵害各种幼禽，往往造成大批死亡，并且因其为慢性性质病和难于根除，故对养鸽（禽）业的危害极大。

1. 病原

此病病原是鼠伤寒沙门氏菌哥本哈根变种。本菌对常用的消毒药敏感，酸、碱和苯酚等消毒药均能杀死，甲醛则广泛用于种蛋、孵化器、孵化室和鸽舍的熏蒸消毒。本菌对热比较敏感，60℃ 5min可杀死，但在冻肉中可存活很长时间。

2. 流行特点

病鸽与康复鸽是鸽和其他动物感染发病的主要传染源，病鸽时刻排菌污染传播；而康复鸽则为慢性带菌者，间歇性地自粪便向外排菌传播，故其他动物发生时都直接或间接与鸽有关。此病是一种很重要的垂直传播疾病，带菌的种蛋和被病菌污染的种蛋，均可使胚胎受感染，该病能经蛋传递给后代。消化道感染主要是食进受本菌污染的饲料和饮水所致，也可通过接吻和亲鸽哺喂鸽乳而发生。此外，管理人员、用具、其他禽类都可传播此病。此病虽一年四季均可发生，但常发生于气候多变的季节，特别是冷湿季节。

3. 临床症状

此病在世界各地都有发生，其感染率为10%～25%，多数发生在成熟前的鸽，童鸽发病率高，死亡率也较高。乳鸽、体弱鸽感染此病的病状不明显，一般感染4～5天内形成严重的肠炎，并迅速变为急性败血症，有的迅速死亡；童鸽及成鸽感染后病情慢慢加剧，其症状和病变有以下四种类型：

（1）肠型 主要症状是肠炎，典型腹泻，排出青绿色稀粪，恶臭。

（2）关节炎型 关节炎引起关节肿大，并多呈单侧性关节肿胀、僵硬、尤以肘关节、踝关节为多见。并见翼、脚麻痹，常单侧翼下垂，患侧脚抬起。食欲下降，口渴多饮水，精神高度沉郁，闭眼昏睡。

（3）内脏型 病鸽体内单一成多个脏器受损害，一般无特殊症状，严重时可见病鸽精神不振，呼吸困难，日渐消瘦，病情迅速恶化，病程也较短。

（4）神经型 不多见，病鸽头颈歪斜，头向后仰或作圆圈运动，有急性、慢性之分。

上述四种类型以肠道型和内脏型较为常见，可单独或同时发生。

4. 病理变化

肠型可见肠壁增厚，黏膜潮红，内含绿色或黄绿色、白色有泡沫的糊状内容物。内脏型可见肝、肾、脾、心、胰腺等脏器有大头针至豆粒大的黄白色坏死结节；肝脏肿大，古铜色；心肌炎、心包炎或心包粘连，心脏冠状沟有针尖大出血点。关节型可见患病关节温度升高，有柔软或坚实感，肿大，切开可见淡黄色炎症渗出物或干酪样物，关节面粗糙甚至粘连。神经型仅表现脑脊髓充血、出血，不见其他脏器有病变。

5. 防治

（1）预防 平时应做好防疫工作，加强饲养管理，搞好鸽场的环境卫生；杜绝购买带菌鸽，认真挑选健康种鸽和种蛋，不留后患；定期普查，及时隔离和治疗病鸽、带菌鸽；鸽群最好不要与家禽混养，也不能相邻饲养，以免引起其他疾病，带来不必要的麻烦。发现病鸽要立即隔离，全场消毒，一般可用20%新鲜石灰乳消毒地板、鸽笼、粪便等，每天1次，至疫情停息再进行一次全面大消毒。

（2）治疗 迄今，尚无有效的根治药物。目前的药物治疗虽可减少发病和死亡，但治疗后仍长期带菌。常用的治疗药物有磺胺类、抗生素类和呋喃类等药物，治疗时最好在进行药敏试验后，择优选药，针对性强，疗效显著。磺胺类药物可选用疗效较好的磺胺嘧啶（SD）、磺胺二甲嘧啶（SMZ）和磺胺甲嘧啶等，按0.5%比例混于料中饲喂，连用3～5日；为了提高疗效和减少磺胺类药物的用量，可用甲氧苄啶（TMP）与上述药物之一，以1∶5的比例混合，以此混合剂的0.02%混于料中代替单用磺胺类药物，连用2～4日。

五 鸽支原体病

鸽支原体病是由致病的败血支原体引起的，是普遍存在于鸽群中的呼吸道传染病，其主要特征是病鸽有严重的呼吸道症状，如呼吸啰音、气囊炎。该病病程长，死亡率低。

1. 病原

此病的病原是鸡败血支原体，是一类在生物学特性上介于细菌和病毒的病原体。常用的消毒剂可将其杀死，菌体对青霉素有抵抗力。

2. 流行特点

此病主要传播方式是病原经种蛋传播。病鸽或隐性感染的鸽是此病的传染源，病原通过飞沫或尘埃经呼吸道而传染，也可通过被污染的饲料、饮水等向外传播。此病发病率高，病程长。一年四季都有流行，但以寒冷及梅雨季节较为严重。各种年龄的鸽均可感染，其中以幼鸽最易感染，成鸽感染此病，多数可自然康复。

3. 临床症状

此病潜伏期为4~21天。主要呈慢性经过，病程1个月以上，甚至3~4个月。典型症状主要为幼鸽感染，流鼻液（浆液性或黏液性），咳嗽，因鼻塞而张口呼吸，有呼吸啰音，病鸽食欲减退，无神闭眼，生长缓慢。产鸽一般呼吸道症状不明显，症状轻，但表现产蛋量下降和孵化率降低。新生乳鸽生活能力降低，当出现应激因素和疾病并发时，其病情增重，病死率显著增高。

4. 病理变化

病死鸽在鼻腔、气管或气囊常见有黏性分泌物，气囊膜增厚、混浊，有干酪样渗出物附着，有的鸽肺部有炎症、瘀血。当病鸽继发大肠杆菌感染时，还可见纤维性心包炎和肝周炎。

5. 防治

（1）预防 平时要做好净化鸽群的工作，做好种鸽蛋的消毒，杜绝传染；对鸽舍环境及工具彻底消毒；同时必须加强饲养管理，供给足够的营养，提高机体上呼吸道的抗病能力，尽量减少应激因素等；注意种用鸽的自繁自养，一定要在引入种鸽时，先隔离观察，证明无病者方可合群饲养或配对；要避免与鸡同场饲养，因该病在鸡场相当普遍，严防由鸡传播此病。

（2）治疗 很多抗生素对此病均有效，但停药后容易复发。在治疗上常选用土霉素、金霉素、链霉素、庆大霉素、红霉素、强力霉素等药物。其剂量为：肌内注射，每千克体重用链霉素100mg，庆大霉素8mg；口服，链霉素每只每次5万～10万国际单位，四环素或金霉素每只每次0.1g，2次/日，连用4～6天；饮水剂量，红霉素按100mg/kg，金霉素按400～800mg/kg，泰乐菌素按500～800mg/kg，连用3～5天。

六 溃疡性肠炎

溃疡性肠炎又名鹌鹑病，是由肠梭菌（又名鹑梭状芽孢杆菌）引起的一种多种禽类共患的急性传染病。临床上，以发病突然、白色下痢、死亡剧增、肠道发炎和溃疡，以及肝脏坏死为主要特征。

1. 病原

此病病原是肠梭菌，本菌对人工培养基的要求较苛刻，严格厌氧。本菌对外界的抵抗力极强，广泛存在于污染的土壤中、用具上、尘埃内和环境中，多以芽孢方式存在。在100℃下3min、80℃ 60min才能杀死，而在－20℃下可存活15年以上。对磺胺类、呋喃类和多黏菌素不敏感，但对青霉素、杆菌肽敏感。

2. 流行特点

此病呈消化道感染，自然条件下经粪便传播。此病可四季发生，但在南方地区于3～6月梅雨季节、潮湿天气时多发。饲养管理不良，卫生条件低劣，腐败不洁的饲料，阴雨潮湿的季节等均能诱发此病。

3. 临床症状

此病呈急性死亡的病鸽一般无明显症状，并且多为体格健壮者。病程较长者，可出现腹泻症状，粪便为白色的水样状，严重病例粪中带血，并散发特殊的恶臭。随着病情的发展，病鸽即表现精神沉郁、眼睛半闭、羽毛蓬乱而无光泽，身体极度衰弱。

4. 病理变化

剖检的病变特征为十二指肠呈出血性肠炎变化，肠壁上布满点状出血。有的病灶融合成大的坏死性伪膜性斑块，剥离后可见肠壁下陷的溃疡。肝脏可见点状或大片边缘不规则的黄色坏死区，有时为灰色或黄色的圆形坏死灶，周边有淡黄色物质包围。脾脏常充血、出血和肿大。

5. 防治

（1）预防 因此病病原具有芽孢，对外界有极强的抵抗力，故鸽场一旦发生此病，以后便连续不断，难于彻底扑灭。预防工作以杜绝传染源传入为主，如定期严格消毒。必要时可预防给药，并结合其他的相应防疫措施，防止此病的发生。

（2）治疗 一旦鸽群发病，应立即将病鸽隔离治疗或干脆淘汰，随后全场或全群连续使用抗菌药物，并彻底清扫和严密消毒。多种抗菌药物治疗此病均有不同程度的疗效，下列药物有较好疗效，可择优选用。链霉素可作为首选药，每只肌内注射1万~2万单位，每天2次，连用2~3天；或以0.1%~0.3%饮水2~3天；也可按0.05%~0.1%拌料饲喂，连喂2~3天。青霉素按每千克体重4万~8万单位肌内注射，每天1次，连用3~5天。杆菌肽按每千克体重1000单位，1天分3~4次肌内注射，连用3~5天。

【提示】 应该说明的是，磺胺类、呋喃类药物和土霉素等对本病无效。但杆菌肽类药物的治疗效果较好。

七 鸽念珠菌病

鸽念珠菌病又叫念珠菌病、肉鸽口疮等，俗名酸臭嗉囊病，是由白色念珠菌（又名白假丝酵母）引起的一种鸽常见的真菌性传染病，其特征是在口腔、咽、食管和嗉囊的黏膜生成白色的伪膜和溃疡。

1. 病原

白色念珠菌广泛存在于自然界，普遍寄生于健康畜禽及人的口腔、上呼吸道和肠道等处。本菌对外界环境有极强的抵抗力，对一般消毒药有耐受力，碘制剂、甲醛、氢氧化钠对其有强的杀灭作用。

2. 流行特点

幼鸽和成鸽都易感染此病，以2周龄至2月龄的幼鸽最易发生此病。病原体随着病鸽的粪便和口腔分泌物排出体外，污染周围的环境、饲料及饮水而感染其他健康鸽。另外，此病也可通过污染了的蛋壳而传染。恶劣的环境、陌生条件及鸽群的过分拥挤等不良因素均可诱发此病。此病多发于温暖、潮湿、多雨的季节。

3. 临床症状

病鸽精神沉郁，缩颈闭眼，呆立，不愿活动，羽毛粗乱，食欲减少，嗉囊胀满，排黄绿色或墨绿色稀粪；口腔黏膜充血，分泌物增多，黏膜上覆盖乳酪样、豆渣样白色物，易剥离，并散发口臭；多数病鸽还出现气喘、呼吸啰音、甩头等呼吸道症状。

4. 病理变化

剖检见食道和嗉囊皱褶变粗、糜烂，或被覆黄白色干酪样伪膜，可见黏膜糜烂或溃疡。

5. 防治

（1）预防 此病目前尚无疫苗可以预防，主要是加强药物预防和饲养管理，改善环境卫生条件，保证鸽舍通风干燥，及时消除一切不利于鸽健康的因素并加以改正。

【提示】 苯酚、煤焦油衍生物等消毒剂对此菌消毒效果甚微，应选择碘制剂、甲醛或氢氧化钠等消毒剂，效果佳。

（2）治疗 制霉菌素是首选药，按每只10万～15万单位（每片50万单位）混料，或每羽1/4片喂服，每天2次，连用3～5天；严重病例按喂服量配成混悬液，先灌洗嗉囊，后灌服，每天2次，连用2～3天；或用克霉生片口服，每千克体重30mg，每日2次，连用7天。

【提示】 此菌对常用抗生素、磺胺类和呋喃类药物，以及金属盐类（如硫酸铜等）和染料类（如煌绿等）均不敏感，故不宜选用。其次，治疗此病切不可用结晶紫，因鸽敏感，食后有强烈的呕吐，会使体质下降，病情加重。

八 曲霉菌病

此病又称曲霉菌性肺炎，是由多种曲霉菌引起的一种禽类、人等哺乳动物共患的真菌性传染病。此病的特征是呼吸困难和下呼吸道有粟粒大、黄白色结节。

1. 病原

引起此病的病原主要是烟曲霉菌，其次是黄曲霉菌。这些霉菌和它产生的孢子在自然界中分布极广，常在稻草、谷物中生长繁衍。曲霉菌孢子抵抗力强，煮沸 3min 可杀死，一般消毒药须经 1~3h 才能杀死，但用甲醛熏蒸消毒效果最好。曲霉菌能产生毒素，但其抵抗力不强，遇酸和碱即分解，易溶于乙醇、乙醚。

2. 流行特点

此病主要通过消化道、呼吸道、眼结膜和损伤的皮肤、黏膜等途径感染，也能通过污染蛋壳感染胚胎。此病一年四季均可发生，但在南方地区的梅雨季节多发，这是由于环境温度、湿度适合霉菌大量繁殖，造成到处发霉，孢子严重污染，容易感染的缘故。在鸽中，幼鸽最易感染此病，尤其是 20 日龄以下的幼鸽，其发病率可达 70%~80%，死亡率达 30%~40%，而成鸽多呈个别散发。

3. 临床症状

此病发病初期不明显，一般可见呼吸困难，食欲减退，嗜睡，反应不敏感，不愿走动，但无其他性炎症，舌和腭部有绿色的积聚物附着，大的一般有豌豆大，常会造成食道阻塞，导致窒息死亡。严重感染时，眼睛发炎即发生曲霉菌性眼炎，引起眼球肿胀、外凸、流泪，眼内有分泌物，甚至上、下眼睑黏着，严重者丧失视力，导致不能饮食。有的病鸽皮肤干燥、脱屑，羽毛干枯、易折。幼鸽皮肤有黄色鳞状斑点。

4. 病理变化

剖检轻者肺部有白色或黑色坏死点，严重者可见绿豆至扁豆大的灰白坏死灶。气囊增厚，内充满黄白色渗出物或大块干酪样物质。

5. 防治

（1）预防 此病的主要措施是清除发霉的垫草，不喂发霉变质的饲料，定期消毒，保持鸽舍通风干燥。必须在饲料中添加防霉剂，目前常用丙酸及其盐类，丙酸钙使用剂量为饲料量的 0.3%~0.7%。发霉垫料可用福尔马林熏蒸消毒后再用。防止霉菌通过蛋壳穿透进入蛋内。消毒可用福尔马林熏烟法，或 0.4% 过氧乙酸或 5% 苯酚喷雾后密闭数小时，经通风后使用。

（2）治疗 此病目前尚缺乏特效的疗法。近十年来，经研究证明，以下疗法可获良效。制霉菌素可用于阴雨潮湿的季节和常患此病的鸽场和鸽群，按每只乳鸽每天用量2~3mg拌料喂给，喂3天停2天，连用2~3个疗程。碘化钾溶液用0.5%~1.0%浓度饮水，连用3~5天。硫酸铜溶液以1:(2000~3000)剂量作为饮水用，连用3~4日，成鸽用3~5mL，每天1次，连用3~5天。

【提示】使用硫酸铜时，应注意其对金属有腐蚀作用，必须用瓷器或木器装盛。

第五节 肉鸽的寄生虫病

一 鸽球虫病

1. 病原及感染情况

鸽球虫病是艾美耳属的各种球虫寄生于消化道引起的。鸽啄食感染性卵囊是鸽感染球虫病的途径与方式。2~4月龄的幼鸽的发病率和死亡率均最高，成鸽多为带虫者。球虫病在湿热多雨季节里最易流行，每年春季和夏季多发。

2. 临床症状

急性病程为数日至2~3周。病鸽羽毛耸立，头蜷缩，精神不佳，食欲减退，明显消瘦，拉绿色带臭味的水样稀粪，有时带有黏液和血。成鸽多为慢性症状且轻微，很少死亡，病程为数周至数月，病鸽逐渐消瘦，间隙下痢等。

3. 病理变化

剖检主要见肠道病变。球虫有特异性寄生宿主，而且常用特定寄生部位，常寄生在盲肠和小肠。可见盲肠明显扩张，肠壁增厚，小肠中段肠壁明显充血、出血增厚，出现许多黄色病灶，肠内容物含多量的血液、血凝块、黏液、纤维素和坏死脱落的上皮组织。

4. 防治

(1) 预防 最重要的防病措施是，尽力控制鸽舍或鸽笼的湿度，并注意饲料和饮水的卫生，日粮中必须含有足量的维生素，定期消毒鸽舍、鸽笼、用具和环境，以杀灭外界的球虫卵囊。对受此病侵袭严重的鸽场，还应定期投服预防性药物，或从实情出发，选择鸽球虫病虫苗免疫预防。

（2）**治疗**　用于治疗球虫病的药物有很多，常用的有以下几种：球痢灵，每千克饲料中加入0.2g，或配成0.22%的水溶液，饮水3～4天。百球清口服液，2.5%口服液1 000倍稀释，饮水1～2天，效果好。磺胺间甲氧嘧啶（SMM）用0.005%的比例混入料中，连喂2～3天。磺胺喹噁啉（SQ）用0.1%混入料中，饲喂2～3天，停药3天，再以0.05%混入料中饲喂2天，再隔3天，喂2天。

二　毛滴虫病

1. 病原及感染情况

此病的病原体鸽毛滴虫是一种单细胞结构的鞭毛虫（图9-1）。鸽毛滴虫病在鸽群中普遍存在，成鸽多为“带虫者”，无明显症状；乳鸽易感染，症状较明显，常可引起大批死亡。2～5周龄的乳鸽、童鸽最易患此病。此病多经消化道传播，因为消化道是鸽毛滴虫通常寄生和损害的部位，受感染鸽的口腔溃疡病灶是虫体的聚集点，唾液内也有大量虫体。成鸽主要通过接吻，或用嗉囊乳哺育幼鸽的途径而直接感染；也可通过饮水和创伤感染；未闭合的脐带口部也可成为感染途径，但较少见。此病通过上述感染途径，便在鸽场或鸽群中一个个、一代代地传染下去，成为顽症。

图9-1　鸽毛滴虫

2. 临床症状

幼鸽感染毛滴虫后，羽毛松乱，消化紊乱，腹泻，进而食欲减退，身体消瘦，口腔分泌物增多且多呈浅黄色黏稠状。在寄生的口腔、咽、食道、嗉囊等部位出现黄色伪膜。自口腔、食道或嗉囊刮取黏液做成涂片检查，可见有毛滴虫存在。

3. 防治

（1）**预防**　平时应定期检查鸽群口腔有无带虫，保持良好的卫生条件。在饲养管理上，成鸽、幼鸽分开饲养。

（2）**治疗**　下列药物均可获良效：灭滴灵（甲硝唑）按0.05%

配制饮水，连用7~10天。用0.05%的结晶紫溶液或0.06%的硫酸铜溶液饮水，隔天给予，连用3天。

三 蛔虫病

1. 病原及感染情况

鸽蛔虫是鸽最大的寄生线虫，虫体呈绿豆芽状，浅黄白色，粗线状；虫卵呈卵圆形，壳厚而光滑，灰黑色，寄生于小肠。鸽蛔虫病，全国各地均有发生，是一种常见的寄生虫病。鸽吃进带有感染性卵的饲料和饮水而感染此病。各种年龄的鸽都可感染发病，3月龄内的鸽对蛔虫最易感染，5月龄以上的鸽易感性较低，即使感染，其病程也较长。该病多发于湿热多雨的季节，维生素A等营养成分的不足和缺乏，会促进此病的暴发。

2. 临床症状

轻度感染时，无可见症状，但其生产力下降。严重感染时，鸽的生长速度、生产性能和食欲等均会明显下降，甚至出现麻痹症状，随病程进展，患鸽体重减轻，明显消瘦。

3. 病理变化

剖检时的典型变化是肠道内有虫体存在；另外，肠黏膜有出血性炎症变化，肠壁上有颗粒结节或化脓灶。严重感染时，肠管内大量的成虫可能发生肠阻塞或肠破裂。

4. 防治

（1）预防 搞好环境卫生，定期驱虫，加强饲养管理。

（2）治疗 可选用以下驱虫药投服，均可获良效，给药方式为混料投服或逐羽喂服。枸橼酸哌哔嗪（驱蛔灵）或磷酸哌哔嗪按每千克体重200~250mg，一次空腹喂服或混少量料喂饲。四咪唑，按每千克体重25mg混料，一次喂服，连用2天，安全有效。左旋咪唑按每千克体重2mg，一次投服，每天1次，连用2天。酚噻嗪与派嗪联用，按7:1的比例混合，每千克体重1g，一次喂服，连用2天。

四 体外寄生虫病

1. 病原及感染情况

鸽的体外寄生虫种类较多，主要有羽虱、蜱、螨等。羽虱是一种无翅昆虫，以羽毛和皮屑为食，导致鸽羽损伤断裂，减少有用的羽粉。鸽螨种类多，一般体长0.2～0.8mm，寄生在羽毛、羽毛囊、皮下组织和脚的鳞片下，以吸血或咬食羽毛为生。蜱是一类吸血的蛛形纲动物，其形状与螨相似，但体较螨大，体长约8mm。鸽虱蝇外形与家蝇相似，体形较家蝇小，长5.5～6mm，棕色，寄生于羽毛间或躲藏于巢窝中。体外寄生虫不仅直接侵害鸽体，而且是传染病及寄生虫的传播者。鸽体外寄生虫各地都可发生，尤其在阴湿、卫生条件差的鸽场更容易引起此病的发生。它们可侵害各种年龄的鸽。

2. 临床症状

破坏羽毛结构，叮咬皮肤，吸取血液，引起皮肤痛痒，使鸽发痒不安，贫血，消瘦，飞行成绩和生产力均下降。

3. 防治

此病应平时注意预防，主要是搞好环境卫生和消毒工作。用0.2%～0.3%的敌百虫溶液让童鸽药浴，但在药浴前应供应充足饮水，药浴时间以15min为宜，不能太长。也可用沙法除虫，每100kg细沙内加入硫黄粉5kg充分混匀，铺成10～20cm厚，让鸽自行沙浴，或用90g滑石粉加10g硫黄粉，配成粉剂，揉搓羽毛。

第六节 肉鸽的普通病

一 鸽硬嗉病

1. 病因

鸽硬嗉病是指鸽嗉囊阻塞或秘结，各种年龄鸽都会发生此病，尤以幼鸽多发。主要是由于鸽吃了多量羽毛、干硬难消化饲料及大块坚硬食物等引起的。

2. 临床症状

病鸽表现为嗉囊膨大，内部充满食物，触之有坚实感；病鸽食欲减少，饮欲增加，口中散发酸臭味。

3. 防治

在预防上应注意饲料中的品质，不喂干硬难消化饲料。治疗上可采用以下方法：①软化泻下法，即灌喂或嗉囊内注射花生油或白蜡油2～10mL，然后从上到下轻轻按摩嗉囊，使积食软化向下疏通。

②水洗法，用注射器将温开水注入嗉囊中，使鸽的头朝下，轻轻按摩嗉囊，使积食和水从口中排出。必要时可手术切开嗉囊，将其中坚硬食物取出。

二 鸽软嗉病

1. 病因

鸽软嗉病又称嗉囊酸酵病或嗉囊卡他，常因鸽吃了不洁发霉或腐败变质的饮料或饮了污水，以致在嗉囊内发酵、产酸、产气，进而刺激嗉囊黏膜引起此病。也可由胃肠炎、毛滴虫病、念珠菌病继发引起。

2. 临床症状

病鸽食欲降低或拒食，精神沉郁，常有呕吐，呕吐物和口气的气味酸臭，唾液黏稠。嗉囊膨大，触之柔软而有弹性，有波动感，挤压时，口腔中流出黄色酸臭黏液，并混有气泡。不及时治疗常引起鸽体中毒，严重时嗉囊溃烂而死亡。

3. 防治

平时不喂变质饲料和污秽饮水。对于病鸽，可将其倒提，轻轻挤压嗉囊，使酸臭液体经口排出，再灌入0.2%的高锰酸钾溶液或1.5%的碳酸氢钠溶液，灌至嗉囊膨大时，揉捏嗉囊1~2min，再倒提排出药液，然后服土霉素半片（12.5万国际单位），酵母片2片。每天2次，连用3天。

三 食盐中毒

1. 病因

引起鸽食盐中毒的直接原因是鸽过量采食食盐。食盐对鸽的致死量为每千克体重3.3g。由于肉鸽日粮中的各饲料原料中含盐量较低，因而通常应在保健砂中加以补充，通常添加量为2%~5%；食盐配比过高，或者食盐没有充分混匀，就会产生中毒。

2. 临床症状

轻微的中毒表现出饮水增多，粪便稀薄或混有稀水。严重中毒时，病鸽精神萎靡，食欲废绝，渴欲强烈，无休止饮水，嗉囊胀大，常下痢，双腿无力，后期呈昏迷状态，有时出现神经症状，终因衰竭而死亡。

3. 防治

预防食盐中毒在于严格控制饲料和保健砂中食盐添加量，并且充分混匀，经常供给充足的清洁饮水。

此病目前尚无特效药物可治疗，轻度或中度中毒的，供给充足的新鲜饮水，症状可逐渐好转。严重中毒的要适当控制饮水，饮水太多会促使食盐吸收扩散，使症状加剧，死亡增多，或服3% ~5%的红糖水以缓慢或吸收扩散。

四 难产

1. 病因

难产又称蛋滞留或蛋阻流，是雌鸽产不下蛋的一种疾病，多见于初产鸽、过肥或体虚鸽。主要原因是子宫收缩力减弱，输卵管发炎、变窄、扭曲、阻塞，使蛋下移受阻；或蛋过大、蛋位不正、畸形蛋等。

2. 临床症状

病鸽烦躁不安，羽毛逆立，呼吸急促，尾部急剧抽动，肛门不断努责，蹲坐在蛋巢内，迟迟产不下蛋，下腹部较大，可摸到未产出的蛋。

3. 防治

预防此病在于加强饲养管理，保持鸽的适当运动，适当控制产鸽的体重，勿使其过肥。

出现难产的可给予助产，方法是先往雌鸽肛门内注入适量的植物油或液状石蜡，然后轻轻由前向泄殖腔方向按摩腹部，直到将蛋产下。如此法不成，可将蛋挤破，使蛋白、蛋黄流出，再将蛋壳取出，然后涂上消炎膏。对子宫或输卵管炎，则用0.1%高锰酸钾水溶液冲洗后注入消炎药液，或肌内注射抗生素消炎药。

五 创伤性食道炎

1. 病因

初产亲鸽在哺育6 ~20 日龄乳鸽时，较易发生此病。其原因是它们未经过吐喂锻炼，受不了多次尖利谷物饲料的机械刺激，结果刺伤了食道黏膜而发病。

2. 临床症状

病鸽减食或拒食，呆立一角，患病亲鸽不敢甚至不再哺喂乳鸽，逐渐消瘦，口吐鲜血，甚至死亡。剖检可见食道患处黏膜充血、肿胀、糜烂，或有伪膜被覆，减食或不食，不喂或少喂乳鸽。若是出血性炎症，可见口腔、食管、嗉囊集有血液或血凝块。

3. 防治

预防此病要对育雏亲鸽喂给多种混合饲料，不喂甚至不喂稻谷和带芒刺的麦类饲料，即能防止此病的发生。

治疗病鸽可在饮水中加入青霉素或链霉素，每只鸽每次 2 000 ~ 5 000 单位，连用 3 天，并喂给鱼肝油和维生素 C，对此病有一定疗效。对呈现出血性食道炎的患鸽，可肌内注射维生素 K_3，每次每只 1 ~ 2mg，每天 2 次，连用 2 ~ 3 天。

附录　常见计量单位名称与符号对照表

量的名称	单位名称	单位符号
长度	千米	km
	米	m
	厘米	cm
	毫米	mm
面积	平方千米（平方公里）	km^2
	平方米	m^2
体积	立方米	m^3
	升	L
	毫升	mL
质量	吨	t
	千克（公斤）	kg
	克	g
	毫克	mg
物质的量	摩尔	mol
时间	小时	h
	分	min
	秒	s
温度	摄氏度	℃
平面角	度	(°)
能量，热量	兆焦	MJ
	千焦	kJ
	焦［耳］	J
功率	瓦［特］	W
	千瓦［特］	kW
电压	伏［特］	V
压力，压强	帕［斯卡］	Pa
电流	安［培］	A

参考文献

[1] 熊家军. 肉鸽养殖新技术 [M]. 武汉：湖北科学技术出版社，2011.

[2] 吴占福，王增利. 肉鸽无公害标准化养殖技术 [M]. 石家庄：河北科学技术出版社，2006.

[3] 刘洪云. 工厂化肉鸽饲养新技术 [M]. 北京：中国农业出版社，2002.

[4] 侯广田，方光新. 肉鸽无公害饲养综合技术 [M]. 北京：中国农业出版社，2003.

[5] 邓瑞广. 怎样办好一个肉鸽养殖场 [M]. 北京：中国农业出版社，2003.

[6] 王建国. 肉鸽养殖 [M]. 北京：中国农业科学技术出版社，2002.

[7] 韩占兵. 养肉鸽 [M]. 郑州：中原农民出版社，2008.

[8] 任忠芳，蔡剑豪，谢思远. 信鸽训养大全 [M]. 北京：中国农业出版社，2002.

[9] 杨连楷. 鸽病防治技术 [M]. 2版. 北京：金盾出版社，2004.

[10] 张振兴. 肉鸽饲养与疾病防治大全 [M]. 北京：中国农业出版社，2002.

[11] 魏刚才，余燕. 肉鸽安全高效生产技术 [M]. 北京：化学工业出版社，2012.

[12] 沈建忠. 实用养鸽大全 [M]. 北京：中国农业出版社，1997.

[13] 陈益填. 肉鸽养殖新技术 [M]. 2版. 北京：金盾出版社，2011.

[14] 丁卫星. 专业户肉用鸽养殖手册 [M]. 北京：中国农业出版社，2003.

[15] 葛明玉，程世鹏，王峰. 肉鸽养殖与疾病防治 [M]. 北京：中国农业大学出版社，2000.

[16] 谢三星. 药到鸽病除 [M]. 济南：山东科学技术出版社，2002.

[17] 卜柱，赵宝华. 图说高效养肉鸽关键技术 [M]. 北京：金盾出版社，2012.

[18] 戴鼎震. 肉鸽生产大全 [M]. 南京：江苏科学技术出版社，2002.

[19] 蔺祥清，李存，林冬梅. 鸽病诊治关键技术一点通 [M]. 石家庄：河北科学技术出版社，2009.

[20] 郝正里. 畜禽营养与标准化饲养 [M]. 北京：金盾出版社，2004.

[21] 韩庆. 优质肉鸽高效健康养殖新技术 [M]. 长沙：湖南师范大学出版社，2011.
[22] 韩占兵. 图文精解养肉鸽技术 [M]. 郑州：中原农民出版社，2005.
[23] 张振兴. 肉鸽饲养与疾病防治大全 [M]. 北京：中国农业出版社，2002.

书目

书名	定价
高效养土鸡	29.80
高效养土鸡你问我答	29.80
果园林地生态养鸡	26.80
高效养蛋鸡	19.90
高效养优质肉鸡	19.90
果园林地生态养鸡与鸡病防治	20.00
家庭科学养鸡与鸡病防治	35.00
优质鸡健康养殖技术	29.80
果园林地散养土鸡你问我答	19.80
鸡病诊治你问我答	22.80
鸡病快速诊断与防治技术	29.80
鸡病鉴别诊断图谱与安全用药	39.80
鸡病临床诊断指南	39.80
肉鸡疾病诊治彩色图谱	49.80
图说鸡病诊治	35.00
高效养鹅	29.80
鸭鹅病快速诊断与防治技术	25.00
畜禽养殖污染防治新技术	25.00
图说高效养猪	39.80
高效养高产母猪	35.00
高效养猪与猪病防治	29.80
快速养猪	35.00
猪病快速诊断与防治技术	29.80
猪病临床诊治彩色图谱	59.80
猪病诊治 160 问	25.00
猪病诊治一本通	25.00
猪场消毒防疫实用技术	25.00
生物发酵床养猪你问我答	25.00
高效养猪你问我答	19.90
猪病鉴别诊断图谱与安全用药	39.80
猪病诊治你问我答	25.00
图解猪病鉴别诊断与防治	55.00
高效养羊	29.80
高效养肉羊	35.00
肉羊快速育肥与疾病防治	35.00
高效养肉用山羊	25.00
种草养羊	29.80
山羊高效养殖与疾病防治	35.00
绒山羊高效养殖与疾病防治	25.00
羊病综合防治大全	35.00
羊病诊治你问我答	19.80
羊病诊治原色图谱	35.00
羊病临床诊治彩色图谱	59.80
牛羊常见病诊治实用技术	29.80
高效养肉牛	29.80
高效养奶牛	22.80
种草养牛	39.80
高效养淡水鱼	29.80
高效池塘养鱼	29.80
鱼病快速诊断与防治技术	19.80
鱼、泥鳅、蟹、蛙稻田综合种养一本通	29.80
高效稻田养小龙虾	29.80
高效养小龙虾	25.00
高效养小龙虾你问我答	20.00
图说稻田养小龙虾关键技术	35.00
高效养泥鳅	16.80
高效养黄鳝	25.00
黄鳝高效养殖技术精解与实例	25.00
泥鳅高效养殖技术精解与实例	22.80
高效养蟹	25.00
高效养水蛭	29.80
高效养肉狗	35.00
高效养黄粉虫	29.80
高效养蛇	29.80
高效养蜈蚣	16.80
高效养龟鳖	19.80
蝇蛆高效养殖技术精解与实例	15.00
高效养蝇蛆你问我答	12.80
高效养獭兔	25.00
高效养兔	35.00
兔病诊治原色图谱	39.80
高效养肉鸽	29.80
高效养蝎子	25.00
高效养貂	26.80
高效养貉	29.80
高效养豪猪	25.00
图说毛皮动物疾病诊治	29.80
高效养蜂	25.00
高效养中蜂	25.00
养蜂技术全图解	59.80
高效养蜂你问我答	19.90
高效养山鸡	26.80
高效养驴	29.80
高效养孔雀	29.80
高效养鹿	35.00
高效养竹鼠	25.00
青蛙养殖一本通	25.00
宠物疾病鉴别诊断与防治	49.80